技工院校机械类专业通用教材（高级技能层级）

机 床 夹 具

（第 六 版）

孙喜兵 主编

中国劳动社会保障出版社

简介

本书主要内容包括：机床夹具基础知识、工件的定位、工件的夹紧、夹具图的绘制、典型夹具设计等。

本书由孙喜兵任主编，陈烨妍任副主编，徐小燕、何子卿、洪惠良、季云龙参加编写，崔兆华任主审。

图书在版编目（CIP）数据

机床夹具 / 孙喜兵主编 . -- 6 版 . -- 北京 : 中国劳动社会保障出版社，2025. --（技工院校机械类专业通用教材）. -- ISBN 978-7-5167-7080-1

Ⅰ. TG750. 2

中国国家版本馆 CIP 数据核字第 2025M1W161 号

机床夹具（第六版）

JICHUANG JIAJU

中国劳动社会保障出版社出版发行

（北京市惠新东街 1 号　邮政编码：100029）

*

三河市华骏印务包装有限公司印刷装订　　新华书店经销

787 毫米 ×1092 毫米　16 开本　10.75 印张　245 千字

2025 年 7 月第 6 版　　2025 年 7 月第 1 次印刷

定价：29.00 元

营销中心电话：400-606-6496

出版社网址：https://www.class.com.cn

https://jg.class.com.cn

前　言

为了更好地适应技工院校机械类专业的教学要求，全面提升教学质量，我们组织有关学校的一线教师和行业、企业专家，在充分调研企业生产和学校教学情况、广泛听取教师对教材使用反馈意见的基础上，对技工院校机械类专业通用教材（高级技能层级）进行了修订。本次修订后出版的教材包括：《机械制图（第五版）》《机械基础（第三版）》《机构与零件（第五版）》《机械制造工艺学（第三版）》《机械制造工艺与装备（第四版）》《金属材料及热处理（第三版）》《极限配合与技术测量（第六版）》《电工学（第三版）》《工程力学（第三版）》《数控加工基础（第三版）》《液压传动与气动技术（第三版）》《液压技术（第五版）》《机床电气控制（第四版）》《金属切削原理与刀具（第六版）》《机床夹具（第六版）》《高级车工工艺与技能训练（第四版）》《高级钳工工艺与技能训练（第四版）》《高级焊工工艺与技能训练（第四版）》等。

本次教材修订工作的重点主要体现在以下三个方面：

第一，更新教材内容，提升表现形式。

根据机械类专业毕业生所从事岗位的实际需要和教学实际情况的变化，合理确定学生应具备的能力与知识结构，对部分教材内容及其深度、难度做了适当调整；根据相关专业领域的最新发展，在教材中充实新知识、新技术、新设备、新材料等方面的内容，体现教材的先进性；采用最新国家技术标准，使教材更加科学和规范；在《金属切削原理与刀具（第六版）》《机床夹具（第六版）》等教材插图的制作中全面采用立体造型技术，并采用四色印刷，提升教材的表现力。

第二，打造新形态教材，体现时代发展。

《机床夹具（第六版）》《液压传动与气动技术（第三版）》等教材为融媒体教材。针对教材中的教学重点和难点制作了动画、视频、微课等多媒体资源，学生使用移动终端扫描二维码即可在线观看相应内容。

第三，开发配套资源，提供教学服务。

本套教材配有习题册和方便教师上课使用的多媒体电子课件，可以通过技工教育网（https://jg.class.com.cn）下载电子课件、习题册答案等教学资源。

本次教材的修订工作得到了河北、辽宁、江苏、山东、河南、湖南、广东等省人力资源社会保障厅及有关学校的大力支持，在此我们表示诚挚的谢意。

目　录

绪　论

机床夹具课程作为机械类专业的一门专业课，不但具有较强的理论性，而且具有很强的实用性。为培养学生进行一般机床夹具综合分析、简单设计的能力，本教材按以下思路安排教材的结构：

教材分为机床夹具基础知识、工件的定位、工件的夹紧、夹具图的绘制和典型夹具设计五章。其中，第一章至第四章内容围绕夹具分析、设计和应用的具体过程展开。在进行知识讲解时，主要围绕如图 0–1 所示铣床夹具设计过程进行；在课后练习中，主要引导学生同步完成一个钻床夹具的分析、设计；另外，通过知识拓展栏目来拓宽学生的知识面。第五章典型夹具设计为综合应用章节，通过几副典型机床夹具的分析、设计，提高学生分析、设计机床夹具的综合能力。

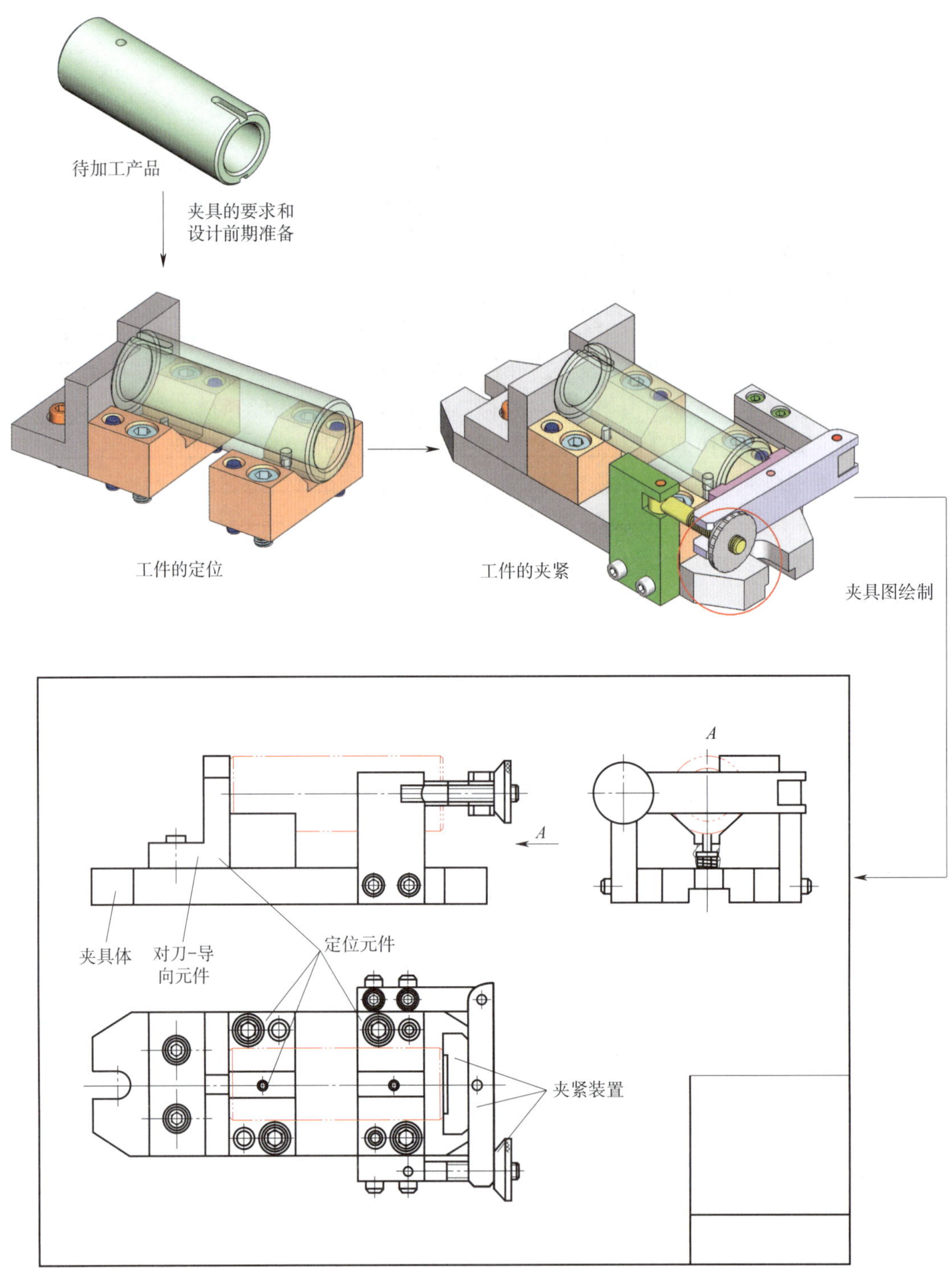

图 0-1　铣床夹具设计过程

第一章　机床夹具基础知识

第一节　机床夹具概述

在机械加工中，工件的安装一般有两种方法：一种方法是将工件直接放置在机床工作台或花盘上，经过找正后，用螺钉、压板等元件将工件夹紧；另一种方法是采用夹具安装，用铣键槽夹具安装套筒工件如图 1–1 所示。夹具作为机械制造中的一种重要工艺装备，其应用越来越普遍。那么，夹具怎样实现工件的安装呢？

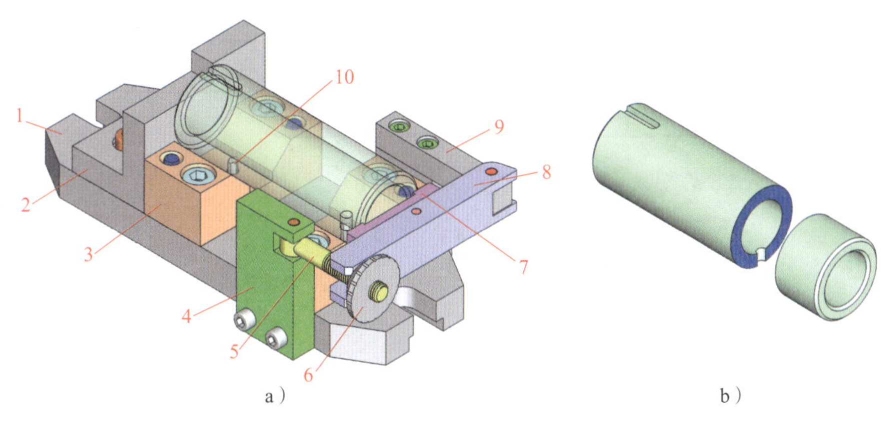

图 1–1　用铣键槽夹具安装套筒工件

a）夹具　b）工件

1—底座　2—L 形板（对刀块）　3—V 形块　4、9—支柱　5—转动螺杆
6—螺母　7—浮动压板　8—铰链压板　10—削边销

在机械制造的各类工序（如机械加工、焊接、装配、检验等）中，使用着大量的夹具。因为夹具装夹的工件各不相同，所以夹具的结构也各式各样。要想回答上述问题，必须先了解夹具的一般知识，即了解夹具的概念和结构以及夹具在生产中所起的作用等。

一、夹具的概念及种类

根据机械加工工艺规程的要求，在机械加工中用来正确地确定工件及刀具的相对位置，并且合适而迅速地将它们夹紧的一种机床附加装置称为机床夹具，一般简称为夹具。由于夹具在机床上的相对位置在工件安装之前已经预先调整好，因此在加工一批工件时，一般不需要逐个地对工件进行找正，就能保证加工技术要求。例如，对于如图 1–1 所示铣键槽夹具来说，加工前，首先调整好夹具在铣床工作台上的位置，然后确定好加工刀具位置；加

工时，只需以套筒外圆柱面及左端面为基准，将工件安装在 V 形块及 L 形板上，即可确定工件在夹具中的位置，然后拧紧转动螺杆上的螺母将工件夹紧，以保证工件已确定的位置在加工过程中不再发生变化。当加工好第一个键槽后，松开螺母，将工件回转 180°，找正后（即通过削边销与第一个键槽的配合），再次拧紧螺母将工件夹紧，即可进行第二个键槽的加工。如此循环，完成批量套筒零件的键槽铣削加工。

〔提示〕

广义上来说，夹具包括两类：一类是用来安放和夹紧工件的，如机床的各种卡盘和心轴等；另一类是用来安放和夹紧刀具的，如钻、铣用夹头，丝锥夹头等。根据加工方法和加工任务的不同，所用的夹具不同。

机床夹具分为通用夹具、专用夹具、可调夹具、成组夹具、组合夹具和自动线夹具六大类型，具体见表 1–1。

表 1–1　　机床夹具分类

种类	图例	说明
通用夹具		通用夹具是指结构、尺寸已标准化，且具有一定通用性的夹具，如三爪自定心卡盘、台虎钳等。其特点是适用性强，无须调整或稍加调整即可装夹一定形状范围内的各种工件
专用夹具		专用夹具是针对某一工件的某一工序的加工要求而专门设计及制造的夹具。其特点是针对性极强，没有通用性
可调夹具		可调夹具是针对通用夹具和专用夹具的缺陷而发展起来的一类夹具。对于不同类型和尺寸的工件，只需调整或更换夹具上的个别元件便可使用

续表

种类	图例	说明
成组夹具		成组夹具是在成组技术基础上发展起来的一类夹具，它是根据成组工艺的原则，针对一组形状相近的零件专门设计的，它由通用基础件和可更换调整元件组成
组合夹具		组合夹具是一种由标准元件组装而成的模块化的夹具，即装即用，用毕即可拆卸
自动线夹具		自动线夹具是一种在自动化加工和流水作业中使用的夹具

专用夹具是机床夹具课程的主要研究对象，根据专用夹具使用的机床及其工序内容的不同，可以将其分为钻床夹具、铣床夹具、车床夹具、磨床夹具、镗床夹具、齿轮加工机床夹具、电加工机床夹具、数控机床夹具等。

二、夹具的结构

生产中使用的夹具，因装夹的工件各不相同而结构各异。如果将夹具中作用相同的元件或机构进行归纳，则夹具一般由定位装置、夹紧装置和夹具体三大主要部分组成。

1. 定位装置

工件在机床上进行加工时，必须保证工件相对于刀具处于一个正确的位置。对于批量较小或是单件生产的产品，这个正确位置可通过直接找正或划线找正来保证；对于批量较大的产品，这个正确位置通常由夹具中的定位装置来保证。

定位装置由各种标准或非标准定位元件组成，它是夹具的核心部分。在进行夹具设计时，应根据工件的具体情况设置各类定位元件，以保证工件在夹具中位置的同一性和正确性。常用的定位元件有 V 形块、心轴、套筒、角铁等，如图 1–2 所示。

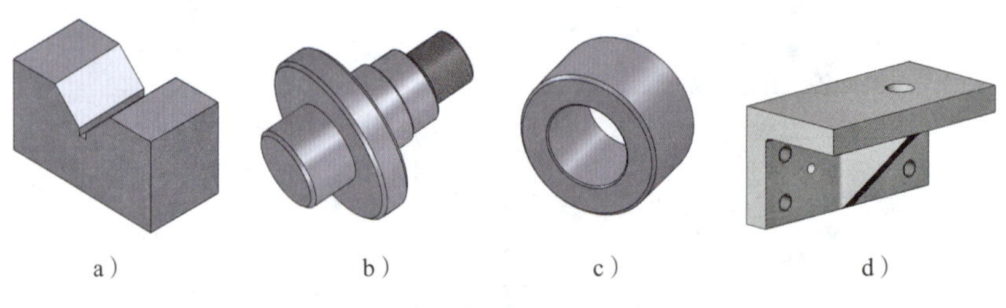

图 1–2　常用的定位元件

a） V 形块　b）心轴　c）套筒　d）角铁

2. 夹紧装置

工件在机械加工过程中会受到切削力、惯性力和重力等力作用，若工件因此发生位置变动，轻则造成废品，重则损坏刀具或机床，故夹具应通过夹紧装置对工件夹紧。

同定位装置一样，夹紧装置也是夹具中的重要组成部分。夹紧装置通常由起基本夹紧作用的各种夹紧机构构成。其中，应用最为普遍的是斜楔夹紧机构、螺旋夹紧机构和偏心夹紧机构。图 1–3 所示为直接拉紧式螺旋夹紧机构。

〔提示〕

一般情况下，机床夹具的主要作用是使工件在夹具中定位并夹紧。夹具相对于机床和刀具位置的正确性则要靠夹具与机床、刀具的对定来保证。

3. 夹具体

夹具体是整个夹具的基础和骨架，通过它将夹具上其他各类装置连接成一个有机整体，并实现夹具与机床的连接。图 1–4 所示为某钻床夹具夹具体和某车床夹具夹具体（花盘）。

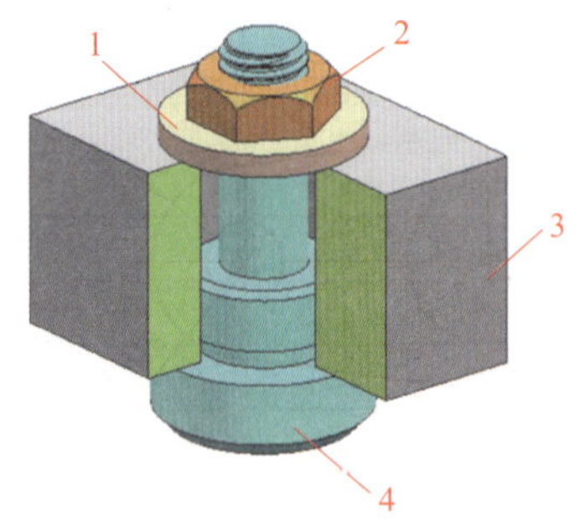

图 1–3　直接拉紧式螺旋夹紧机构

1—垫圈　2—紧固螺母　3—工件　4—定位销轴

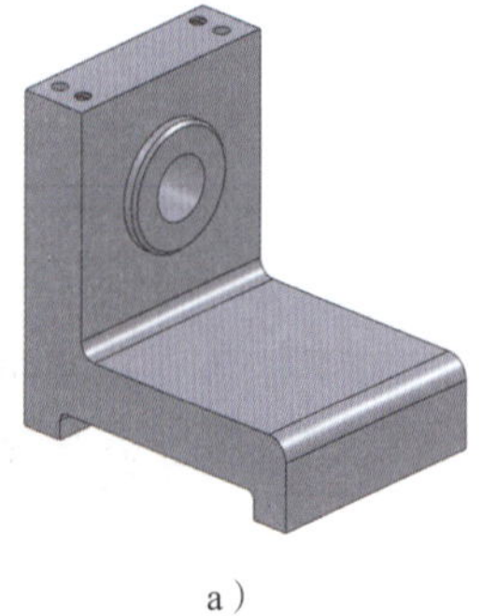

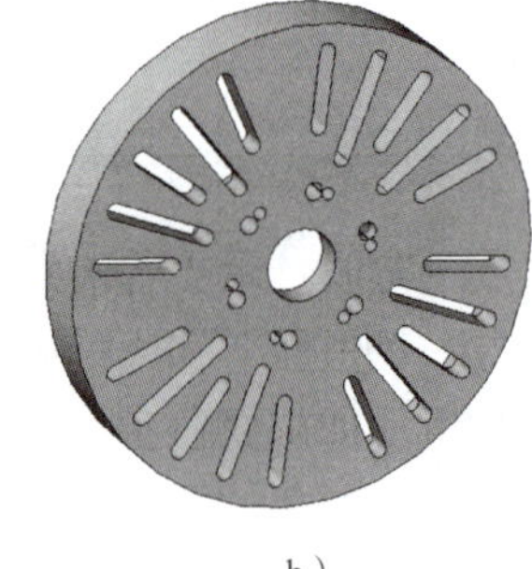

图 1–4　夹具体

a）某钻床夹具夹具体　b）某车床夹具夹具体（花盘）

另外，根据不同的使用要求，夹具还可以设置对刀装置、刀具导引装置、回转分度装置及其他辅助装置。需要指出的是，当切削力较小、工件自重较大或者可以依靠切削力来增大摩擦力而固定工件时，也可以不设夹紧装置。

下面以图 1–1 所示的铣键槽夹具结构为例进行分析。

铣键槽夹具属于铣床夹具，也是专用夹具。具体来说，如图 1–5a 所示，L 形板（对刀块）、V 形块、削边销等元件构成了该夹具的定位装置；如图 1–5b 所示，浮动压板、铰链压板、转动螺杆和螺母等元件构成了该夹具的夹紧装置；如图 1–5c 所示，底座为夹具体。

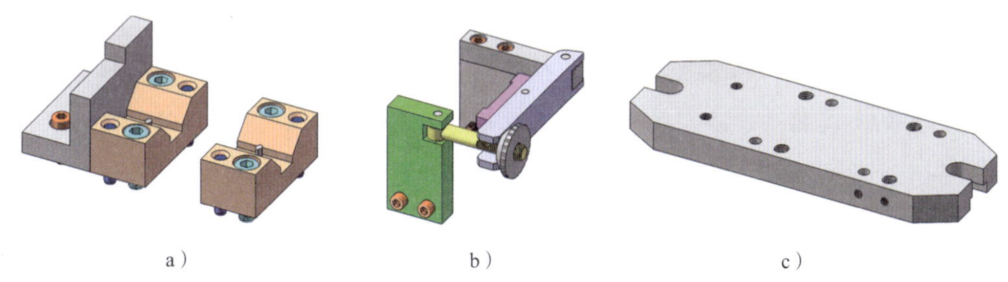

a）　　b）　　c）

图 1–5　铣键槽夹具结构

a）定位装置　b）夹紧装置　c）夹具体

三、夹具的作用

夹具在生产中的主要作用见表 1–2。

表 1–2　　夹具在生产中的主要作用

作用	相关说明
保证工件加工精度，稳定整批工件的加工质量	通过设计及应用夹具解决了工件的可靠定位和稳定装夹问题，可使同一批工件的安装结果高度统一，使各工件间的加工条件差异性大为减小。因此，夹具可以在保证加工精度的基础上极大地稳定整批工件的加工质量
提高劳动生产率	依靠夹具所设置的专门定位元件和高效夹紧装置，可以快速而准确地完成工件在加工工位上的定位和夹紧，省去了逐个对工件进行找正的装夹过程，大大缩短了工件的装夹辅助加工时间。这对于大批量生产的工件，尤其是对外形轮廓较复杂、不易找正装夹的工件作用更大
改善工人的劳动条件	采用夹具可使工件装夹方便而快捷，减轻工人的劳动强度
降低对工人技术等级的要求	夹具的应用使得工件的装夹操作大为简化，一些生产技术并不熟练的工人有可能胜任原来只能由熟练技术工人才能完成的复杂工件的精准装夹工作，从而降低对工人的装夹技术要求

〔知识拓展〕

现代机床夹具的发展方向

随着现代科学技术的进步和社会生产力的发展，机床夹具已由一种简单的辅助工具发展成为门类齐全的重要机械加工工艺装备。现代机床夹具的主要发展方向为高精度、高效率、柔性化和标准化等。

1. 高精度

随着各类产品制造精度日益提高，对机床及夹具的精度要求也越来越高。为适应高精度产品的加工需要，各类高精度夹具也以较快的速度发展，高精度成为机床夹具发展的一个重要方向。目前，用于精密车削的高精度三爪自定心卡盘的定心精度已可达 5 μm 以内；高精度心轴的同轴度误差可控制在 1 μm 以内；用于轴承座圈磨削的电磁无心夹具可将工件的圆度误差控制为 0.2 ~ 0. 5 μm；用于精密分度的端齿工作台的直接分度值可达 15′，其重复定位精度和分度对定误差可控制在 1″以内。

2. 高效率

高效率切削加工主要体现在高速切削、大切削用量、重负荷三个方面，而高效夹具除应适应高效加工的夹紧要求外，还表现为工件安装的自动化程度、准确性和灵活性好，以尽量减少装夹辅助时间，减轻工人的劳动强度。在大规模专业化生产中，常专门设置工件的安装工位，以使工件装夹辅助时间与机械加工的走刀时间相重合，实现不停机连续加工。现代夹具，尤其是应用于各类自动作业线上的夹具，基本上都采用气动、液动、电动和机动等动力夹具，使工件装夹快速、准确，并可实现远程控制。另外，多件装夹夹具和复合工位夹具也都有较大的发展，在高效生产中发挥了很大的作用。

3. 柔性化

夹具的柔性化是指夹具依靠其自身的结构灵活性进行简单的组装、调整，即可适应生产加工不同情况需要的能力，是夹具对生产条件的一种自适应能力。

随着各类数控机床和柔性制造系统等高精度、高机动性自动化机床以及以它们为核心的作业线的不断发展，对机床配套夹具的要求也越来越高，夹具与机床间的关系越来越密切，现代夹具将逐渐与机床融为一体，这种夹具与机床间的适应性发展极大地提高了机床的加工能力、机动性能，使得原来功能较为单一的高效、精密专用机床的功能大为改善。具有自动回转、翻转功能的高效能夹具的普遍应用，使得部分中、小批量产品的生产率逐渐接近于专业化大批量生产的水平。

4. 标准化

机床夹具的标准化是促使现代夹具发展的一项十分重要的技术措施。

随着科学技术的飞速发展和我国改革开放步伐的加快，部分国家标准和行业标准与国际标准不统一，曾一度影响我国产品和技术与国际社会的顺利接轨，因此，国家有关部门对夹具零件、部件有关技术标准进行了修订和完善，颁布了新的夹具零件、部件推荐标准，为机床夹具的设计、制造及应用提供了规范性文件，推动了夹具的专业化生产。

课后习题

对于图 1-1b 所示工件的大批量生产，键槽加工可使用专用铣床夹具来完成，而孔（ϕ6 mm）加工通常使用专用钻床夹具来完成。考虑到孔加工特点，钻床夹具的主要任务是保证工件相对刀具的正确加工位置。为有效地解决钻头钻孔时孔位精度不稳定的问题，多直接设置带有刀具导引孔的模板，对钻头进行正确导引和对孔位进行强制性限制。常用钻床夹具按结构类型可分为固定式、回转式、移动式、翻转式、覆盖式和滑柱式等。

如图 1-6 所示为钻 ϕ6 mm 孔的一种固定式钻模，试完成如下任务：

（1）分析其结构。

（2）简述其工作过程。

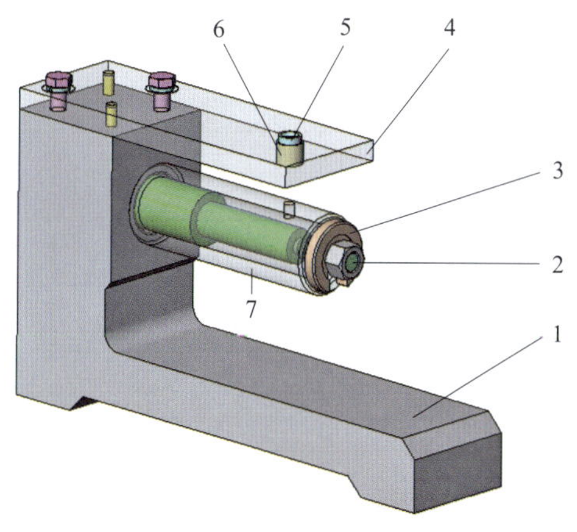

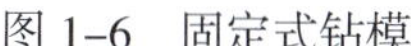
图 1-6　固定式钻模

1—底座　2—销轴　3—开口垫圈　4—支承板　5—钻模套　6—套筒　7—工件

〔提示〕

在钻床上对工件进行钻孔加工一般具有如下特点：刀具本身刚度较低；切削刃不对称易造成几何误差；起钻易造成孔位精度误差。

第二节 夹具的要求和设计前期准备

在制造工业产品过程中，一般需要大量的专用机床夹具，如铣床夹具、车床夹具和钻床夹具等。这些专用夹具是如何设计出来的呢?

一、夹具的要求

机床夹具设计是机械制造工艺装备设计中的一个重要部分，是保证产品质量和提高劳动生产率的重要技术措施。要回答“夹具是如何设计出来的”这个问题，首先要弄清夹具的要求。

一般来说，夹具应满足四个方面的基本要求，具体内容见表 1–3。

表 1–3 夹具的基本要求

基本要求	相关说明
保证工件的加工精度要求	夹具的定位与夹紧必须满足本工序的加工精度要求，这是对夹具的最基本要求
提高机械加工生产率	应用夹具后应能快速完成工件的装卸，明显缩短辅助加工时间，提高生产率
降低工件的生产成本	降低成本、提高效率是生产的要求。不能创造经济效益的夹具没有实际使用价值
具有良好的工艺性	夹具结构要具有良好的工艺性，便于加工、调整、装配和检验

二、夹具设计的前期准备

为了达到以上要求，设计夹具时应做好前期准备工作。

〔提示〕

一般来说，夹具设计可分为前期准备、拟定结构方案、绘制夹具总装图、绘制夹具零件图四个阶段。

1. 准备设计资料

实际生产中应当掌握的夹具设计原始资料包括工件图样和工艺文件、生产纲领、夹具制造与使用情况。除此之外，应注意收集夹具的各类技术资料，包括夹具相关技术标准、设计

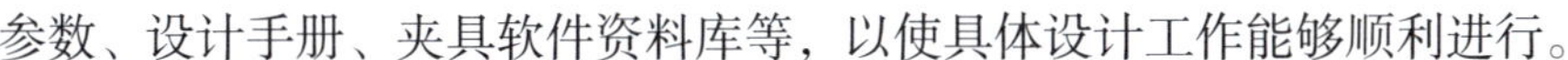

参数、设计手册、夹具软件资料库等，以使具体设计工作能够顺利进行。

需要指出的是，为了不断提高生产的技术水平，应注意收集各种先进工艺方法和工艺装备等技术资料，以使新设计夹具的技术水平与现有高效生产状况和未来生产发展规划相适应。

2. 进行实际调查

夹具设计必须深入生产实际，了解车间的生产技术水平、生产规模和生产批量，以确定夹具的复杂程度和自动化水平。必要时，还应了解库存夹具通用备件和组合夹具的情况，以便有效地利用库存元件，缩短夹具的制造周期。

企业设备的精度水平和是否配备有其他的动力资源（如压缩空气、液压系统等），直接决定夹具的精度及自动控制动力情况。

3. 分析工件图样

为了明确夹具设计任务，必须对工件图样进行技术分析，包括了解工件的工艺过程，明确本工序在整个加工工艺过程中的位置，掌握本工序加工精度要求和工件已加工表面的情况等。通过分析，确定工件定位基准。下面通过图 1–1 所示铣键槽夹具设计实例来加以阐述。

如图 1–7 所示为在铣键槽夹具上加工工件图样。铣键槽工序是该工件机械加工工艺过程中的一道工序。在进入铣键槽工序之前，该工件的其他表面均已经过机械加工。本工序主要要求如下：两键槽槽底距离$37_{-0.4}^{\ 0}$ mm，键槽两侧面及底面的对称度公差 0.05 mm，槽宽尺寸$6_{\ 0}^{+0.03}$ mm。

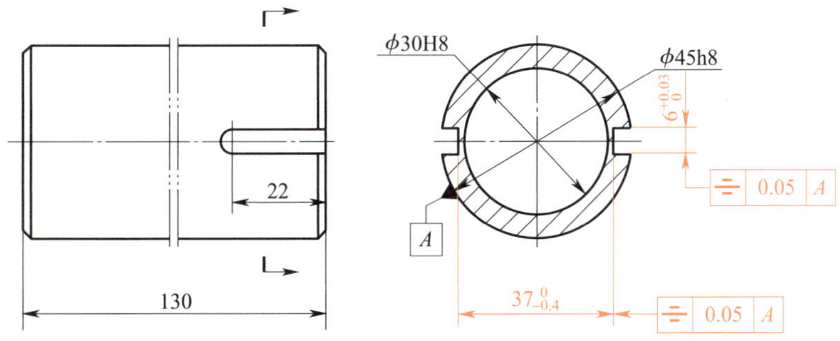

图 1–7　在铣键槽夹具上加工工件图样

〔提示〕

分析工件图样时，还要了解工件的材质、热处理情况、加工所使用的刀具及切削用量等。

4. 确定定位基准

通过分析工件图样，明确工序加工内容，并在此基础上确定定位基准。

（1）基准的概念

工件通常是由若干具有几何关系的几何要素构成的实体。用来确定工件上几何要素间的几何关系所依据的点、线、面，称为基准。它是计算和测量几何要素位置及尺寸的起始。

〔提示〕

在机械加工中，选择工件上哪些点、线、面作为基准，将直接影响工件各表面之间的相互位置精度。

（2）基准的分类

根据所起作用和应用场合不同，基准可分为设计基准和工艺基准两类。

1）设计基准。设计图样上所采用的基准称为设计基准。设计基准是在设计图样中作为确定某一几何要素位置的设计尺寸起始的点、线、面。以图 1–8 所示的带肩固定钻套为例，端面 *M* 是端面 *N* 和端面 *P* 的设计基准。这是因为确定 *N*、*P* 位置的尺寸 5 mm 和 37 mm 的尺寸线均起始于端面 *M*。外圆和内孔各表面的设计基准是轴线 *O*—*O*，其尺寸标注两端均指向同一表面。这是因为回转体表面一般以直径来测量其大小，而确定圆的位置的基本参数是圆心位置，所以过直径尺寸中点的轴线是设计基准。图中，内孔表面的轴线也是 $\phi40\text{n}6\left(^{+0.033}_{+0.017}\right)$ 外圆表面径向圆跳动公差和端面 *N* 轴向圆跳动公差的设计基准。

2）工艺基准。在工艺过程中所采用的基准称为工艺基准。工艺基准分类见表 1–4。

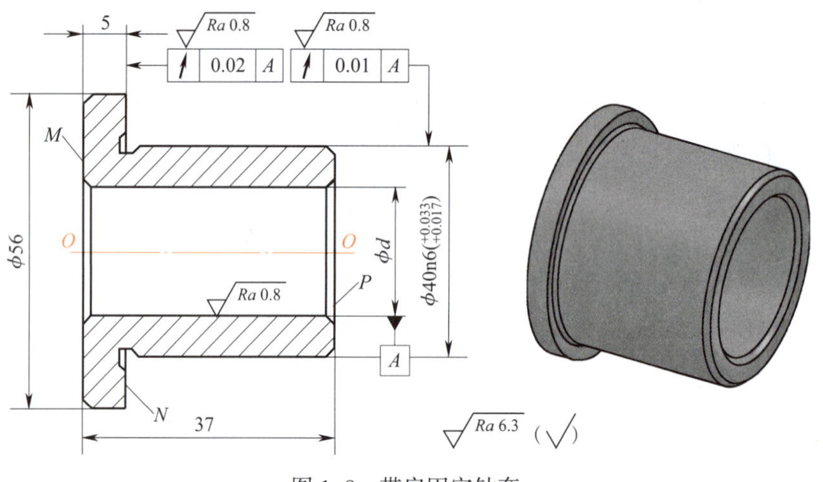

图 1–8　带肩固定钻套

表 1–4　　**工艺基准分类**

分类	相关说明
工序基准	在工序图上用来确定本工序加工表面加工后的尺寸、形状、位置的基准
定位基准	在加工中用作定位的基准。用来确定工件在机床上或夹具中的正确位置
测量基准	测量时所采用的基准。用来确定被测要素的精确位置或尺寸
装配基准	装配时用来确定零件或部件在产品中的相对位置所采用的基准

〔提示〕

在夹具的设计和应用中，主要涉及工序基准、定位基准两个基准。

①工序基准。工件一般有两类加工精度要求：一类为尺寸精度，由工序图上的尺寸公差来限定及控制；另一类为位置精度，由工序图上给出的位置公差来限定及控制。工序图在给出加工精度要求的同时给出了工序基准。

图 1–9 所示为圆柱形工件铣平面时的工序图。图 1–9a 所示工序加工内容为铣顶部平面，工序要求保证尺寸 h_1，尺寸 h_1 由工件的轴线向外给出，工序基准为轴线。图 1–9b 所示工序加工内容也为铣顶部平面，但工序图上要求保证尺寸 h_2，此时工序基准不再是工件的轴线，而是工件外圆柱面的下素线。

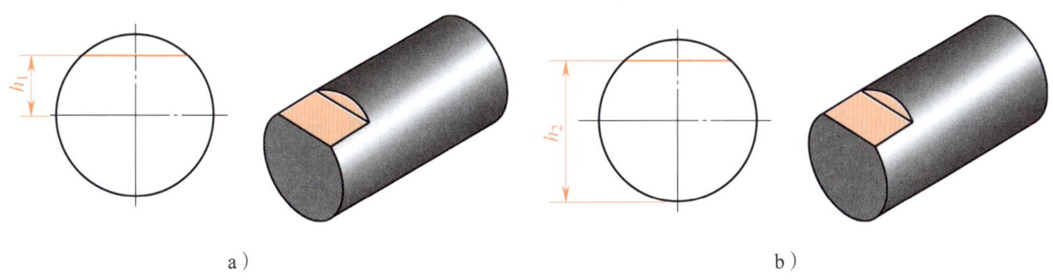

图 1–9　圆柱形工件铣平面时的工序图

对于如图 1–7 所示的铣键槽工序，工序要求主要有以下三项：

两键槽槽底距离$37_{-0.4}^{\ 0}$ mm，一般通过加工前调整刀具予以保证，工序基准为工件的轴线。

键槽两侧面及底面的对称度公差 0.05 mm，由工件相对于刀具的安装位置及刀具走刀路线来保证，工序基准为工件的轴线。

槽宽尺寸$6_{\ 0}^{+0.03}$ mm，由铣刀保证。由于键槽两侧面是衡量槽宽$6_{\ 0}^{+0.03}$ mm 的依据，故也为工序基准。

〔提示〕

工序基准是工件制造过程中各道加工工序对本工序加工精度要求的依据，它与设计基准不同，设计基准是工件最终加工结果的精度要求依据，两者不能混为一谈。

②定位基准。作为用来确定工件在夹具中位置的要素，定位基准的选择非常重要。在夹具设计中，应根据工序基准，正确、合理地确定定位基准，尽量选择加工表面的工序基准为定位基准。

对于图 1–9a 所示铣顶部平面工序图，最好以工序基准（轴线）作为定位基准；对于图 1–9b 所示铣顶部平面工序图，由于工序基准为工件外圆柱面下素线，因此最好选择下素线作为定位基准。

对于图 1–7 所示键槽加工，为保证槽深及表面的加工要求，设计铣床夹具时最好选择工件轴线作为定位基准。

〔提示〕

注意定位基准与定位基准面的区别。前者确定工件在夹具中的位置，后者表明工件与夹具定位元件接触或配合之处。定位基准一般为工件与夹具定位元件相接触的表面，也可以为工件的几何中心、对称线、对称面等。

〔知识拓展〕

定位基准的选择原则

工件的定位是通过工件上的定位表面（或点与线）和定位元件相接触或配合而实现的。在选择定位基准时，首先应采用工艺人员指定的基准，同时要考虑加工工序的要求、夹具结构的合理性、工件表面条件和定位误差等因素。从夹具设计角度出发，定位基准的选择有以下几项原则：

（1）尽量使工件的定位基准与工序基准重合，以消除基准不重合误差。但当定位基准与工序基准重合后会使夹具结构复杂或工件定位不稳时，则应另选定位基准，此时必须计算及控制由此产生的基准不重合误差。

（2）尽量选用已加工表面作为定位基准，以减小定位误差，保证夹具有足够的定位精度。当不得不采用毛坯表面作为定位基准时，应尽量只用一次，而且应选用误差较小、较光洁、余量较小的表面或与加工面有直接关系的表面，以有利于保证加工精度。

（3）应使工件安装稳定，在加工过程中因切削力或夹紧力而引起的变形最小。

（4）应使工件定位方便，夹紧可靠，便于操作，夹具结构简单。

课后习题

1. 图 1–10 所示为缺口工件加工图样，工件总高度尺寸（50 ± 0.06）mm 已由上道工序加工保证。试对该工件进行图样分析。

2. 图 1–11 所示为轴套孔加工工序图，试根据钻模设计要求进行图样分析，并进行定位基准的选择。

3. 图 1–12 所示为轴套加工图样，试根据轴套加工工艺（见表 1–5）中工序号 5 铣槽的要求进行图样分析，并进行定位基准的选择。

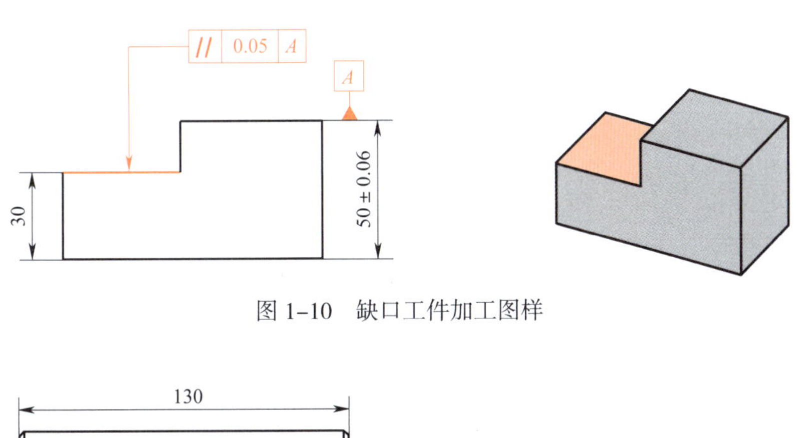

图 1–10　缺口工件加工图样

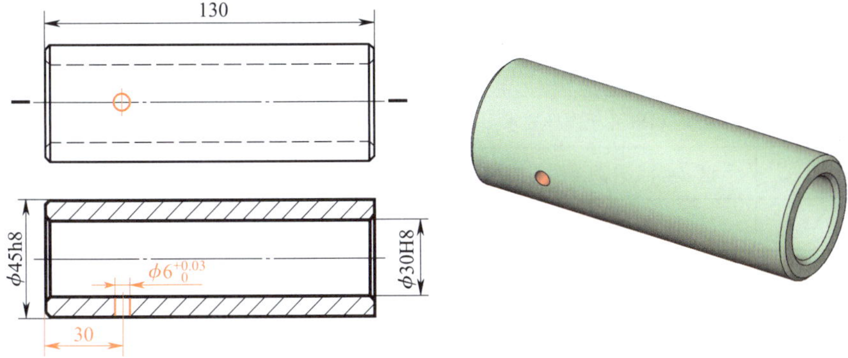

图 1–11　轴套孔加工工序图

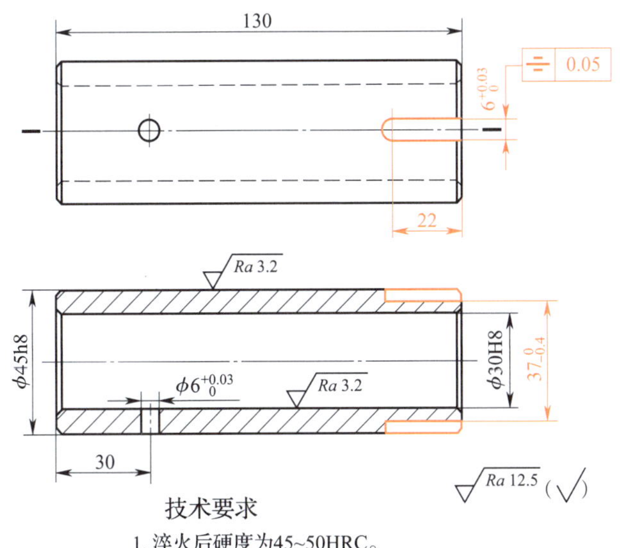

技术要求

1. 淬火后硬度为45~50HRC。
2. 倒钝锐边。
3. 表面发蓝处理。

图 1–12　轴套加工图样

表 1–5　　轴套加工工艺

工序号	工序名称	工序内容	定位基准	加工设备
1	备料	毛坯尺寸为 ϕ48 mm × 134 mm	外圆	锯床
2	车	车端面，保证 $Ra \leqslant 12.5$ μm；钻、镗 ϕ30 mm 孔，留磨削余量 0.3 mm；车 ϕ45 mm 外圆，留磨削余量 0.3 mm；倒角	外圆	车床
3	车	车端面，保证总长 130 mm、$Ra \leqslant 12.5$ μm，倒角	外圆	车床
4	钻孔	钻 $\phi\ 6_{0}^{+0.03}$ mm 孔，保证 $Ra \leqslant 12.5$ μm	外圆、端面	钻床、钻模
5	铣槽	铣削两个 6 mm × 22 mm 键槽，保证 $Ra \leqslant 12.5$ μm	外圆、端面	铣床、铣床夹具
6	热处理	淬火后硬度为 45 ~ 50HRC		
7	磨	磨 ϕ30H8 孔至图样要求	外圆	磨床
8	磨	磨 ϕ45h8 外圆至图样要求	内孔	磨床
9	检测	按图样检测，入库		

第二章　工件的定位

第一节　六点定则

通常，机械加工是通过刀具和工件之间的相对运动来完成的。为满足工件的加工要求，工件在加工前，应先保证其相对于刀具及刀具的切削成形运动处于正确的空间位置，即实现工件的定位。夹具中的工件是如何实现定位的呢？

工件在夹具中位置的确定是通过工件表面（定位基准面）与夹具中定位元件的接触或配合来实现的，如图 2–1 所示铣键槽夹具中工件与 V 形块等的接触。通过夹具中定位元件的合理选择和布置，能确保一批依次放置到夹具中的工件相对夹具均占据同一个正确的空间位置。

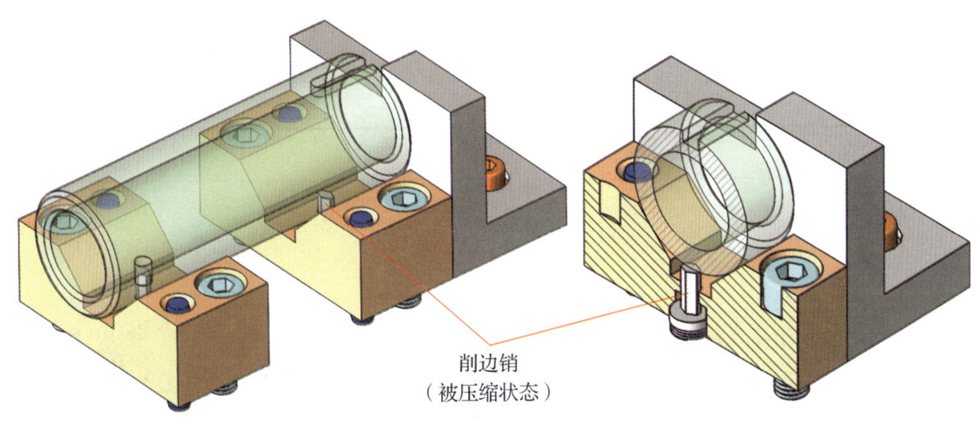

图 2–1　工件在夹具中位置的确定

为了正确理解工件的定位及其方法，必须掌握工件的自由度概念、六点定则及其应用方法。

〔提示〕

使用夹具时，通常通过两个环节来保证工件的位置要求，即通过定位装置和对定装置来实现。前者保证整批工件相对于夹具占据同一空间位置；后者保证夹具在与机床连接时，相对于机床、刀具及其切削成形运动具有正确的相对位置。

一、自由度

工件加工通常要经历定位、夹紧、走刀的过程。工件定位的实质就是要使工件在夹具中占据满足加工要求的某个正确位置。例如，采用夹具定位铣削键槽时，定位就是要保证工件在加工前的位置能满足加工后达到槽深尺寸$37_{-0.4}^{\ 0}$ mm、键槽两侧面及底面的对称度公差0.05 mm等要求。但是，在没有采取相应的定位措施时，工件在夹具中被夹紧时的空间位置是不确定的。这种不确定性的存在，就难以保证整批工件相对于夹具占据同一空间位置，也就难以保证整批工件的加工质量。

〔提示〕

工件在夹具中的定位，就是根据加工的需要消除工件空间位置的不确定性。

通常采用自由度概念来描述工件空间位置的不确定性。自由度是指工件在某一预先设定的空间直角坐标系中定位时，其空间位置不确定程度的六个位置参量。为了便于分析说明，将工件（或物体）放在空间直角坐标系中进行讨论，如图2–2所示。如不限制工件在空间直角坐标系中的位置，工件将具有六个自由度，即六个维度的不确定性。工件空间位置的自由度见表2–1。

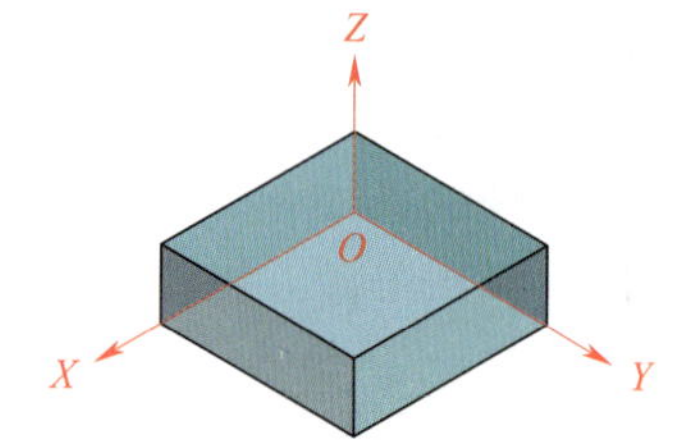

图2–2　工件在空间直角坐标系中

表2–1　工件空间位置的自由度

名称	符号	含义	图例
移动自由度	$\vec{X}$	工件沿 X 轴方向移动位置的不确定性	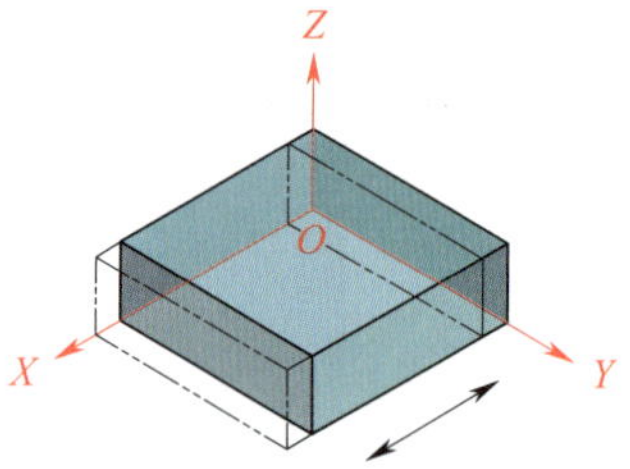
	$\vec{Y}$	工件沿 Y 轴方向移动位置的不确定性	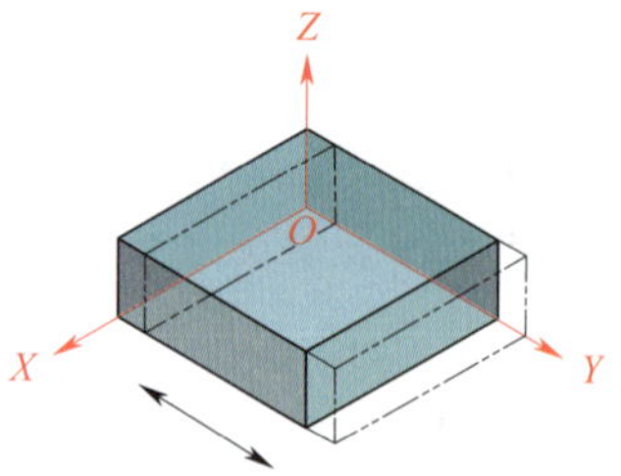

续表

名称	符号	含义	图例
移动自由度	$\vec{Z}$	工件沿 Z 轴方向移动位置的不确定性	
转动自由度	$\overset{\curvearrowright}{X}$	工件绕 X 轴方向转动位置的不确定性	
	$\overset{\curvearrowright}{Y}$	工件绕 Y 轴方向转动位置的不确定性	
	$\overset{\curvearrowright}{Z}$	工件绕 Z 轴方向转动位置的不确定性	

显然，工件位置具有的自由度越少，说明工件空间位置的确定性越好。当工件的六个自由度都被限制时，它在空间的位置即被完全确定下来，具有位置的唯一性。

二、六点定则

一个未在夹具中定位的工件，其空间位置具有六个自由度，即沿三个坐标轴方向的移动自由度和绕三个坐标轴方向的转动自由度。要限制这些自由度，就必须对工件施加相应的约束，即通过定位元件与工件表面的接触或配合来限制工件位置的移动和转动，使工件在夹具中占据符合加工要求的确定位置。

〔提示〕

当工件与固定不动的定位元件保持一点接触时，即形成对工件沿此接触点法线方向移动位置的限制，将限制工件的一个移动自由度；当工件与定位元件保持两点（或直线）接触时，将限制工件的两个自由度；当工件以加工过的平面与定位平面（或不共线的三个点）接触时，将限制工件的三个自由度。

六点定则是指在工件的定位中，用空间合理分布的六个定位点（由定位元件抽象而来）来限制工件，使其获得一个完全确定的位置的方法。那么，这六个定位点应如何分布才能使工件在夹具中的位置完全确定呢？下面通过典型工件的定位加以说明。

三、六点定则的应用

1. 箱体类工件

一般来说，箱体类工件具有规则的外形轮廓，如六面体、八面体等，并具有较大而稳固的安装平面。

如图 2–3 所示，用相当于六个定位点的定位元件（六个支承钉）与工件表面（定位基准面）接触即可限制工件的六个自由度，即：通过工件底面（*XOY* 面）与三个定位点的接触，限制了工件的$\overset{\curvearrowright}{X}$、$\overset{\curvearrowright}{Y}$、$\overrightarrow{Z}$自由度，如图 2–4a 所示；通过工件侧面（*XOZ* 面）与两个定位点的接触，限制了工件的$\overrightarrow{Y}$、$\overset{\curvearrowright}{Z}$两个自由度，如图 2–4b 所示；通过工件端面（*YOZ* 面）与一个定位点的接触，限制了工件的$\overrightarrow{X}$自由度，如图 2–4c 所示。至此，工件空间位置的六个自由度全部被限制。因此，只要工件的相应表面与对应合理分布的六个定位点同时接触，工件的位置就被唯一确定下来。

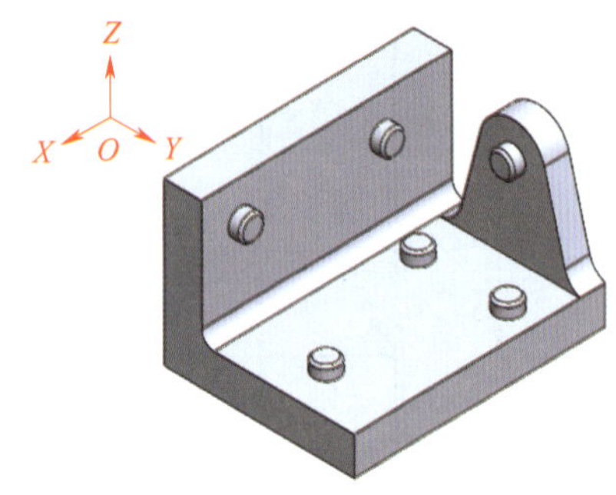

图 2–3　六点定则

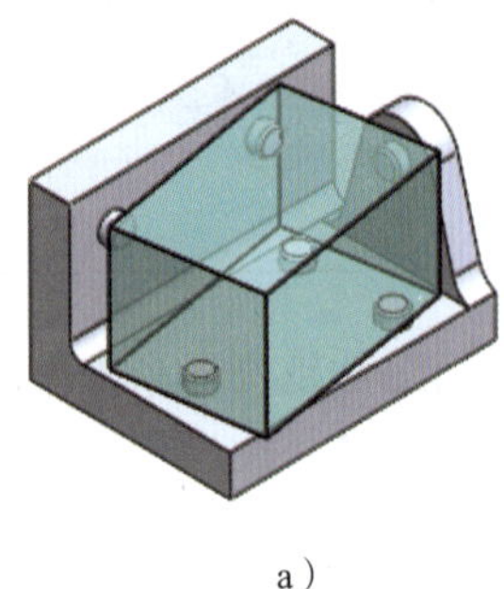
a）

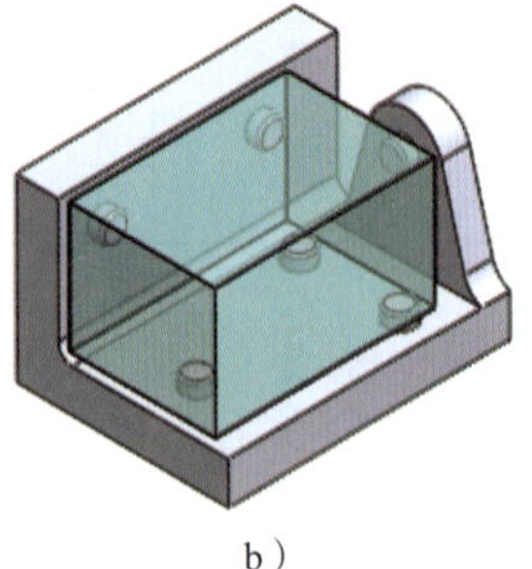
b）

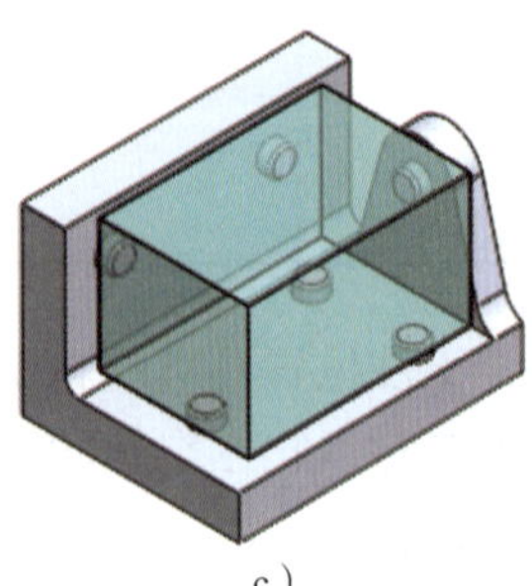
c）

图 2–4　平行六面体自由度的限制

a）主要定位基准面　b）导向定位基准面　c）止推定位基准面

习惯上，把箱体类工件的底面（通常是幅面较大的平面）称为工件的主要定位基准面，又称第一定位基准面；把箱体类工件的侧面（通常是相对较长的平面）称为工件的导向定位基准面，又称第二定位基准面；把箱体类工件的端面（通常是相对较窄的平面）称为工件的止推定位基准面，又称第三定位基准面，如图 2–4 所示。

〔提示〕

对箱体类工件的定位，夹具上常设置三个不同方向上的定位基准来形成一个空间定位体系，称为三基面体系。

2. 盘类工件

对于带槽（或孔）的盘类工件，六点定则的应用如图 2–5 所示。

一般来说，盘类工件具有较大的端部幅面，其轴向尺寸或高度尺寸相对较小。考虑到安装稳定性及夹紧可靠性，常以较大的端面作为主要定位基准面，即第一定位基准面。故夹具上常为工件的大端面设置一个环形安装面（三点）作为主要定位基准，如图 2–5 中的支承点 1、2、3 就起这个作用，它们限制了工件的$\overset{\frown}{X}$、$\overset{\frown}{Y}$、$\vec{Z}$三个自由度。

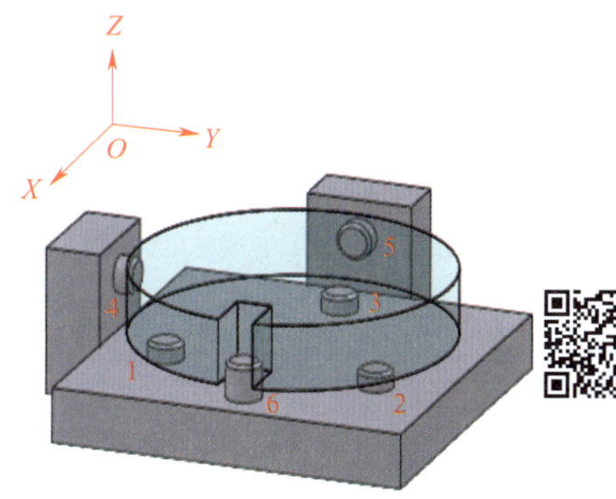

图 2–5　盘类工件六点定则的应用

通过支承点 4、5 与工件的接触，分别限制了工件的$\vec{Y}$、$\vec{X}$两个移动自由度，支承点 4、5 形成了工件定位中的第二定位基准面。对于盘类工件，习惯上称为定心基准。

支承点 6 在定位时，保持与工件键槽的一个固定侧面相接触，限制了自由度$\overset{\frown}{Z}$，形成了工件定位中的第三定位基准面，习惯上称为防转基准。

〔提示〕

对于齿轮、连接盘这类盘类工件，为了使其安装稳固、夹紧可靠，以承受较大的切削力，常通过端面的加工来间接保证轴线的位置作为第一基准，因此，为保证必要的定心精度，对此类工件端面的加工质量，如端面相对于内孔轴线的轴向圆跳动、全跳动或垂直度等，往往提出较高的要求。

3. 轴类工件

对于带槽（或孔）的轴类工件，六点定则的应用如图 2–6 所示。

由于轴类工件的轴向尺寸大，因此常以两端同轴的支承轴颈作为其回转支承，对轴类工件加工往往有较严格的同轴度、对称度等位置公差要求。另外，工件用公共轴线定位安装时，应保证公共轴线与刀具的轴向运动轨迹平行。

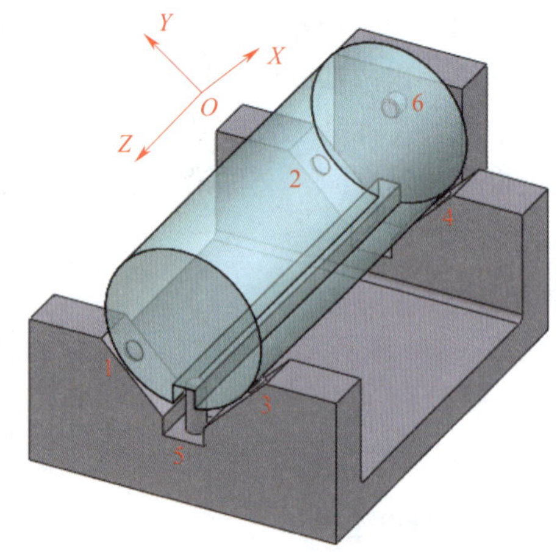

图 2–6　轴类工件六点定则的应用

对于轴类工件的定位，夹具一般用轴向尺寸较大的 V 形块的两个斜面与工件支承轴颈相接触，形成不共面的四点约束，如图 2–6 中的 1、2、3、4 点，以保证工件公共轴线空间位置的正确性。定位点 1、2、3、4 形成了轴类工件的第一定位基准，它限制了工件的$\vec{X}$、$\vec{Y}$、$\overset{\curvearrowright}{X}$、$\overset{\curvearrowright}{Y}$四个自由度。第二、第三定位基准的选择依工序要求及定位精度高低而确定：当对本工序内容的对称度、位置度有较严格的要求时，防转基准销 5 成为第二定位基准，止推基准销 6 成为第三定位基准；当对本工序内容的轴向尺寸有较严格的要求时，止推基准销 6 成为第二定位基准，防转基准销 5 成为第三定位基准。

〔提示〕

为保证轴类工件前后工序的基准统一，常利用轴的两端面上的中心孔作为定位基准，或在车床上采用“一夹一顶”的方式装夹。

〔知识拓展〕

基本定位体的定位作用

由六点定则在一般箱体类、盘类及轴类工件中的应用可知，夹具对工件的定位约束作用是靠夹具上设置的各种形状的定位元件的定位几何形面来实现的。为准确地分析夹具定位元件对工件定位所起的实际约束作用，把各类定位元件按常用定位几何形面归纳为十种基本定位体，基本定位体及其约束作用见表 2–2。

表 2–2　　基本定位体及其约束作用

基本定位体	应用示意图	提供约束点数	限制自由度
短 V 形块	Y X O Z	2	$\vec{X}$、$\vec{Y}$

续表

基本定位体	应用示意图	提供约束点数	限制自由度
长V形块	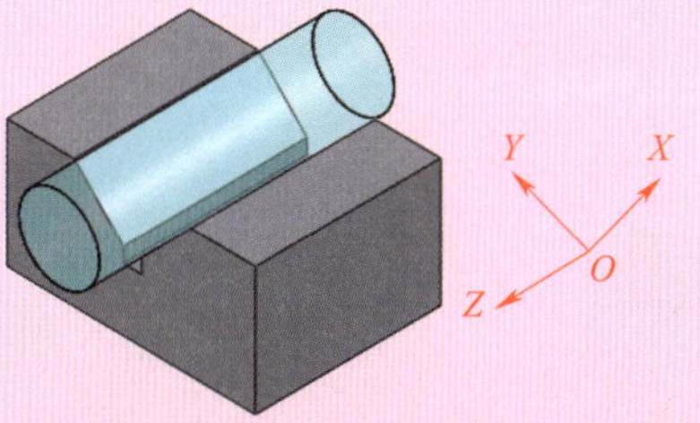	4	$\overrightarrow{X}$、$\overrightarrow{Y}$、$\overset{\curvearrowright}{X}$、$\overset{\curvearrowright}{Y}$
短圆柱销	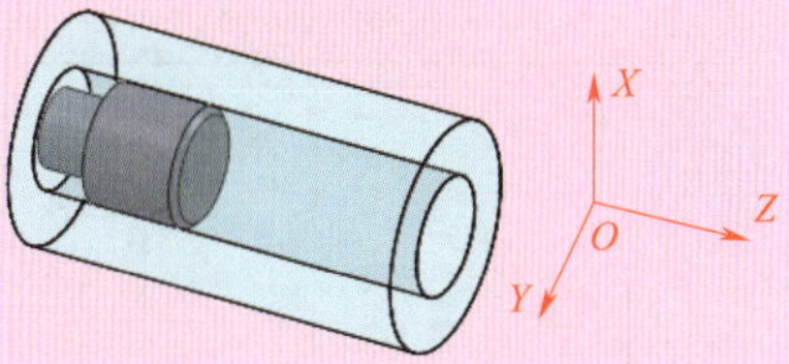	2	$\overrightarrow{X}$、$\overrightarrow{Y}$
长圆柱销	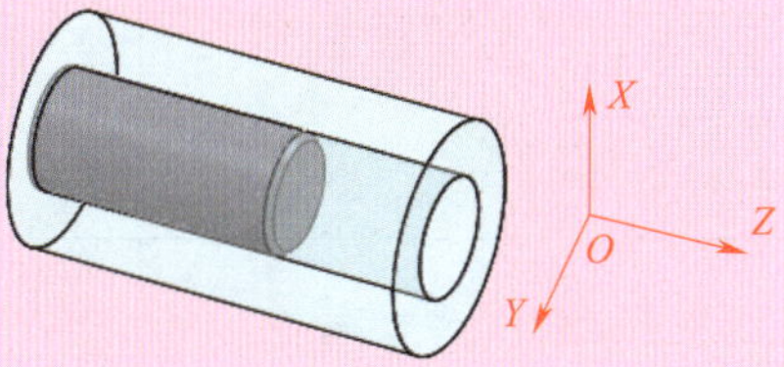	4	$\overrightarrow{X}$、$\overrightarrow{Y}$、$\overset{\curvearrowright}{X}$、$\overset{\curvearrowright}{Y}$
短定位套		2	$\overrightarrow{X}$、$\overrightarrow{Y}$
长定位套	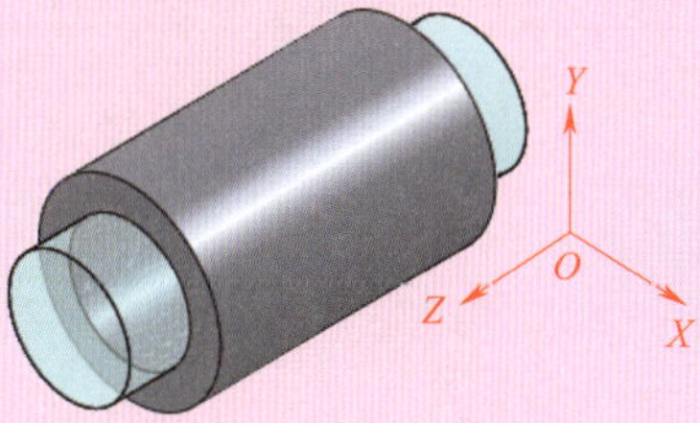	4	$\overrightarrow{X}$、$\overrightarrow{Y}$、$\overset{\curvearrowright}{X}$、$\overset{\curvearrowright}{Y}$
短圆锥销	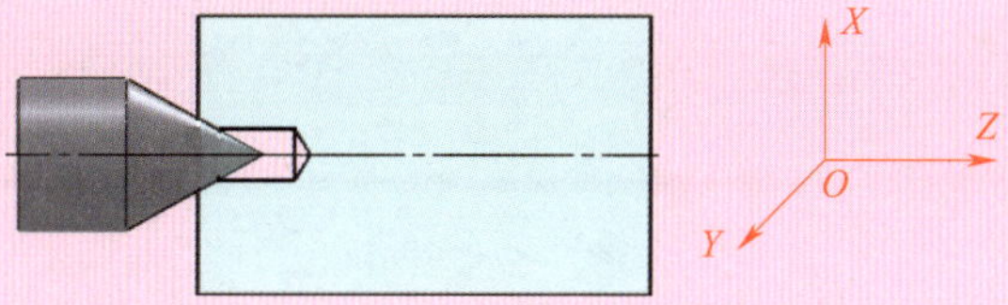	3	$\overrightarrow{X}$、$\overrightarrow{Y}$、$\overrightarrow{Z}$

续表

基本定位体	应用示意图	提供约束点数	限制自由度
长圆锥销	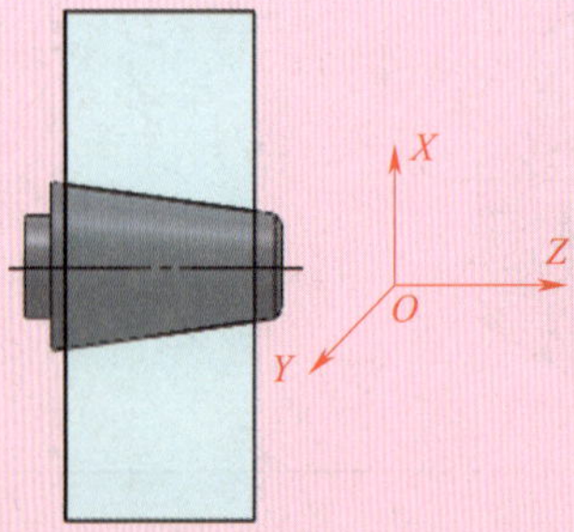	5	$\vec{X}$、$\vec{Y}$、$\vec{Z}$、$\overset{\curvearrowright}{X}$、$\overset{\curvearrowright}{Y}$
短圆锥套	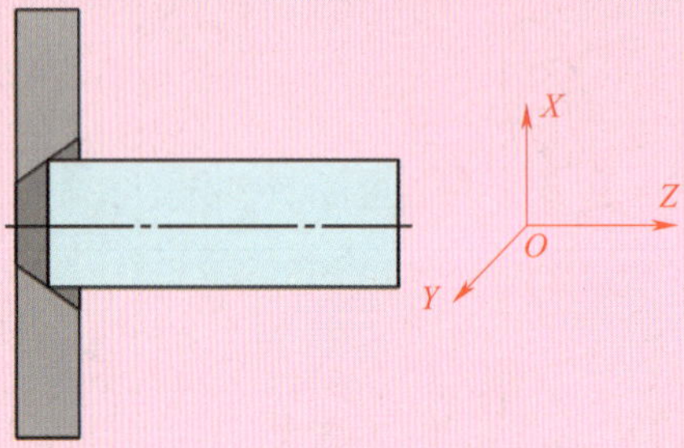	3	$\vec{X}$、$\vec{Y}$、$\vec{Z}$
长圆锥套	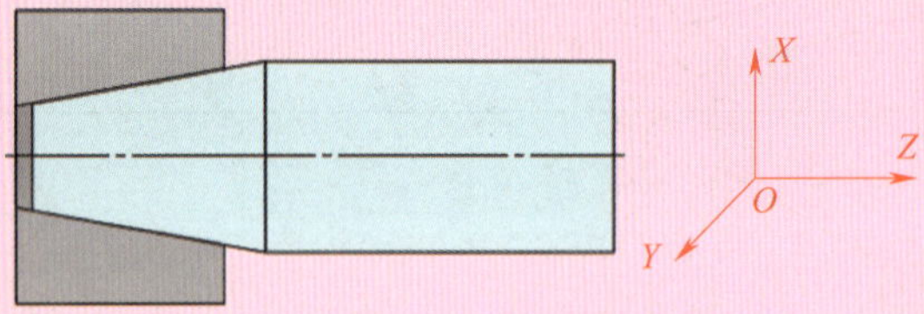	5	$\vec{X}$、$\vec{Y}$、$\vec{Z}$、$\overset{\curvearrowright}{X}$、$\overset{\curvearrowright}{Y}$

各种复杂的定位系统和定位结构都是由基本定位体组合而成的。掌握基本定位体的定位约束作用，有利于迅速而准确地分析工件的定位方案，优化夹具定位结构。

〔提示〕

定位通常在工件被夹紧前完成，一旦工件的定位基准面离开了定位元件，就不能称其为定位。为保证工件的位置在加工过程中始终不变，则需要依靠夹紧。因此定位和夹紧是两回事。

课后习题

1. 试说明图 1–1 所示工件自由度的限制情况。
2. 试根据图 1–7 所示工件的加工要求，为其夹具的设计选择基本定位体，并说明自由度的限制情况。

3. 试根据图 1–11 所示孔的加工要求，为其钻孔夹具的设计选择基本定位体，并说明自由度的限制情况。

第二节　工件定位

工件在夹具中定位，是否在任何情况下都必须限制工件的六个自由度呢？铣削如图 1–12 所示工件键槽时，需要限制几个自由度呢？

限制工件的自由度，首先应考虑工件的具体加工要求。一般来说，只要限制那些对于本工序加工精度有影响的自由度即可。其次，还应考虑工件的具体几何形状，以选择相应的定位形式。

一、加工要求与自由度限制

在生产实践中会遇到各种工件，根据工序的具体加工要求，正确分析影响工件定位的自由度对夹具设计至关重要。

如图 2–7a 所示在平行六面体上铣削不通键槽，为保证加工尺寸 $A \pm \delta_a$，需要限制工件的$\vec{Z}$、$\overset{\frown}{X}$、$\overset{\frown}{Y}$三个自由度；为保证尺寸 $B \pm \delta_b$，还需要限制$\vec{Y}$、$\overset{\frown}{Z}$两个自由度；为保证尺寸 $C \pm \delta_c$，还需要限制$\vec{X}$自由度。显然，该工序加工定位时必须限制六个自由度，方能满足加工要求。对于如图 2–7b 所示的通槽，则只需限制五个自由度即可满足加工要求：限制工件的$\vec{Z}$、$\overset{\frown}{X}$、$\overset{\frown}{Y}$三个自由度，以保证加工尺寸 $A \pm \delta_a$；限制$\vec{Y}$、$\overset{\frown}{Z}$两个自由度，以保证加工尺寸 $B \pm \delta_b$；自由度$\vec{X}$无须限制。

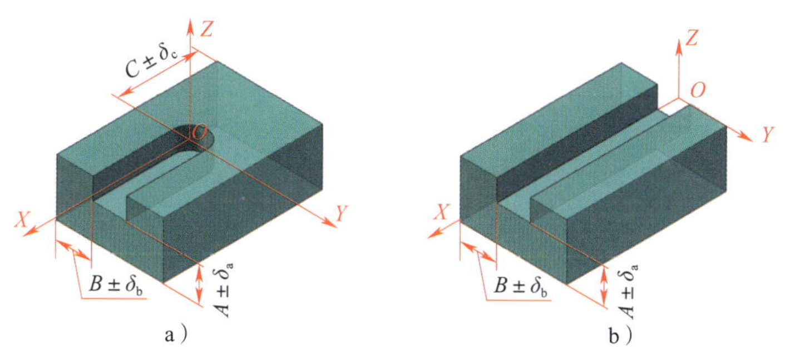

图 2–7　平行六面体上铣键槽

铣削图 1–7 所示工件键槽时，通过 L 形板（对刀块）限制工件的一个自由度，保证尺寸 22 mm；通过 V 形块限制工件的四个自由度，保证键槽两侧面对工件轴线的对称度要求和尺寸$37_{-0.4}^{\ 0}$ mm 的要求；通过削边销限制工件的最后一个自由度。

常见加工方式应限制的自由度见表 2–3。

表 2–3 常见加工方式应限制的自由度

工序简图	加工部位	应限制的自由度
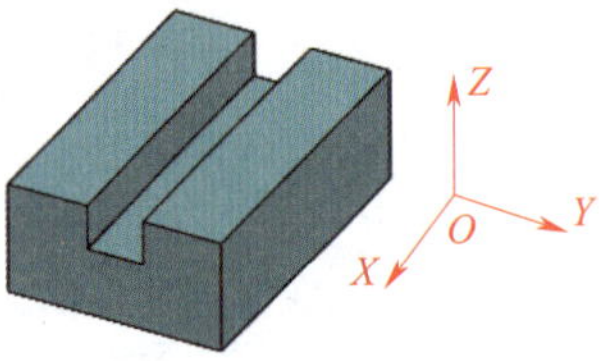	槽	$\overset{\curvearrowright}{X}$、$\overset{\curvearrowright}{Y}$、$\vec{Y}$、$\overset{\curvearrowright}{Z}$、$\vec{Z}$
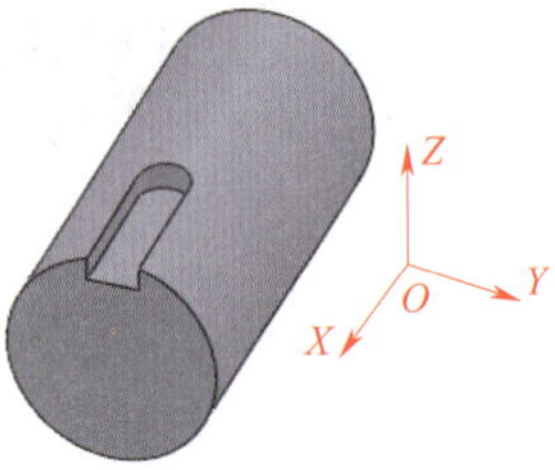	键槽	$\vec{X}$、$\overset{\curvearrowright}{Y}$、$\vec{Y}$、$\overset{\curvearrowright}{Z}$、$\vec{Z}$
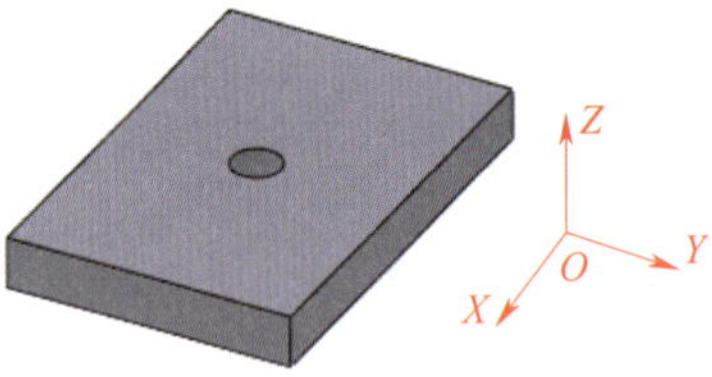	通孔	$\overset{\curvearrowright}{X}$、$\vec{X}$、$\overset{\curvearrowright}{Y}$、$\vec{Y}$、$\overset{\curvearrowright}{Z}$
	不通孔	$\overset{\curvearrowright}{X}$、$\vec{X}$、$\overset{\curvearrowright}{Y}$、$\vec{Y}$、$\overset{\curvearrowright}{Z}$、$\vec{Z}$
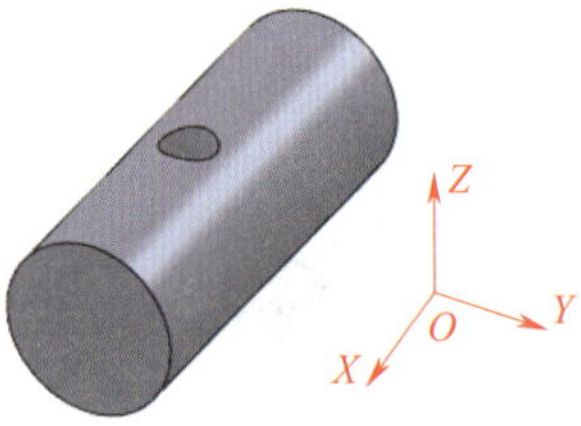	通孔	$\vec{X}$、$\overset{\curvearrowright}{Y}$、$\vec{Y}$、$\overset{\curvearrowright}{Z}$
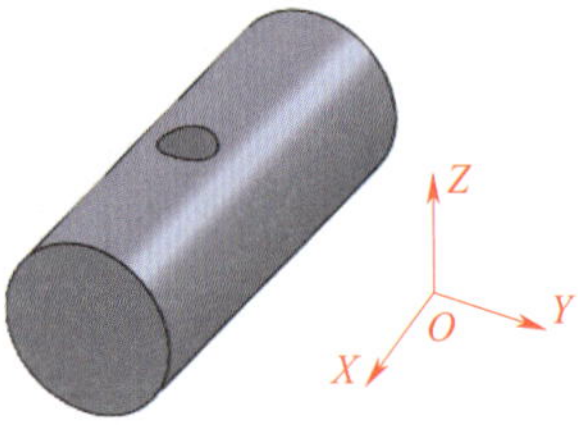	不通孔	$\vec{X}$、$\overset{\curvearrowright}{Y}$、$\vec{Y}$、$\overset{\curvearrowright}{Z}$、$\vec{Z}$

在大多数情况下，对工件的定位需要限制至少三个自由度，以确保工件得到稳定的位置。例如，在圆球上铣平面时，虽然理论上只需限制一个自由度即可，但为使工件定位稳定，必须采用三点定位。

需要指出的是，除了根据工件的加工要求确定工件定位时所需限制的自由度外，还必须考虑夹具结构设计上的要求，有时为了便于夹紧或合理安放工件，实际采用的支承点数目多于理论上要求的定位支承点数目。

二、完全定位

工件在夹具中六个自由度全部被限制的定位称为完全定位。当工件加工需要进行完全定位时，夹具定位元件（其实是定位系统）应使工件的六个自由度都得到相应定位点的约束。例如，在图 2–7a 所示的平行六面体上铣削不通键槽时，为了使整批工件相对机床及刀具有一个确定的位置，必须进行完全定位。

〔提示〕

一般情况下，当工件的工序内容在 X、Y、Z 三个坐标轴方向上均有尺寸或几何精度要求时，需要在加工工位上对工件进行完全定位。

三、不完全定位

通过上面的介绍已经知道，有些工序的加工内容不需要将六个自由度全部限制，只要限制部分自由度即可满足加工要求，即不需要对工件进行完全定位。在工程上，把这种不需要完全限制六个自由度的定位称为不完全定位。在夹具定位方案设计中，不完全定位的例子很多，例如，在图 2–7b 所示的平行六面体上铣削通槽即采用不完全定位。

其实，之所以允许采用不完全定位，一方面是因为某些自由度的存在不影响满足加工要求，并可简化夹具的定位装置；另一方面是因为某些自由度不便于限制，甚至无法限制。例如，如图 2–8 所示的工件，在装入夹具中定位钻削孔 D 时，只要使孔中心位于以 R 为半径的圆周上即可，而不要求在圆周上的哪一个具体位置钻孔。因此，不需要限制也无法限制工件绕 Z 轴的转动自由度 $\overset{\frown}{Z}$。

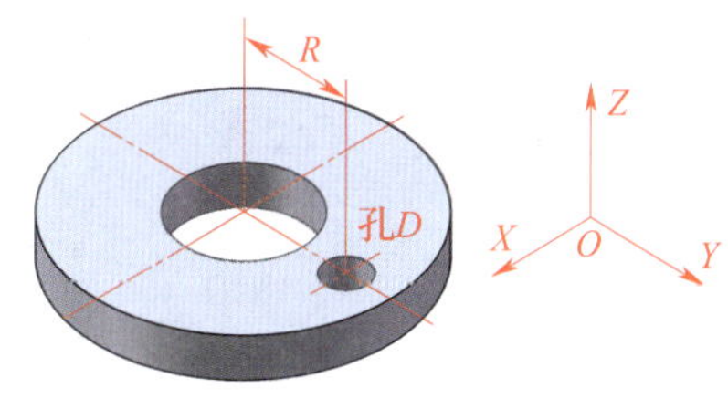

图 2–8　工件的不完全定位

四、欠定位和重复定位

工件实际定位所限制的自由度数目少于按其加工要求所必须限制的自由度数目的情况称为欠定位。在欠定位情况下进行加工，必然无法满足工序所规定的加工要求。以图 2–9a 所示工件为例，若单纯以底面 M 定位，而不用侧面 N 作为导向定位面，则这时工件在机床上相对刀具的位置就可能偏置成如图 2–9b 所示的位置，按这种定位方式铣出的槽显然无法满足加工要求。

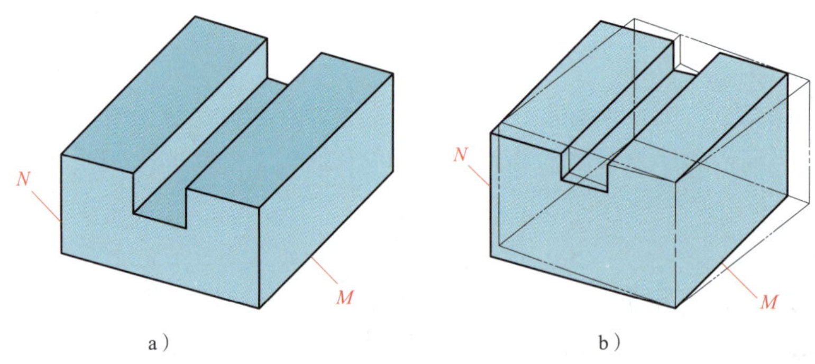

图 2–9　欠定位时铣出的槽偏斜

〔提示〕

欠定位不能保证加工精度要求，在确定工件的定位方案时，绝不允许发生欠定位这样的原则性错误。

夹具上的定位支承点由于布局不合理，造成重复限制工件的一个或几个自由度的现象称为重复定位。在如图 2–10 所示的瓦盖定位简图中，V 形块可限制工件的$\overrightarrow{Y}$、$\overset{\curvearrowright}{Y}$、$\overrightarrow{Z}$、$\overset{\curvearrowright}{Z}$四个自由度，支承钉 A、B 可限制工件的$\overrightarrow{Z}$、$\overset{\curvearrowright}{X}$两个自由度。显然，重复限制了$\overrightarrow{Z}$，这种情况就属于重复定位。

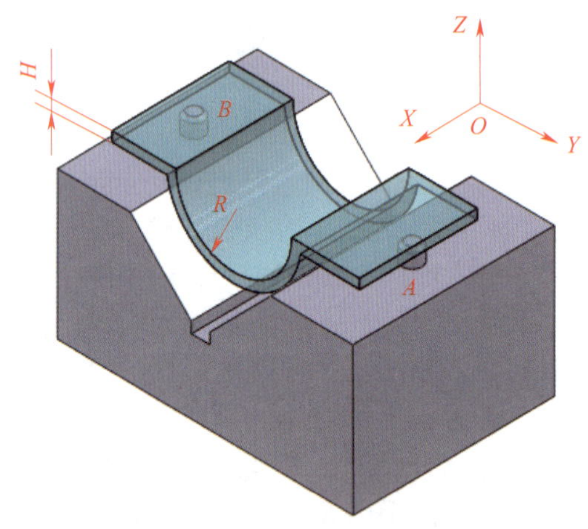

图 2–10　瓦盖定位简图

〔提示〕

由于定位基准面尺寸 R 和 H 误差的存在，工件装入夹具后，自由度$\overrightarrow{Z}$有时由支承钉 A、B 限制，有时由 V 形块限制，这样就造成了定位不稳定，使工件在夹具中不能占据一个确定的位置。

〔知识拓展〕

重复定位的正确处理

工件在夹具中定位时，如果有重复定位的情况，会产生下列不良后果：工件定位不稳定，增大了同批工件在夹具中位置的不一致性，影响定位精度，从而降低加工精度；阻碍工件顺利安装到夹具中，阻碍工件与定位元件相配合；工件或定位元件受外力后产生变形，以致无法安装、夹紧和加工。因此，在确定工件的定位方案时，应尽量避免重复定位。

但在机械加工生产中，也常有采用重复定位方式定位的，这就需要根据具体情况具体分析。

1. 根据工件定位基准面与定位元件接触的具体情况分析

图 2–11 所示为平面的重复定位。确定一个平面的位置只需要三个定位支承点来限制其三个自由度$\vec{Z}$、$\widehat{X}$、$\widehat{Y}$。此时若采用三个支承钉就相当于三个定位支承点，是符合定位基本原理的。若采用四个支承钉定位，则相当于四个定位支承点限制工件的三个自由度，因此是重复定位。这种定位是否允许，取决于工件定位基准面和四个支承点是否处于同一平面内，即取决于工件定位基准面与定位支承钉的接触情况。

如果工件的定位基准面是粗基准，则有较大的平面度误差，工件放到四个支承钉上后，在没有外加力（如夹紧力）的情况下，实际只能有三点接触。对于一批工件来说，夹具与各工件定位基准面相接触的三个点是不同的，造成定位不稳定和较大的位置变动，增大了定位误差。对一个工件来说，若在夹紧力的作用下使定位基准面与四个支承钉全部接触，可能会使工件产生变形。在这种情况下，不允许出现重复定位现象，应撤去一个支承钉，改用三点支承；或将四个支承钉之一改为辅助支承，以增加定位的稳定性。辅助支承不起定位作用，但能提高工件的安装刚度和稳定性。

如果工件的定位基准面是精基准，且加工精度高，而四个支承钉又准确地位于同一平面内（装配后一次磨出），则工件定位基准面与定位支承钉能很好地贴合，定位基准面不会出现超出允许范围的位置变动。这时四个定位支承钉仍起三个定位支承点的作用，同时能提高

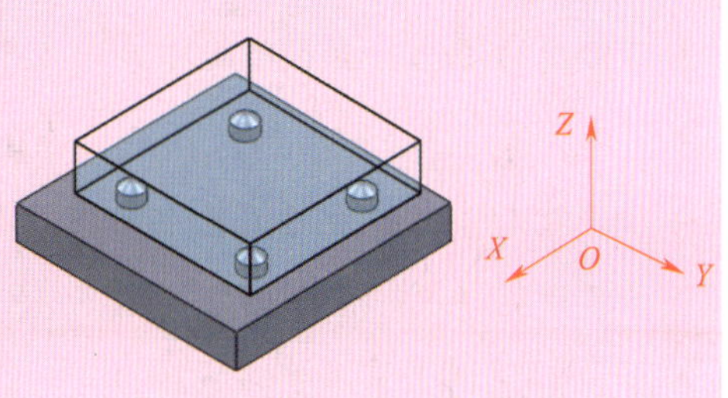

图 2–11　平面的重复定位

工件定位的稳定性，减小工件受力后的变形，提高刚度，因而重复定位是允许的。

2. 根据重复定位对工件装夹所造成的后果分析

在加工套筒类工件时，常以内孔与端面组合作为定位基准。如图 2–12a 所示，工件内孔套在长心轴 A 上，端面靠在大端面支承凸台 B 上。长心轴 A 相当于四个定位支承点，限制工件$\overset{\curvearrowright}{X}$、$\vec{X}$、$\overset{\curvearrowright}{Z}$、$\vec{Z}$四个自由度。大端面支承凸台 B 相当于三个定位支承点，限制工件$\overset{\curvearrowright}{X}$、$\vec{Y}$、$\overset{\curvearrowright}{Z}$三个自由度。当长心轴与大端面支承凸台组合在一起定位时，虽然相当于有七个定位支承点，但实际只限制工件五个自由度（除$\overset{\curvearrowright}{Y}$）。其中$\overset{\curvearrowright}{X}$、$\overset{\curvearrowright}{Z}$被两个定位表面重复限制，出现了重复定位。这种重复定位是否允许，应根据重复定位造成的后果进行分析。

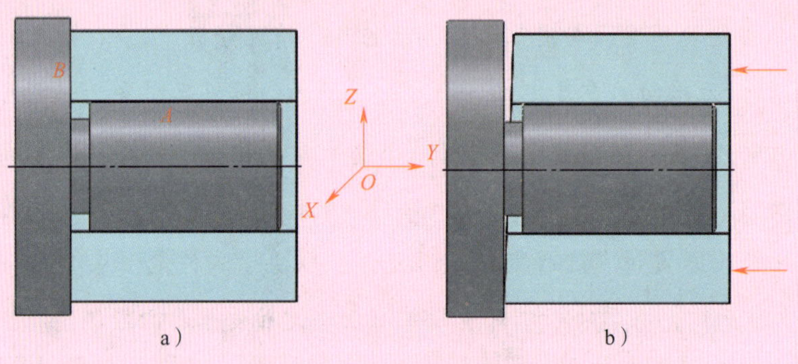

图 2–12　套筒类工件的重复定位

如果工件上作为定位基准面的内孔与端面具有很高的垂直度精度（一般定位心轴与支承凸台的垂直度要高于工件），套上心轴后也会使孔与心轴、工件端面与支承凸台紧贴接触。即使工件孔与端面存在极小的垂直度误差，也可以由心轴与孔的配合间隙得到补偿。工件定位基准之间保证了较高的位置精度，定位元件在定位时不会产生干涉，定位元件仍只相当于五个定位支承点，实际上只限制工件五个自由度$\overset{\curvearrowright}{X}$、$\vec{X}$、$\vec{Y}$、$\overset{\curvearrowright}{Z}$、$\vec{Z}$。按定位基本原理分析，这种定位方式形式上属于重复定位，但是重复限制相同自由度的定位支承点之间并未产生干涉，因此这种重复定位在实际上是完全允许的。采用这种定位方式，目的是提高工件在加工中的刚度和稳定性，有利于保证加工精度。

如果工件上作为定位基准的内孔与端面间的垂直度误差较大，那么工件装入心轴后，其位置情况可能如图 2–12b 所示。工件由长心轴保持与其孔接触，可限制四个自由度$\overset{\curvearrowright}{X}$、$\vec{X}$、$\overset{\curvearrowright}{Z}$、$\vec{Z}$；在理想情况下，工件端面与支承凸台接触于一点，限制一个自由度$\vec{Y}$。工件一旦被夹紧，则工件的端面必然要与支承凸台平面相接触（即三点接触）。

要实现这种接触，只能是工件或心轴产生变形。这就是重复限制同一自由度的定位支承点互相干涉造成的结果。显然，不论工件还是夹具定位元件产生变形，其结果都将达不到工件的定位要求，造成加工误差。在夹具设计时，这种重复定位是不允许的。为了改善这种情况，应采取避免重复定位的措施，具体见表 2–4。

表 2–4　　避免重复定位的措施

措施	图例	相关说明
长心轴与小端面支承凸台组合	Z Y O X	定位以长心轴为主，限制四个自由度$\overset{\curvearrowright}{X}$、$\overrightarrow{X}$、$\overset{\curvearrowright}{Z}$、$\overrightarrow{Z}$，小端面限制一个自由度$\overrightarrow{Y}$
短心轴与大端面支承凸台组合	Z Y O X	定位以大端面为主，限制三个自由度$\overset{\curvearrowright}{X}$、$\overrightarrow{Y}$、$\overset{\curvearrowright}{Z}$，短心轴限制两个自由度$\overrightarrow{X}$、$\overrightarrow{Z}$
长心轴与浮动端面组合	Z Y O X	定位以长心轴为主，限制四个自由度$\overset{\curvearrowright}{X}$、$\overrightarrow{X}$、$\overset{\curvearrowright}{Z}$、$\overrightarrow{Z}$，浮动端面只限制一个自由度$\overrightarrow{Y}$

课后习题

1. 根据图 1–11 所示轴套钻孔加工要求，说明设计钻孔夹具时应采用的工件定位形式。

2. 批量生产的端盖工件如图 2–13 所示。现欲通过钻孔夹具完成 4 个 $\phi 8$ mm 孔的定位加工，试分析设计钻孔夹具时应采用的工件定位形式（图中其他表面均已加工完毕）。

3. 若工件为六面体，底面上三个定位支承点分布在同一条直线上，此时限制了工件的几个自由度？为什么？

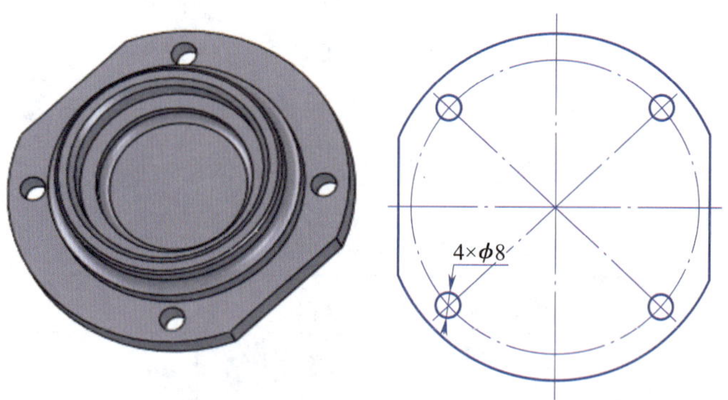

图 2–13　端盖工件（已简化）

第三节　定位元件

工件定位时，除了应尽可能地使定位基准与工序基准重合，并符合六点定则外，还要合理选用定位元件。常用的定位元件有哪些？设计夹具时应如何选用定位元件？

夹具设计时，定位基准一旦选定，定位基准的表面形式将成为选用定位元件的主要依据。工件上常被选作定位基准的表面形式包括平面、圆柱面、圆锥面和其他成形面及其组合。所以，常用的定位元件有支承钉、支承板、可调支承、定位销、心轴、V 形块等，如图 2–14 所示。

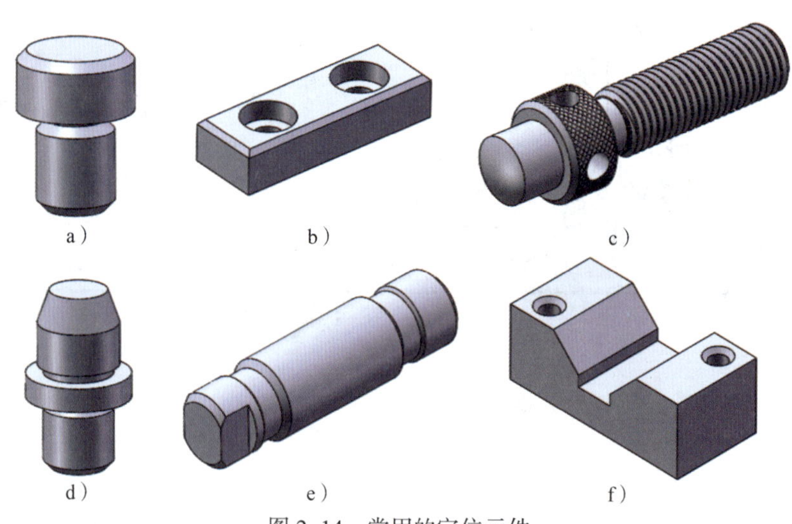

图 2–14　常用的定位元件

a）支承钉　b）支承板　c）可调支承　d）定位销　e）心轴　f）V 形块

一、对定位元件的要求

工件在夹具中定位时，一般不允许将工件直接放在夹具体上，而应安放在定位元件上。这时，工件上的定位基准面与夹具上定位元件的工作表面相接触。对定位元件的基本要求见表 2–5。

表 2–5　对定位元件的基本要求

基本要求	相关说明
高精度	定位元件的精度直接影响工件定位误差的大小。一般企业多根据经验确定定位元件的制造公差。公差定得过宽，会降低定位精度；公差定得过严，会增加制造难度。原则上，定位元件的制造公差应小于工件相应尺寸的公差
高耐磨性	定位元件经常与工件接触，易磨损。为避免因定位元件的磨损而降低定位精度，定位元件的工作表面要耐磨。为此，定位元件一般用 20 钢，工作表面渗碳层为 0.8 ~ 1.2 mm，淬硬至 55 ~ 60HRC；或用工具钢 T7A、T8A，淬硬至 50 ~ 55HRC；或用 45 钢，淬硬至 40 ~ 45HRC
足够的刚度和强度	可避免由于重力、夹紧力、切削力的作用使定位元件变形或损坏
良好的工艺性	定位元件要便于制造与装配，工作表面的形状要易于清除切屑，防止损伤定位基准面。定位元件在夹具体上的布置要适当，以保证工件在夹具中定位稳定，并且要便于定位元件的更换或修理

〔提示〕

在对定位元件的基本要求中，哪一项最重要需根据具体情况而定。一般来说，最基本的要求是定位元件能长期保持尺寸精度和位置精度。

二、常用定位元件的选择

定位元件通常应根据定位基准的表面形式进行选择。

1. 平面定位基准面

在夹具设计中，以工件的平面作为定位基准面是常见的定位方式之一。

工件以平面定位时，需用三个互成一定角度的支承平面作为定位基准面。除某些情况（如定位基准面较小、工件刚度较低等）采用在连续平面上定位外，一般都采用适当分布的支承钉或支承板定位。工件若以精基准定位，因基准面已经过加工，为提高工件的刚度和稳定性，可根据定位基准面形状误差的大小和加工工艺要求，增大定位面的接触面积。另外，为提高工件的定位精度，定位元件在布局上应尽量增大距离，以减小工件的转角误差。

工件以平面定位时，所用的定位元件一般称为支承件。支承件分为基本支承和辅助支承两类。

（1）基本支承

基本支承是用于限制工件自由度、具有独立定位作用的支承，包括支承钉、支承板、自位支承、可调支承四种。

支承钉是基本定位元件，可以用它直接体现定位点，在实际生产中被广泛应用。支承钉结构尺寸已标准化，其推荐标准代号为 JB/T 8029.2—1999（见附表 1）。常用支承钉的结构类型及应用见表 2–6。

表 2–6　　常用支承钉的结构类型及应用

结构类型	图例	应用
A 型		A 型支承钉为平头支承钉，适用于已加工平面的定位
B 型		B 型支承钉为球头支承钉，用于工件毛坯表面的定位，由于毛坯表面质量不稳定，为得到较为稳固的点接触，故采用球面支承。这种支承钉与工件形成点接触，接触应力较大，容易损坏工件表面，使工件表面留下浅坑，使用中应注意，尽量不用在负荷较大的场合
C 型		C 型支承钉为齿纹头结构，此类结构有利于增大摩擦力，使支承稳定、可靠，但其处于水平位置时容易积存切屑，影响定位精度，因而常用于侧面定位

注：支承钉在夹具上的安装方式为固定式安装，依靠支承钉与夹具安装孔间的适量过盈配合胀紧在夹具体上。支承钉与夹具体孔的配合根据负荷情况选用 H7/r6 或 H7/n6。为便于元件磨损后的拆卸及更换，夹具体上的安装孔应做成通孔。

工件上幅面较大、跨度较大的大型精加工平面常被用作第一定位基准面，为使工件安装稳固、可靠，多选用支承板体现夹具上定位元件的定位表面。常用支承板的结构类型及应用见表 2-7，其推荐标准代号为 JB/T 8029.1—1999（见附表 2）。

表 2-7　常用支承板的结构类型及应用

结构类型	图例	应用
A 型		A 型为平面型支承板，其结构简单，表面平滑，对工件的移动不会造成阻碍，但其安装螺钉的沉孔处易残存切屑且不易清理。因此，这种支承板多用于工件的侧面、顶面及不易存屑方向上的定位
B 型		B 型支承板为带容屑槽式支承板，它在 A 型支承板基础上做了改进，表面上开出 45° 的容屑槽，并把螺钉沉孔设置到容屑槽中，使支承板的工作面上难以存留残屑。此种结构有利于清屑，即使工件的表面黏附有碎屑，也会由于工件与支承板的相对运动而被槽边刮除，使切屑难以进入定位面

〔提示〕

支承钉和支承板的支承高度为固定式，不可调整。为保证定位精度，A 型支承钉及支承板在夹具上安装时，其定位高度均留有磨削余量，待其余元件装齐后，再随夹具体一起在平面磨床上磨出定位平面，以保证各支承件等高。

自位支承是指能够根据工件实际表面情况，自动调整支承方向和接触部位的浮动支承。自位支承具有浮动球面、摆动杠杆、滑动斜面等结构。自位支承具有以下作用：保证不同接触条件下的稳固接触，提高工件安装稳定性；提高支承点的局部刚度；消除重复定位所造成的夹紧弹性变形（例如，在表 2-4 中的长心轴与浮动端面组合，在端面长销定位中利用浮动球面垫圈副来消除重复约束，避免由于工件端面与轴线垂直度误差过大而引起心轴弯曲变形）。它适合各类复杂曲面的点定位。常用自位支承的结构类型及应用见表 2-8。

表 2–8　　常用自位支承的结构类型及应用

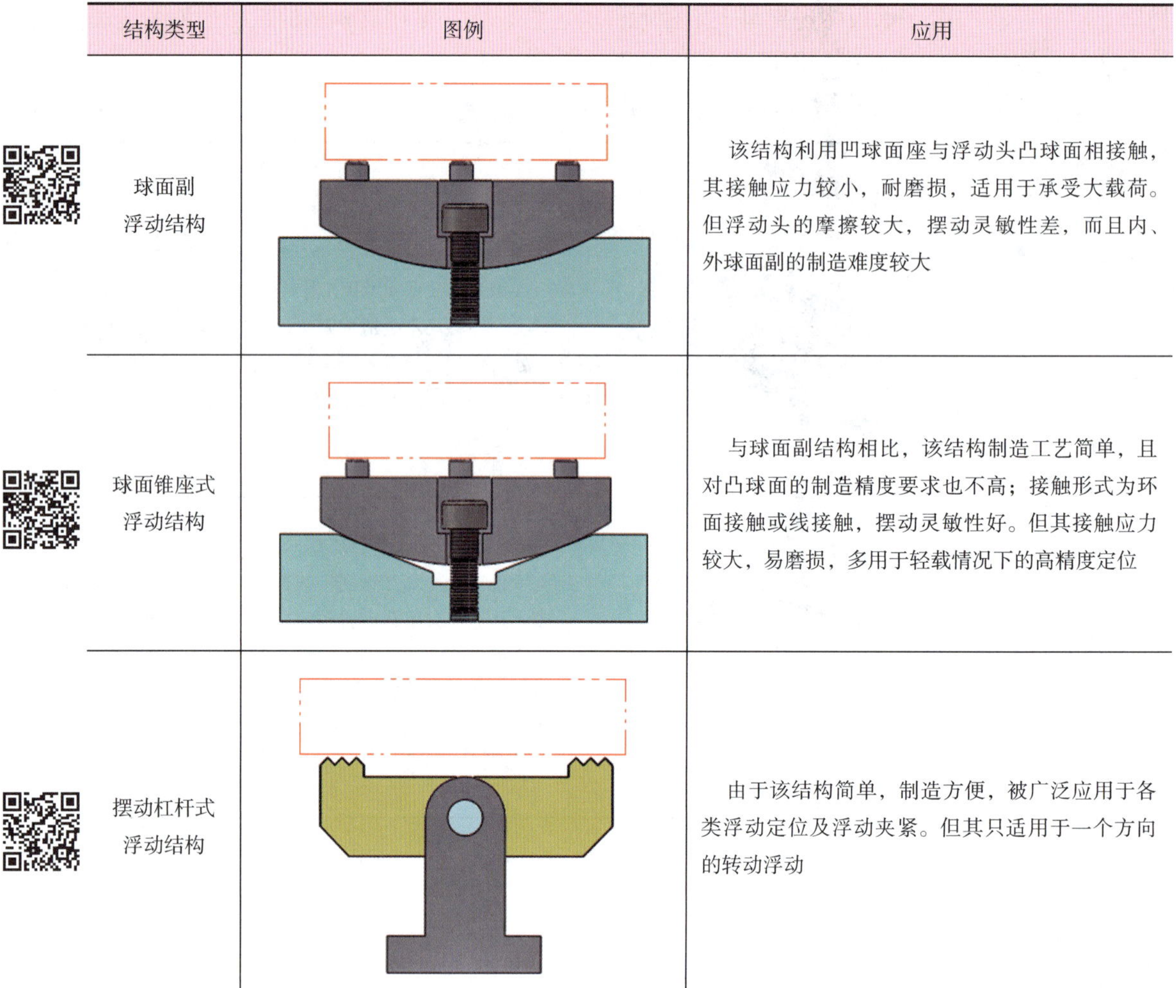

结构类型	图例	应用
球面副浮动结构		该结构利用凹球面座与浮动头凸球面相接触，其接触应力较小，耐磨损，适用于承受大载荷。但浮动头的摩擦较大，摆动灵敏性差，而且内、外球面副的制造难度较大
球面锥座式浮动结构		与球面副结构相比，该结构制造工艺简单，且对凸球面的制造精度要求也不高；接触形式为环面接触或线接触，摆动灵敏性好。但其接触应力较大，易磨损，多用于轻载情况下的高精度定位
摆动杠杆式浮动结构		由于该结构简单，制造方便，被广泛应用于各类浮动定位及浮动夹紧。但其只适用于一个方向的转动浮动

〔提示〕

自位支承在支承部位只提供一个点的约束，即它只在该部位限制一个移动自由度。所以，不管它与工件实际保持几点接触，都只能看成是一个定位点。

可调支承是指支承高度可以调节的定位支承。支承高度的调节，意味着支承点即定位点位置的改变。可调支承的调节是针对不同批量的工件，其毛坯质量差异较大时，通过可调支承的调整来统一定位；或者不同规格的同类工件需要改变夹具某一尺寸的定位要求时，可以通过可调支承的调整来满足新工件的定位要求。可调支承在结构上应具备支承、调整、锁定三个基本功能。支承是其最基本的功能；调整应均匀、精确，通常应用等距螺纹调整结构；锁定是为了保证调整好的定位高度在切削振动条件下不发生改变。常用可调支承的结构类型及应用见表 2–9。

表 2–9　　常用可调支承的结构类型及应用

结构类型	图例	应用
六角头支承		适用于工件支承部位空间尺寸较大的情况，螺纹规格一般为 M5 ~ M36。其标准代号为 JB/T 8026.1—1999（见附表 3）
调节支承		适用于工件支承空间比较紧凑的情况，螺纹规格一般为 M5 ~ M36。其标准代号为 JB/T 8026.4—1999（见附表 4）
圆柱头调节支承		该结构中的滚花手动调节螺母具有手动快速调节功能，所以也经常用来作为辅助支承元件
顶压支承		一般用作重载下的支承，螺纹为左旋梯形螺纹，需配用专用左旋螺套及螺母。螺纹规格有 Tr16、Tr20、Tr24、Tr30、Tr36 五种。其标准代号为 JB/T 8026.2—1999（见附表 5）

（2）辅助支承

为提高工件的安装刚度及稳定性，防止工件的切削振动及变形，或者为工件的预定位而设置的非正式定位支承称为辅助支承。辅助支承不起定位作用，即不限制工件的自由度。

辅助支承的应用示例如图 2–15a 所示，本工序需铣削上平面，以保证高度尺寸。加工时，选择工件较窄小的底部作为主要定位基准面。考虑到工件的左半悬伸部分厚度较小，刚度较低，为防止工件左端在切削力作用下产生变形和铣削振动，在该处设置了辅助支承，以提高工件的安装刚度和稳定性。图 2–15b 所示为推引式辅助支承装配结构，使用时向左推动手柄，通过连接杆使推引楔向左移动，在推引楔斜面的作用下，使辅助支承向上移动，从而将工件需要支承的表面顶住。由于斜面的角度（小于 12°）具有自锁作用，因此使工件得到了可靠的辅助支承。

2. 圆孔面定位基准面

生产中，套筒类、盘盖类工件常以其上的孔表面作为主要定位基准面。夹具上为圆孔所提供的常用定位元件主要有定位销、定位心轴、锥销及自动定心夹紧机构。

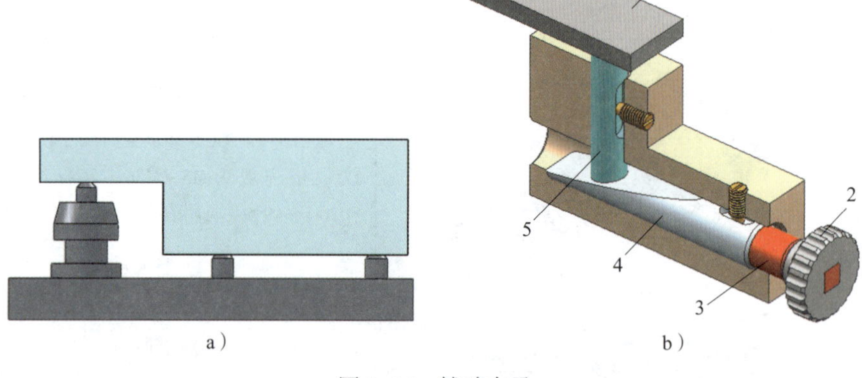

图 2-15　辅助支承

a）应用示例　b）推引式辅助支承装配结构

1—工件　2—手柄　3—连接杆　4—推引楔　5—辅助支承

（1）定位销

当箱壳类和盖板类工件以圆柱孔作为定位表面时，最常用的夹具定位元件就是各类圆柱形定位销。圆柱形定位销的结构及尺寸需要根据工件的定位要求及定位孔的尺寸公差等具体确定；对于可换定位销，由于其应用广泛，故已标准化。各类定位销见表 2-10。

表 2-10　　各类定位销

名称	图例
小定位销	A型　B型
固定式定位销	A型 D>3～10 mm　D>10～18 mm　D>18 mm

续表

名称	图例
固定式定位销	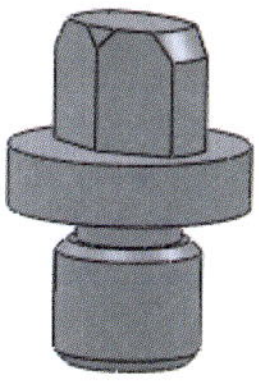 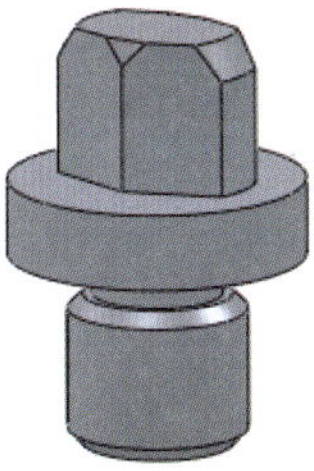 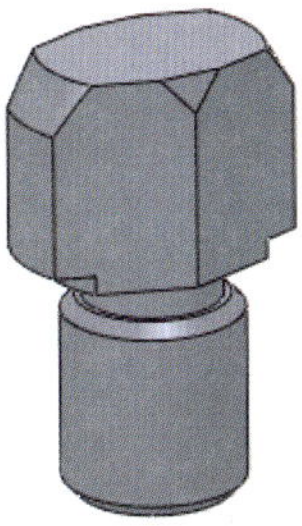 B型 $D>3$～10 mm　$D>10$～18 mm　$D>18$ mm
可换定位销	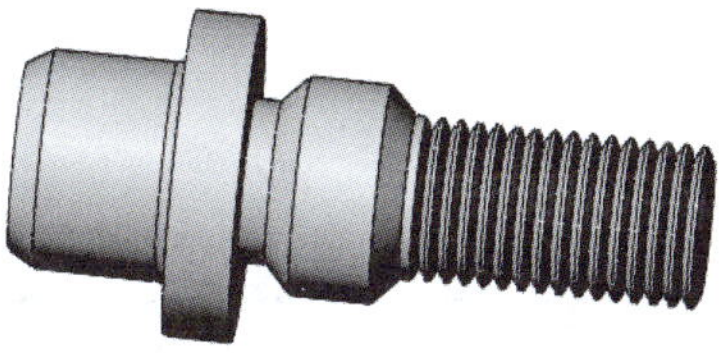 A型 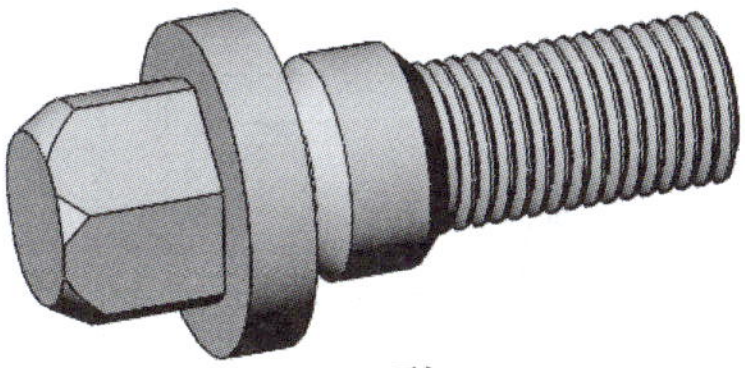 B型 JB/T 8014.3—1999（见附表 6）
定位插销	A型 $d\leqslant 35$ mm 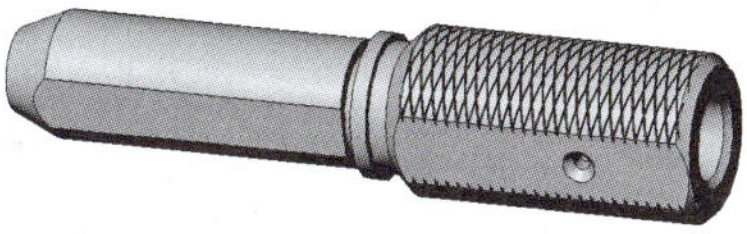 $d>35$ mm 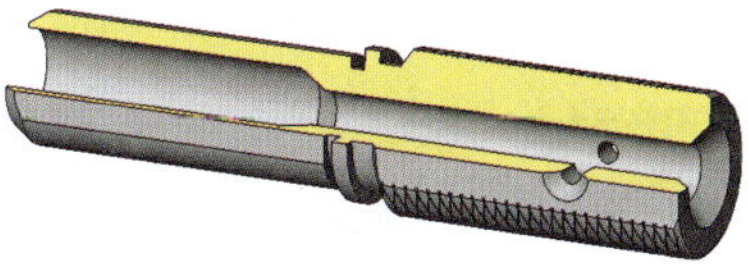 B型 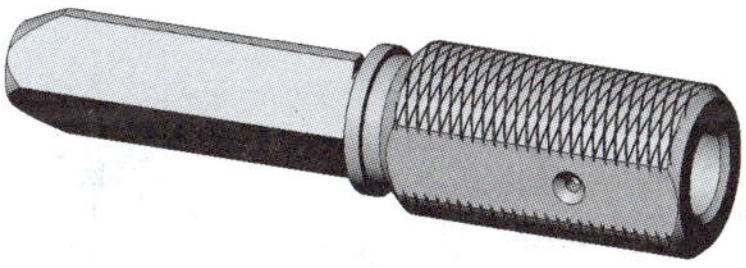

注：1. A 型销为圆柱销。

2. B 型销为削边销，削边结构是为解决销的重复定位及干涉而设计的。

〔提示〕

小定位销、固定式定位销靠销体安装部位与夹具安装孔间 H7/r6 过盈配合压入夹具体内。

可换定位销依靠与过渡衬套的 H7/h6 间隙配合来安装，并用螺母紧固，衬套外圆与夹具体安装孔保持 H7/n6 过渡配合。

定位销工作部分的外径尺寸公差根据具体的定位安装精度要求分别按 g5、g6、f6、f7 制造。

（2）定位心轴

定位心轴常用于安装内孔尺寸较大的套筒类、盘类工件。定位心轴的结构形式较多，在大批量生产中，应用较为广泛的典型结构有间隙配合心轴、过盈配合心轴、锥度心轴，具体内容见表 2–11。

表 2–11　　定位心轴的典型结构

结构类型	图例	应用
间隙配合心轴		轴向尺寸较大的心轴以外圆柱面为工件的内孔提供定位安装的位置依据。心轴与工件内孔一般按 h6、g6、f7 制造。由于工件与心轴间配合间隙的存在，因此定心精度较低
过盈配合心轴		心轴工作部分直径一般按 r6 控制最大过盈量。定心精度高是其最大特点，但工件装卸不便，若操作不当易损伤工件内孔。另外，切削力也不宜过大，且对定位孔的尺寸精度要求较高
锥度心轴	适用于工件孔径8 ~ 50 mm 适用于工件孔径52 ~ 100 mm	锥度心轴作为一种标准心轴，在高精度定位中应用广泛，标准代号为 JB/T 10116—1999。但当整批工件内孔尺寸公差较大时，会造成不同工件在心轴上楔紧后轴向安装位置有较大的差异

〔提示〕

各类心轴以较长轴向尺寸与工件相接触时，一般理解为长销定位，可限制工件四个自由度。

（3）锥销

锥销是工件圆柱孔、圆锥孔的定位依据，它有顶尖和圆锥销两类。

各种不同类型的普通顶尖和内拨顶尖广泛地应用于车床、磨床、铣床等机床上，完成对各类工件孔的定位。夹具标准内拨顶尖（见图 2–16a）标准代号为 JB/T 10117.1—1999（见附表 7），夹具标准夹持式内拨顶尖（见图 2–16b）标准代号为 JB/T 10117.2—1999（见附表 8）。

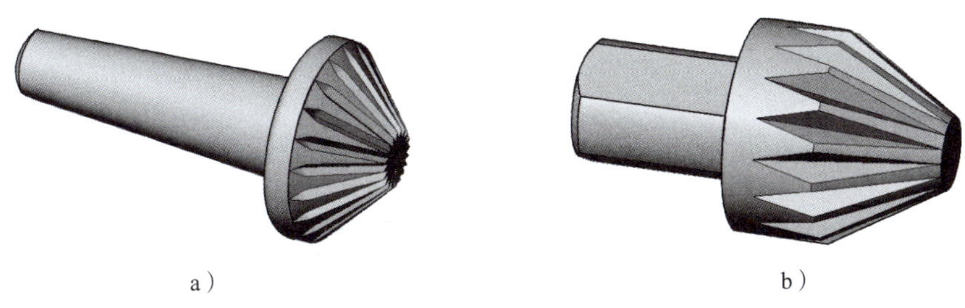

a）　　b）

图 2–16　夹具标准顶尖

a）内拨顶尖　b）夹持式内拨顶尖

〔提示〕

定位中的顶尖不产生轴向移动时，对工件起三个点的约束作用，限制三个移动自由度。当工件另一端采用活动顶尖顶住工件中心孔时，活动顶尖对工件起两点约束作用，对整个工件而言，它限制工件的两个转动自由度。

图 2–17 所示为两种圆锥销用于工件圆柱孔端的定位情况，其中图 2–17a 用于精基准定位，图 2–17b 用于粗基准定位。

（4）自动定心夹紧机构

在机床夹具中，广泛地应用着各种类型的自动定心夹紧结构，这类结构在夹紧过程中，利用等量弹性变形或斜面、杠杆等结构的等量移动原理，对工件的内、外回转表面施行自动定心定位，如车床夹具、磨床夹具中广泛应用的各类弹性夹头。

图 2–18 所示为自动定心夹紧心轴。安装工件时，拧紧螺母，螺杆在螺纹作用下使右楔紧圆锥和左楔紧圆锥产生轴向相对移动，从而推动前楔块组和后楔块组（每组三块）的六块楔块沿径向同步地挤向工件，直至所有楔块均挤紧工件为止，完成对工件内孔前后端的自动定心及夹紧工作。

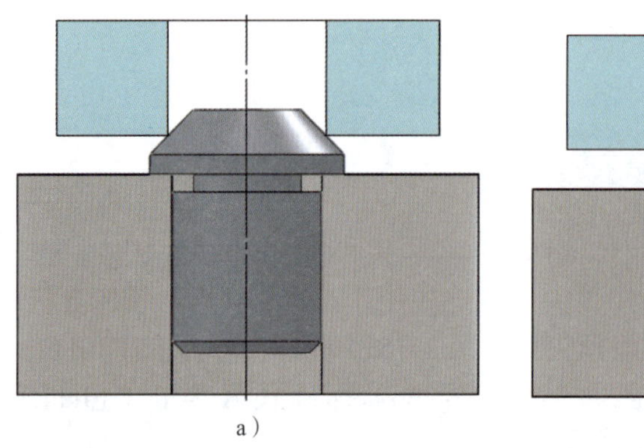

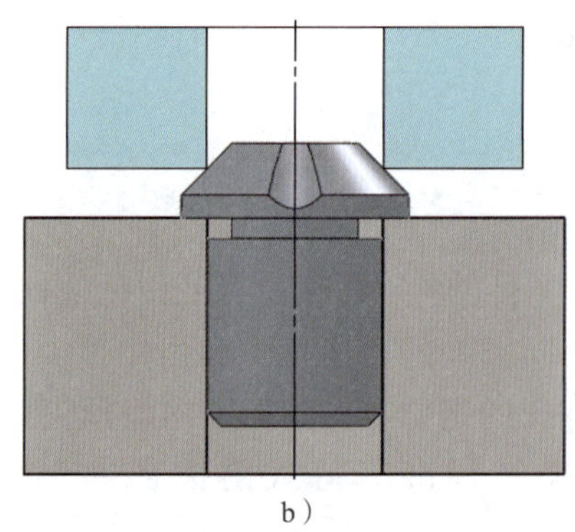

图 2–17　圆锥销定位

a）精基准定位　b）粗基准定位

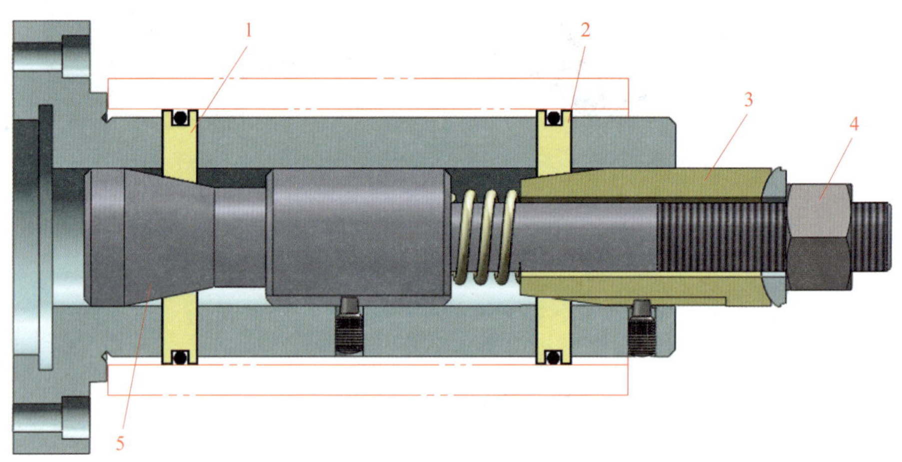

图 2–18　自动定心夹紧心轴

1—后楔块组　2—前楔块组　3—右楔紧圆锥　4—螺母　5—左楔紧圆锥

〔提示〕

心轴的前、后支承部共限制工件的四个自由度（两个移动自由度和两个转动自由度），心轴轴肩部限制工件的一个移动自由度，仅有一个转动自由度未限制。

3. 外圆柱面定位基准面

在加工轴类工件时，常以工件外圆柱面作为定位基准面，根据外圆表面的完整程度、加工要求和安装方式，可用 V 形块、定位套等作为定位元件。

（1）V 形块

在以外圆柱面作为定位基准面时，V 形块以其结构简单、定位稳定可靠、对中性好而获得广泛应用。不论是局部的圆柱面，还是完整的圆柱面，利用 V 形块（或 V 形结构）都可以得到良好的定位装夹效果。由于 V 形块定位同时利用互成角度的两个斜面来约束工件，因此定位的工件圆柱面的曲率中心始终被包含在 V 形块两工作斜面的对称中心平面内，习惯上将其称为工件的对中性。在有严格对称加工要求的铣削、钻削工序中，广泛应用各种 V 形块作为定位元件。

常用的 V 形块结构如图 2–19 所示。图 2–19a 用于较短的精基准定位，限制两个自由度；图 2–19b 为间断式结构，用于基准面长度较大且经过加工的定位基准面，可限制四个自由度；图 2–19c 为可移组合式 V 形块，适用于基准面较长或两端基准面分布较远的情况；图 2–19d 为大型镶装淬硬钢片的 V 形块，适用于工件定位基准面直径较大的情况；图 2–19e 为刀形 V 形块，用于粗基准定位或阶梯形圆柱面定位。

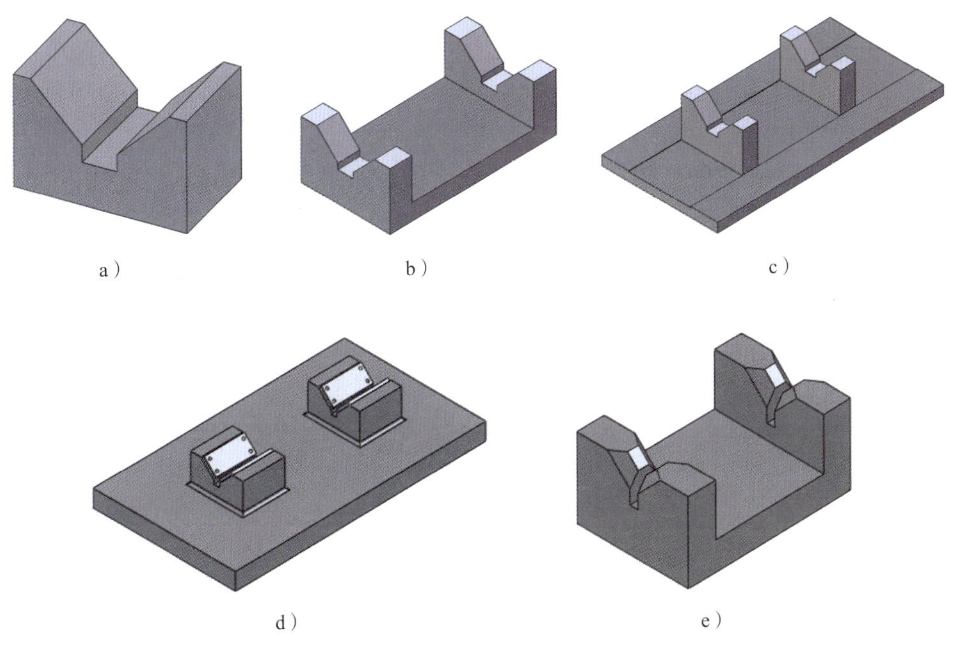

图 2–19　常用的 V 形块结构

〔提示〕

当工件以局部曲面参与定位时，V 形块往往成为首选定位元件。另外，V 形块也可以做成活动定位结构，如图 2–20 所示。左边为固定 V 形块，对工件提供两点约束；右边为活动 V 形块，它除可提供一个定位点，起到防转作用外，还兼作夹紧元件，具有定心夹紧功能。

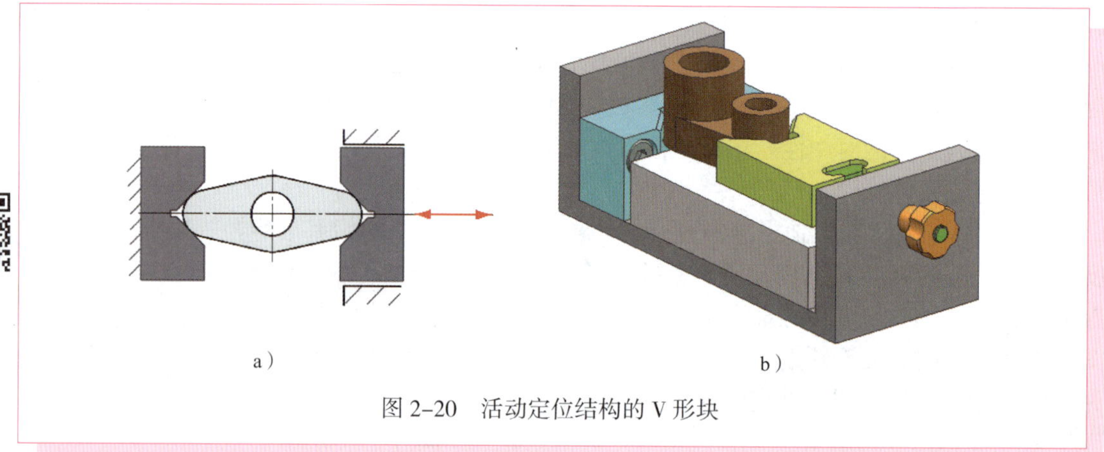

图 2–20　活动定位结构的 V 形块

常用 V 形块两工作斜面间的夹角一般分为 60°、90°、120° 三种，其中 90° 夹角的 V 形块应用最多，部分结构及规格尺寸已标准化。已标准化的 V 形块标准代号有 JB/T 8018.1—1999（V 形块）、JB/T 8018.2—1999（固定 V 形块）、JB/T 8018.4—1999（活动 V 形块）。相关内容见附表 9 ~ 附表 11。

标准 V 形块的规格以 V 形槽开口宽度 N 来划分，如图 2–21 所示。尺寸 N 相同的 V 形块，可用于轴径 D 不同的工件的定位，如槽宽 N 为 24 mm 的 V 形块，适合直径为 20 ~ 25 mm 的工件的定位。工件直径不同，其中心高（或称工件的轴线高度）T 值也不同，T 值计算公式为 $T=H+0.707D-0.5N$。

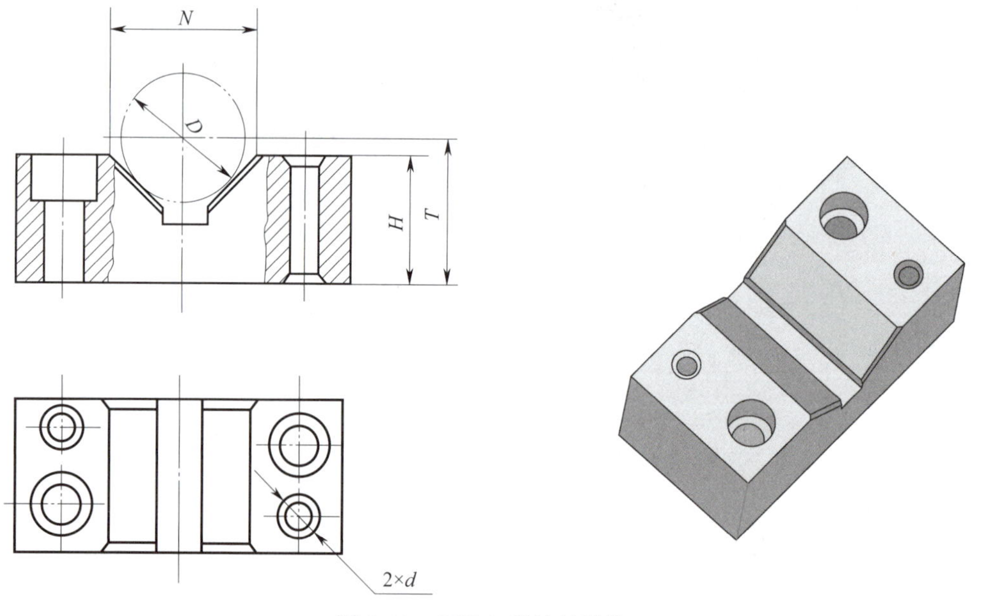

图 2–21　标准 V 形块的规格

在 V 形块的制造及检验中，为正确反映 V 形槽的位置尺寸，多用标准心轴的轴线高度 T 值来检验 V 形块的位置精度。所以，V 形块的工作图样上均标有此项检验尺寸及对应的检验心轴的尺寸。当 V 形块用于定位时，一般也直接以工件定位轴颈的轴线高度来体现 V 形块的定位基准高度。

（2）定位套

定位套定位如图 2–22 所示。采用这种定位方法时，定位元件结构简单，但工件可能产生轴线在径向的位移和倾斜误差。为保证轴向定位精度，常与端面配合，并要求有良好的接触精度。

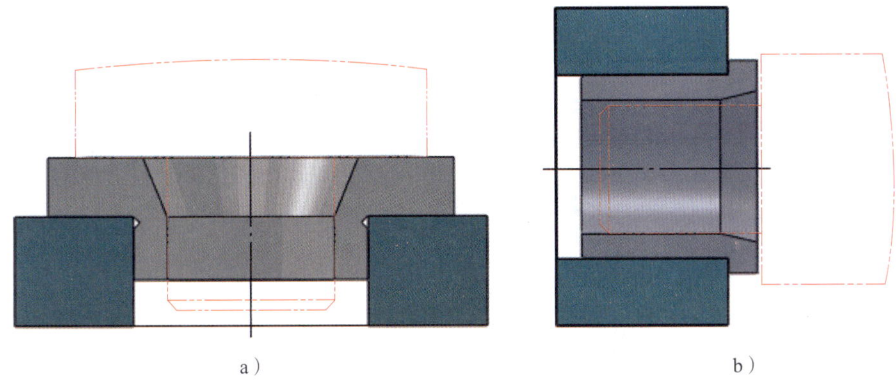

a）　　b）

图 2–22　定位套定位

〔提示〕

对于大型轴类工件，还可考虑采用半圆孔形衬套作为定位元件，如图 2–23 所示，上半圆孔起夹紧作用，下半圆孔起定位作用。需要指出的是，下半圆孔的最小直径应取工件定位基准外圆的最大直径值。

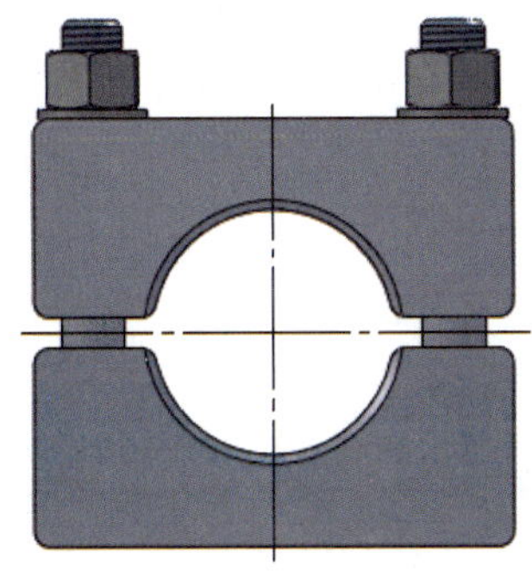

图 2–23　半圆孔形衬套作为定位元件

〔知识拓展〕

组合定位

在实际生产中，工件常常是由各种几何形体组合而成的，大多数情况下不能用一种单一表面的定位方式来定位，通常以工件两个或两个以上表面作为定位基准面而形成组合定位。在采用组合定位时，一般应避免重复定位。

典型的组合定位方式有三个平面组合、一个平面和一个圆柱孔组合、一个平面和一个外圆柱面组合、其他组合等，见表 2–12。

表 2–12　典型的组合定位方式

方式	图例	说明
三个平面组合	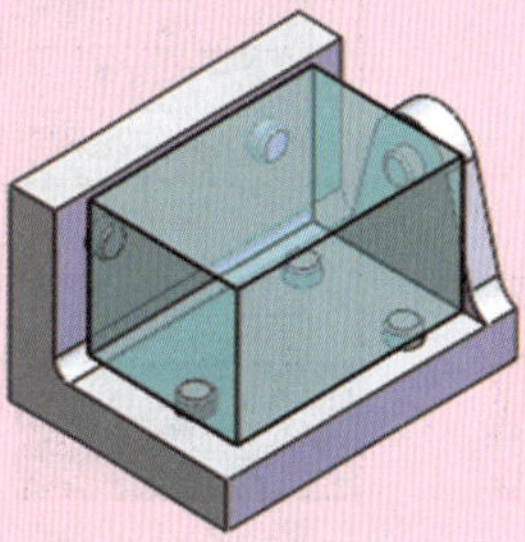	长方体工件若要实现完全定位，需要用三个互成直角的平面作为定位基准面。定位支承按图例的规则布置，称为三基面六点定位
一个平面和一个圆柱孔组合	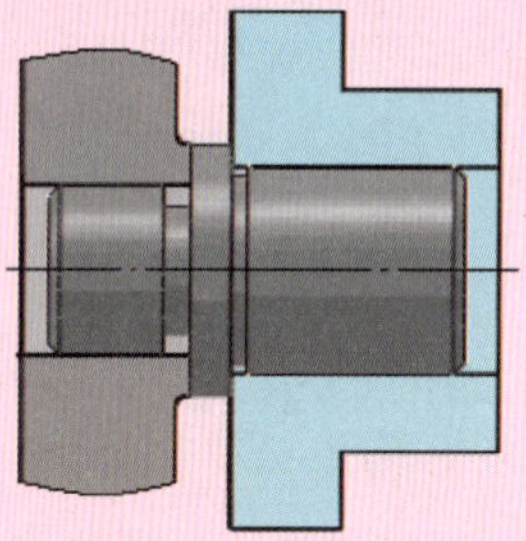	盘套类工件常以孔中心线作为定位基准，与一个端面组合定位。常见的组合方式如图例所示，它能限制工件除绕自身轴线回转外的五个自由度
一个平面和一个外圆柱面组合	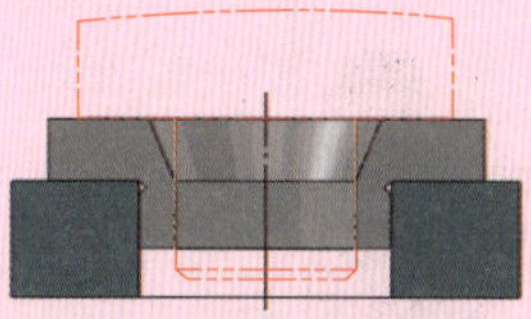	工件以外圆柱轴线为定位基准，与平面组合定位。如图例所示，它能限制工件除绕自身轴线回转外的五个自由度
其他组合	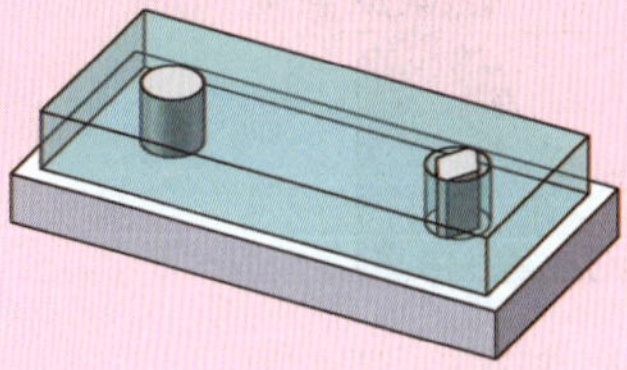	一个平面和两个圆柱孔的组合是箱体类工件常用的定位方式

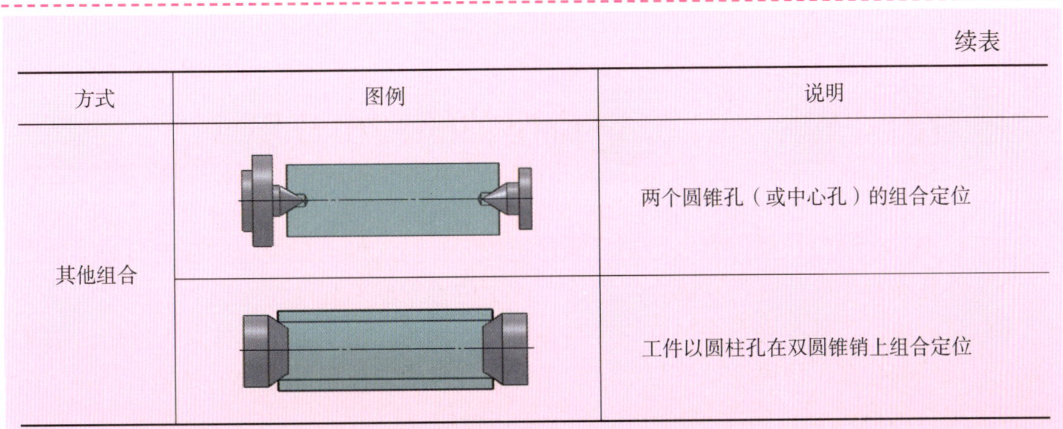

续表

方式	图例	说明
其他组合		两个圆锥孔（或中心孔）的组合定位
		工件以圆柱孔在双圆锥销上组合定位

需要指出的是，进行组合定位时，往往应根据具体加工要求对定位元件的结构做必要的改进，例如，在采用一个平面和两个圆柱孔的组合定位方式时，定位元件通常为一个大平面、一个短圆柱销和一个削边销。

〔提示〕

为了适应加工定位的需要，工件除采用上述典型表面作定位基准外，有时还采用某些特殊表面作为定位基准面，如 V 形导轨面、燕尾形导轨面、齿形面等。

课后习题

1. 试为图 2–24 所示工件的键槽加工选择定位元件。

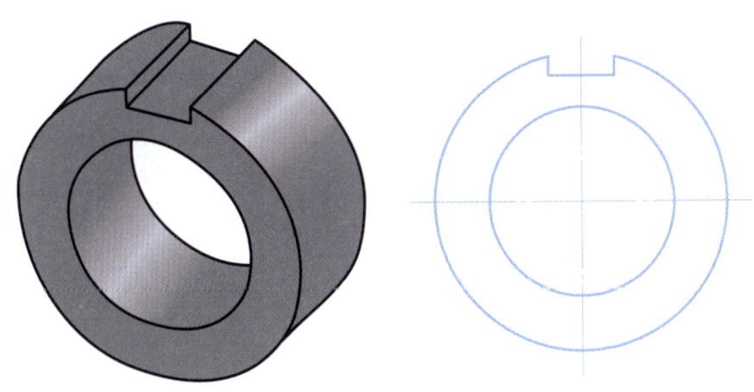

图 2–24　带键槽的轴套工件（尺寸略）

2. 试为图 1–11 所示工件的钻孔夹具选择定位元件，并应用六点定则进行分析。
3. 什么是自位支承？什么是可调支承？它们的作用与辅助支承有什么不同？

第四节　定位误差的产生及组成

在进行夹具设计时，根据六点定则，通过定位元件与工件上相应定位基准面的接触或配合，使工件在夹具中的位置得以确定。那么，这个位置的准确程度如何呢？

定位只解决了工件在夹具中位置“定与不定”的问题。由于定位元件及工件定位基准面本身制造误差的存在，使得一批参与定位的工件在夹具中的位置可能发生变化。例如，在长V形块上定位的圆柱轴，由于轴径误差的存在，将使其轴线位置发生变化，如图2–25所示。因此，夹具中的工件还存在位置“准与不准”的问题，即定位误差问题。

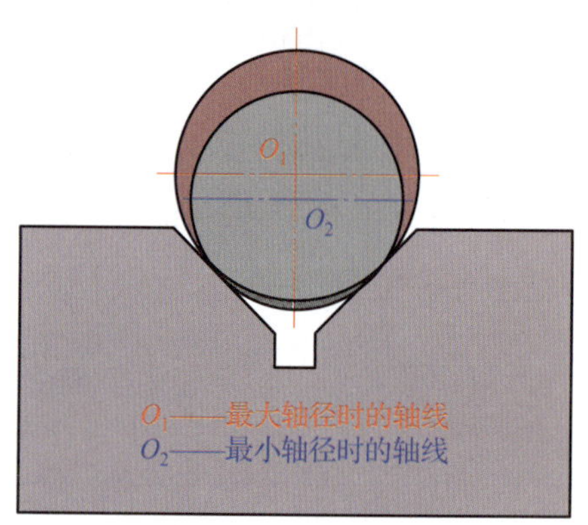

图2–25　轴线位置的变化

一、定位误差及其产生

使用夹具加工时，往往采用调整法。刀具的位置主要根据工件在夹具中的定位基准来调整，夹具相对于刀具的位置一经调定就不再变动。以图2–26所示在夹具中定位铣削键槽为例，加工前刀具的位置根据工件的定位基准（轴线）调整好，并保持不变；加工时逐个对一批工件进行定位，完成键槽的加工。

由于存在制造误差，一批工件圆柱面（定位基准面）直径尺寸将在给定的公差范围内发生变化，例如，图2–26中工件的直径尺寸将在$d\sim(d-\delta_d)$间发生变化。正是由于工件定位基准面存在误差，使工序基准（轴线）在加工要求方向上（如图2–26b所示的竖直方向）发生了位置移动，从而引起本工序加工面（即图2–26b所示的刀具底面）对其工序基准的位置误差，这个位置误差就是定位误差。因此，定位误差是指一批工件定位时，被加工表面的工序基

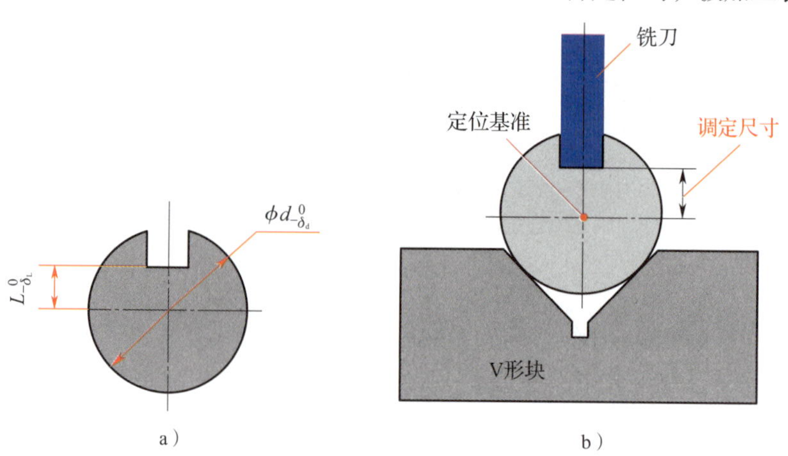

图2–26　在夹具中定位铣削键槽

准在沿工序尺寸方向上的最大可能变动范围，通常以符号 Δ_D 表示。

除了定位基准面的制造误差外，定位元件的制造误差、定位元件与定位基准面的配合间隙也是定位误差的产生原因。

〔提示〕

定位误差问题在按调整法加工一批工件时较为显著，而按试切法逐件加工时，可在一定程度上减少定位误差的影响。

二、定位误差的组成

定位误差一般由基准不重合误差和基准位移误差两部分组成。

1. 基准不重合误差

采用夹具定位时，如果工件的定位基准与工序基准不重合，则形成基准不重合误差，以符号 Δ_B 表示。Δ_B 值的大小等于两基准间尺寸（即定位尺寸）公差在加工尺寸（即工序尺寸）方向上的投影。因此，求解 Δ_B 的关键在于找出定位尺寸公差。下面以图 2–27 为例加以说明。

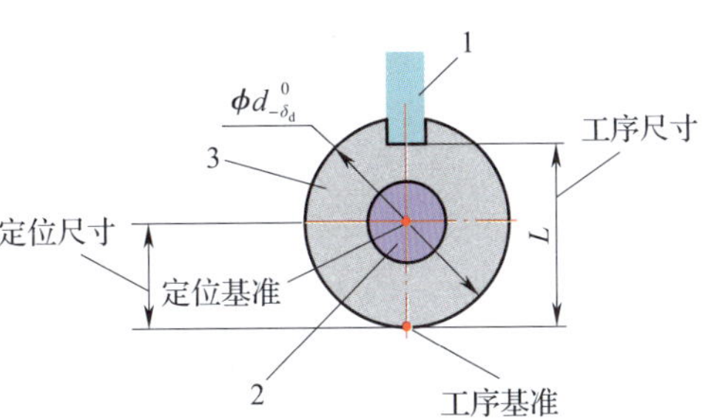

图 2–27 基准不重合的情况
1—铣刀 2—心轴 3—工件

从图 2–27 中可以看出，本工序的工序基准为工件下素线，工件的定位基准为轴线。显然，工序基准与定位基准不重合，该定位方案存在基准不重合误差 Δ_B，其值为两基准间尺寸（定位尺寸）公差值：$\Delta_B=\delta_d/2$。它是同一批工件尺寸变化［图 2–27 中为 $d\sim(d-\delta_d)$］所引起的加工尺寸误差。

〔提示〕

当定位尺寸为单独的一个尺寸时，定位尺寸公差可直接得出；当定位尺寸由一组尺寸组成时，则定位尺寸公差可按尺寸链原理求出。

基准不重合误差的大小与工件定位基准的选择有关。要消除这个误差，必须使定位基准与工序基准重合。如图 2–28 所示，以工件下素线作为定位基准，此时，如不考虑其他因素的影响，不论工件的外径尺寸如何变化，其同一批工件的加工尺寸是稳定不变的。

对于图 1–1 所示铣键槽夹具来说，由于工序基准为工件轴线，定位基准也为工件轴线，两者重合，故定位时不存在基准不重合误差。

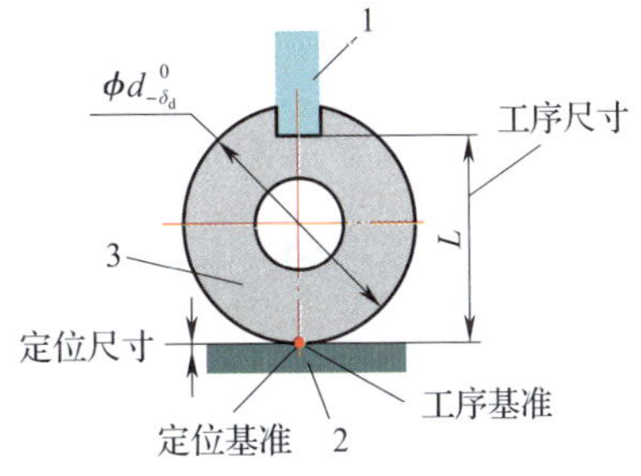

图 2–28 基准重合的情况
1—铣刀 2—定位支承 3—工件

2. 基准位移误差

采用夹具定位时，由于工件定位基准面与定位元件不可避免地存在制造误差或者配合间隙，致使工件定位基准在夹具中相对于定位元件工作表面的位置产生位移，从而形成基准位移误差，以 Δ_W 表示。因此，求解 Δ_W 的关键在于找出定位基准在夹具中相对于定位元件工作表面的位置在沿工序尺寸方向上的最大移动量。

〔提示〕

一般情况下，用已加工的平面作定位基准面时，因表面不平整所引起的基准位移误差较小，在分析及计算误差时可以不予考虑。

下面以图 2-29 所示工件以外圆柱面在 V 形块上定位进行孔加工为例加以说明。

本工序的工序基准为工件轴线，工件的定位基准也为轴线。显然，工序基准与定位基准重合，该定位方案不存在基准不重合误差 Δ_B。但是，由于工件的直径 d 存在极限偏差，对一批工件而言，工件的定位基准在夹具中的位置将发生移动（沿图中的竖直方向）。由于移动出现在本工序尺寸方向，故将引起基准位移误差，Δ_W 值等于这一移动的最大范围。对于图 2-29 所示定位方案来说，它等于工件直径分别为最大、最小值时轴线间的距离，即 $\Delta_W=\delta_d/(2\sin\alpha)$。

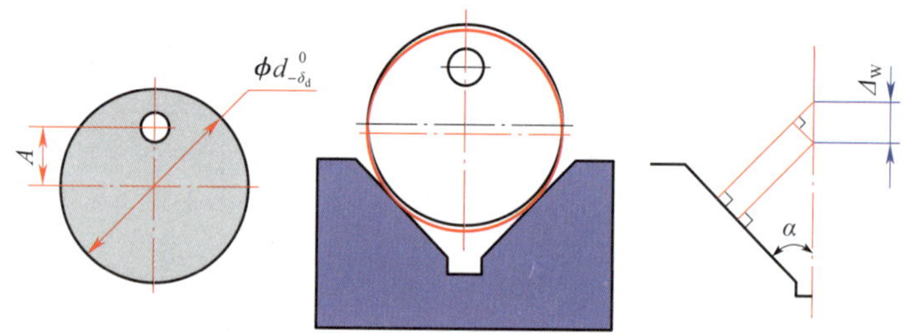

图 2-29　定位基准位移的情况

在进行夹具定位方案设计时，通过综合考虑基准不重合误差、基准位移误差等，就可评估出定位方案的定位误差。

〔提示〕

基准不重合误差、基准位移误差均为具有方向的矢量。若计算定位误差时不能预先知道各矢量的方向，一般只需计算各矢量的最大值，并按代数值相叠加来求得定位误差值。

〔知识拓展〕

加工误差的组成

由于夹具的使用而造成的加工误差通常可以分为以下三大部分。

1. 工件安装误差

由于工件在夹具中安装所造成的误差称为工件安装误差，以$\Delta_{安装}$表示。工件安装误差包括定位误差Δ_D和夹紧误差Δ_J两方面。

2. 夹具对定误差

夹具相对机床、刀具及切削成形运动所造成的误差称为夹具在机床上的对定误差，以$\Delta_{对定}$表示。

夹具对定误差包括：夹具位置误差$\Delta_{夹位}$，它是夹具相对机床及机床切削成形运动的安装位置误差；对刀误差$\Delta_{对刀}$，它是刀具安装及调整误差。

3. 加工过程误差

由于加工过程中的某些因素影响所造成的误差称为加工过程误差，以$\Delta_{过程}$表示。

加工过程误差包括工艺系统的受力变形、热变形、磨损、振动等因素所造成的加工误差。

为保证本工序的加工精度，必须保证上述各项误差之和不大于本工序的工序公差（T），即$\Delta_{安装}+\Delta_{对定}+\Delta_{过程} \leqslant T$。此式称为夹具误差不等式，是夹具设计中应遵守的一个基本关系式。

当加工过程误差和夹具对定误差不能预先知道时，往往可先粗略地将三大误差各按不大于工序公差的1/3来考虑，即$\Delta_{安装} \leqslant T/3$，$\Delta_{对定} \leqslant T/3$，$\Delta_{过程} \leqslant T/3$。

由于安装误差$\Delta_{安装}$本身包括定位误差Δ_D和夹紧误差Δ_J两方面，即$\Delta_{安装}=\Delta_D+\Delta_J$，因此，一般取定位误差不超过工序公差的1/3，甚至1/5。这个要求是夹具使用能否满足加工精度要求的一项重要依据。

〔提示〕

如果某夹具的定位误差超出本工序的工序公差的1/3，则认为此夹具的定位系统不能满足工件定位安装精度的要求，除非把夹具的定位精度加以提高，否则，此夹具不允许投入实际生产中使用。

课后习题

1. 采用图 1–1 所示铣键槽夹具加工键槽时是否存在定位误差？为什么？

2. 如图 2–30 所示的工件图样中，尺寸 A_1 已符合要求，现以 A 面定位铣削台阶面，保证尺寸 A_2。试分析该方案的定位误差。

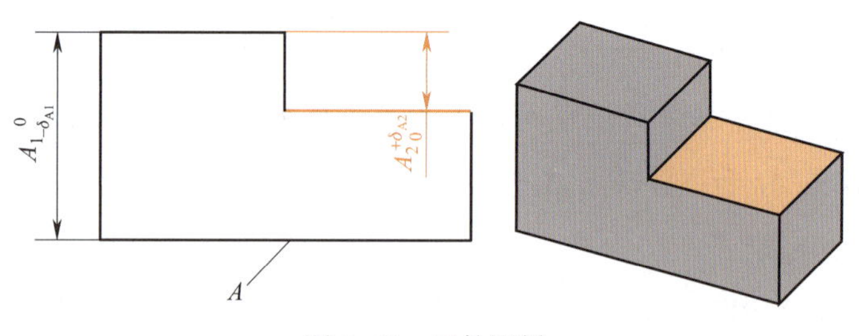

图 2–30　工件图样

3. 试分析根据图 1–11 所示工件设计的钻孔夹具的定位误差。

4. 为什么会产生基准位移误差？应怎样减小基准位移误差？

第五节　定位综合分析

稳定地保证工件的定位精度和加工质量是夹具的主要作用之一。设计夹具时，当定位方案、定位元件确定后，如何判定本工序是否有足够的定位精度呢？一般来说，定位误差是使用夹具进行加工的一个最主要的误差因素。通常情况下，若能将定位误差控制在加工尺寸公差的 1/3 左右，就可保证使用夹具加工具有足够的定位精度。计算定位误差时，应先分别计算基准不重合误差和基准位移误差，再按几何关系将它们合成，最终确定其对加工尺寸的影响。

一、工件以平面定位

工件以平面定位时，基准位移误差是由定位表面的平面度误差引起的。在一般情况下，用已加工过的平面作定位基准时，基准位移误差可以不予考虑，即 $\varDelta_W = 0$。因此，工件以平面定位时可能产生的定位误差一般是基准不重合误差。若基准重合，则 $\varDelta_B = 0$。

分析及计算基准不重合误差的要点，在于找出工序基准与定位基准间的定位尺寸，其尺寸公差值即基准不重合误差。下面举例说明工件以平面定位时定位误差的分析和计算。

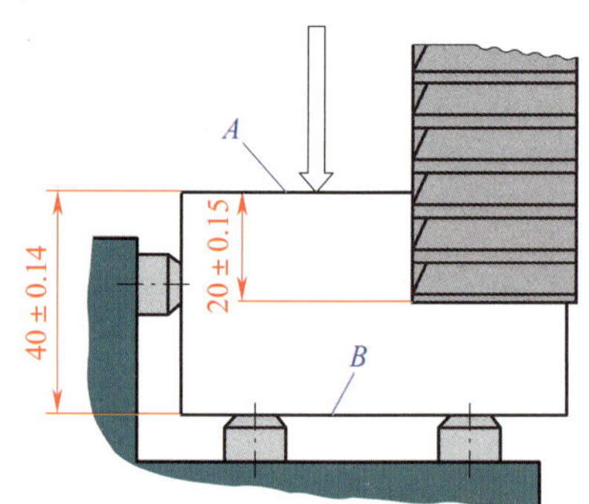

图 2–31　平面定位的定位误差分析

【例 1】采用如图 2–31 所示的定位方案，在铣床上铣削工件的台阶面，要求保证工序尺寸（20 ± 0.15）mm。试分析及计算该定位方案的定位误差，并判断该定位方案是否可行。

解： 图 2–31 所示工件以 B 面为定位基准，而工序尺寸（20 ± 0.15）mm 的工序基准为 A 面，显然，定位基准与工序基准不重合，因此必然存在基准不重合误差。基准不重合误差的数值由定位尺寸（40 ± 0.14）mm 的公差值确定。所以，$\Delta_B = 0.28$ mm。

由于该工序以精基准平面定位，基准位移误差可以不考虑，即 $\Delta_W = 0$。

故 $\Delta_D = \Delta_B = 0.28$ mm。

由于 Δ_D 远大于加工尺寸公差 0.30 mm 的 1/3（0.10 mm），故此方案不合理。

〔提示〕

由工艺尺寸链计算可知，本工序直接保证的尺寸（调定尺寸）应为（20 ± 0.01）mm，公差值只有 0.02 mm。改进方法有两个：一是定位方案不变，需在上工序提高定位尺寸的精度，以减小 Δ_D 的数值；二是改变定位方案，以 A 面作为定位基准。

二、工件以圆柱孔定位

工件以圆柱孔定位时，定位基准是孔中心线，通常采用心轴作为定位元件。由于工件受力方向或采用的定位元件不同，所产生的定位误差也不相同。

1. 工件以圆柱孔在无间隙配合心轴上定位

工件以圆柱孔在过盈配合心轴、小锥度心轴和弹性心轴上定位时，由于定位副间不存在径向间隙，故可认为圆柱孔中心线与心轴轴线重合，没有基准位移误差，即 $\Delta_W = 0$。

在此情况下，定位误差的计算即成为基准不重合误差的计算，即 $\Delta_D = \Delta_B$。

2. 工件以圆柱孔在间隙配合心轴上定位

工件以圆柱孔在间隙配合心轴上定位时，因心轴的放置位置不同或工件所受外力合力的作用方向不同，孔与心轴有固定单边和任意边两种接触方式。

（1）圆柱孔与心轴固定单边接触

此时，定位副之间有径向间隙，且间隙只存在于单边并固定在一个方向上。如图 2–32 所示为圆柱孔与心轴（在 Z 轴方向）固定单边接触。

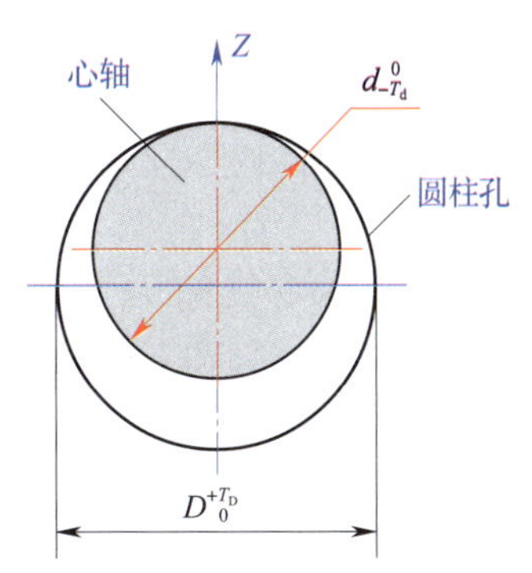

图 2–32　圆柱孔与心轴固定单边接触

〔提示〕

为了工件安装方便，设计时，应确保定位副间的最小安装间隙 X_{min}，即 $X_{min} = D-d$。

当圆柱孔以最大直径（D_{max}）与最小心轴直径（d_{min}）相配合时，将出现最大间隙（X_{max}），如图 2–33a 所示。这种情况下孔中心线位置的变动量最大（见图 2–33b），即为基准位移误差：

$$\Delta_W = \frac{1}{2}X_{max} = \frac{1}{2}(D_{max} - d_{min}) = \frac{1}{2}[(D+T_D) - (d - T_d)] = \frac{1}{2}(X_{min}+T_D+T_d)$$

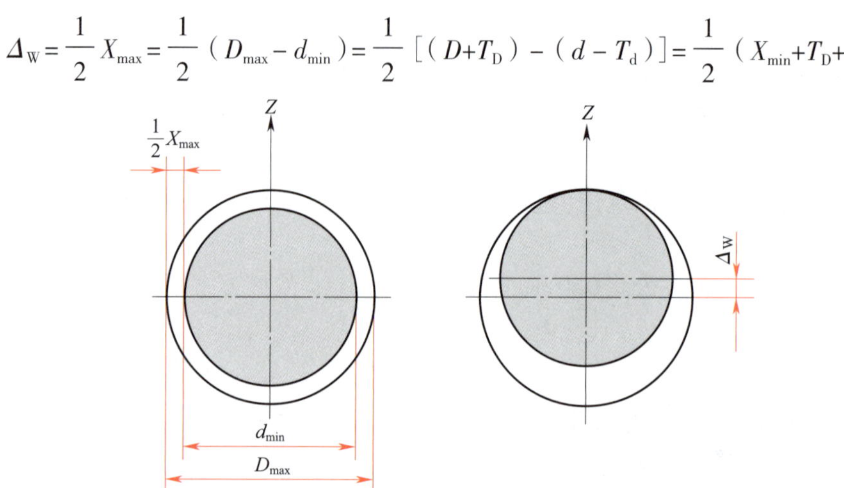

图 2-33　固定单边接触时的基准位移误差

〔提示〕

X_{min} 是始终不变的常量，属于常值系统误差。这个数值可以在调整刀具位置时预先加以考虑，消除其对基准位移误差的影响，故 $\Delta_W = \frac{1}{2}(T_D+T_d)$。

（2）圆柱孔与心轴任意边接触

圆柱孔与心轴任意边接触如图 2-34 所示，定位副之间有径向间隙，但圆柱孔对于心轴可以在间隙范围内做任意方向、任意大小的位置变动，孔中心线的最大位置变动量即为基准位移误差。

圆柱孔中心线的变动范围为以最大间隙 X_{max} 为直径的圆柱体，最大间隙发生在最大圆柱孔直径与最小心轴直径相配合时，且方向是任意的，如图 2-35 所示。

$$\Delta_W = X_{max} = X_{min} + T_D + T_d$$

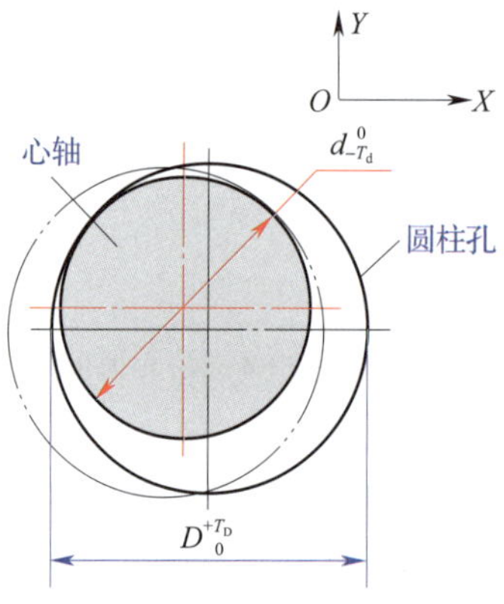

图 2-34　圆柱孔与心轴任意边接触

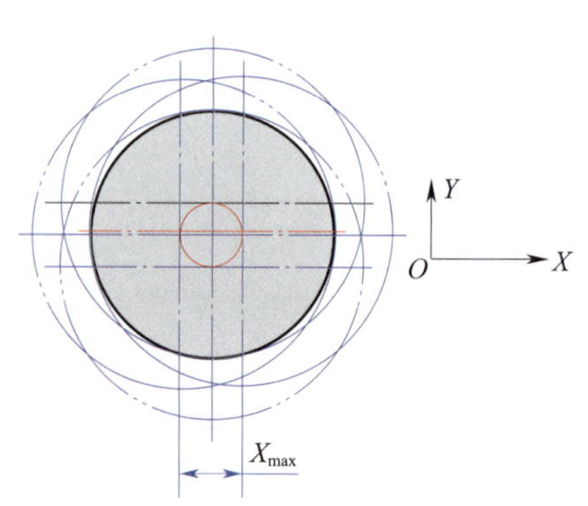

图 2-35　任意边接触时的基准位移误差

以上分析了工件在不同情况下以圆柱孔定位时基准位移误差的计算方法。是否存在基准不重合误差，取决于工件的定位基准与加工尺寸的工序基准是否重合。下面举例说明工件以圆柱孔定位时其定位误差的分析及计算方法。

【例 2】工件以圆柱孔定位铣削键槽如图 2–36 所示。设心轴水平放置，工件在垂直向下的外力作用下，其圆柱孔与心轴的上素线接触。试求图中工序尺寸 H_1、H_2、H_3 的定位误差。

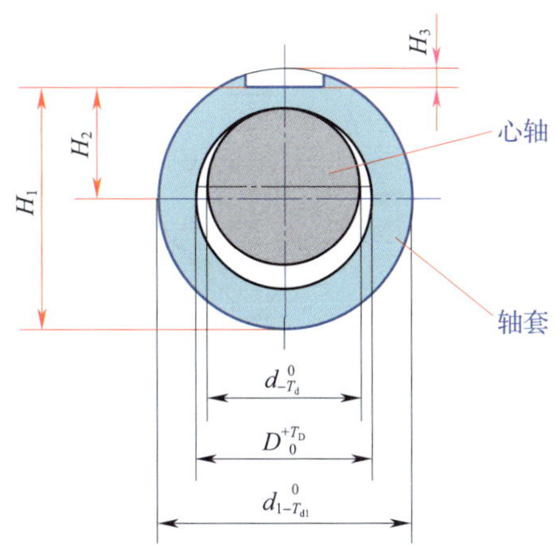

图 2–36　工件以圆柱孔定位铣削键槽

解：轴套圆柱孔与心轴之间形成固定单边接触。定位方式确定后，则其基准位移误差就确定了。为求图中工序尺寸的定位误差，应主要分析及计算基准不重合误差。定位误差分析和计算见表 2–13。

表 2–13　　定位误差分析和计算

工序尺寸	定位基准	工序基准	基准不重合误差 Δ_B	基准位移误差 Δ_W	定位误差 Δ_D
H_1	内孔中心线	圆柱下素线	$\frac{1}{2}T_{d1}$	$\frac{1}{2}(T_D+T_d+X_{min})$	$\Delta_B+\Delta_W$
H_2		内孔中心线	0		Δ_W
H_3		圆柱上素线	$\frac{1}{2}T_{d1}$		$\Delta_B+\Delta_W$

注：1. 两项误差的合成应根据误差的实际作用方向取其代数和。当基准位移误差和基准不重合误差分别使工序尺寸做相同方向变化（即同时使工序尺寸增大或减小）时取相同符号，否则取相反符号。

2. X_{min} 可在调整刀具位置时消除。

三、工件以外圆柱面定位

工件以外圆柱面定位时，可以采用定心定位，也可以采用支承定位。定心定位的分析及计算方法与工件以圆柱孔定位相同，支承定位的分析及计算方法则与工件以平面定位相同。下面主要分析工件在 V 形块上以外圆柱面定位时的定位误差。

如图 2–37 所示，对一批工件而言，工件外圆柱直径制造误差的存在，必将引起其轴线在 V 形块对称工作面内的位置移动，即基准位移误差。其值为：

$$\Delta_{W} = OO_1 = \frac{T_d}{2\sin\dfrac{\alpha}{2}}$$

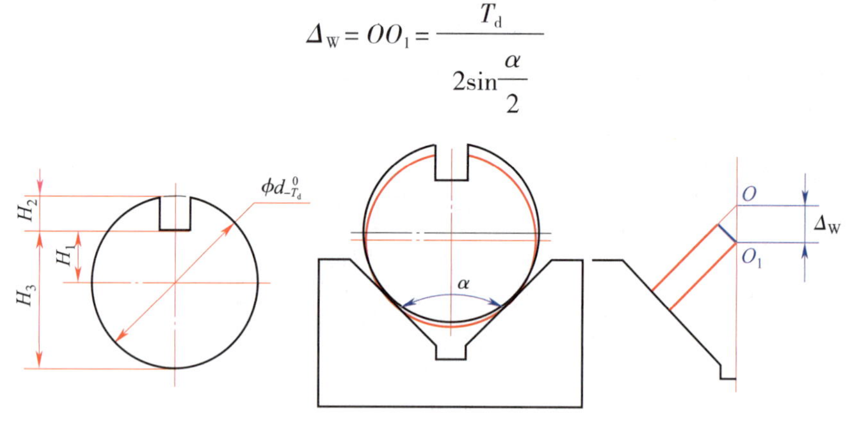

图 2–37　V 形块定位误差分析

〔提示〕

当工件外圆直径的公差一定时，基准位移误差随 V 形块工作角度的增大而减小。当 $\alpha=180°$ 时，$\Delta_W=\dfrac{1}{2}T_d$ 为最小，这时 V 形块的两工作面展平为水平面，失去对中作用，这种情况可按支承定位分析定位误差。

由于加工尺寸的工序基准不同，图 2–37 中有三种标注形式（即 H_1、H_2、H_3），其定位误差的分析和计算见表 2–14。

表 2–14　　定位误差的分析和计算

工序尺寸	定位基准	工序基准	基准不重合误差 Δ_B	基准位移误差 Δ_W	定位误差 Δ_D
H_1	圆柱轴线	圆柱轴线	0	$\dfrac{T_d}{2\sin\dfrac{\alpha}{2}}$	Δ_W
H_2		圆柱上素线	$\dfrac{1}{2}T_d$		$\Delta_W+\Delta_B$
H_3		圆柱下素线			$\Delta_W-\Delta_B$

通过以上分析可知，当定位方案确定后，定位误差就取决于工序尺寸的标注方式。对于外圆柱面在 V 形块上定位的情况，当外圆柱的下素线为工序基准时，定位误差最小。因此，控制轴类工件键槽深度时，最好以下素线为工序基准。

【例 3】分析及计算图 1–1 所示铣键槽夹具的定位误差。

解：在图 1–1 所示铣键槽夹具（工件图样参见图 1–7）中，需要保证的工序尺寸有键槽

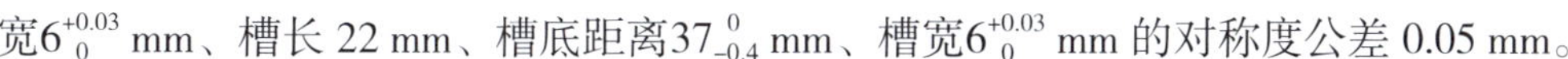

宽$6^{+0.03}_{0}$ mm、槽长 22 mm、槽底距离$37^{\ 0}_{-0.4}$ mm、槽宽$6^{+0.03}_{0}$ mm 的对称度公差 0.05 mm。

铣削夹具定位方案：为保证键槽宽$6^{+0.03}_{0}$ mm、槽底距离$37^{\ 0}_{-0.4}$ mm、槽宽$6^{+0.03}_{0}$ mm 的对称度公差 0.05 mm 等要求，必须限制$\vec{Y}$、$\vec{Z}$、$\widehat{Y}$、$\widehat{Z}$四个自由度；为保证槽长 22 mm，必须限制$\vec{X}$自由度。共限制五个自由度。

槽宽$6^{+0.03}_{0}$ mm 由刀具保证；槽长 22 mm 由机床进给保证；对于槽宽$6^{+0.03}_{0}$ mm 的对称度公差 0.05 mm，由于采用 V 形块定位，对中性好，因此$\varDelta_D=0$；对于槽底距离$37^{\ 0}_{-0.4}$ mm，工件以轴线为定位基准，工序基准也为轴线，显然基准重合，由于工件外圆尺寸存在极限偏差，因此，在 V 形块上定位必然存在基准位移误差$\varDelta_W$，根据公式$\varDelta_D=\varDelta_W$=0.039 mm/1.414≈0.028 mm。

〔知识拓展〕

工件以一面两孔定位

工件以一面两孔定位的情况如图 2-38 所示，此时两销在轴线连线方向上有过定位现象。下面从定位误差的角度分析工件以一面两孔定位时需要解决的问题。

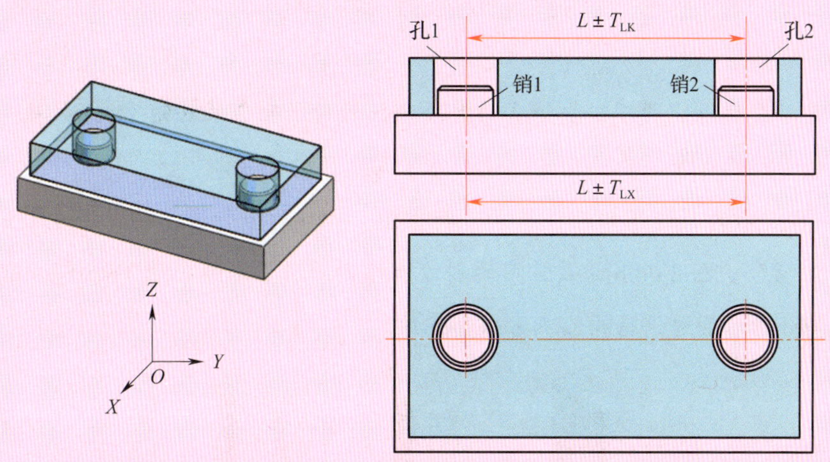

图 2-38　工件以一面两孔定位

1. 需要解决的问题

（1）理想情况分析

设工件上两孔中心线距离为$L \pm T_{LK}$，夹具上两销轴线距离为$L \pm T_{LX}$。理想情况下，当孔 1 中心线与销 1 轴线重合时，孔 2 中心线与销 2 轴线重合，此时两孔和两销之间分别留有装卸工件所需的最小间隙X_{1min}和X_{2min}。

（2）实际情况分析

由于孔距与销距的制造误差，孔 1 中心线与销 1 轴线重合时，孔 2 中心线与销 2 轴线不可能重合。在孔距为最大（$L+T_{LK}$）、销距为最小（$L-T_{LX}$），或孔距为最小

（$L-T_{LK}$）、销距为最大（$L+T_{LX}$）的极限情况下，若使孔 2 能顺利装入销 2，并留最小装卸间隙，必须调整销 2 的尺寸（如减小直径）。

（3）实际后果

销 2 直径的减小，势必会增大孔 2 的基准位移误差。如图 2–39 所示，在孔距与销距相同时，孔 2 在垂直于两孔中心线连线方向的基准位移误差等于孔销间的最大间隙。孔 2 基准位移的增大，将引起定位基准的角度误差增大。

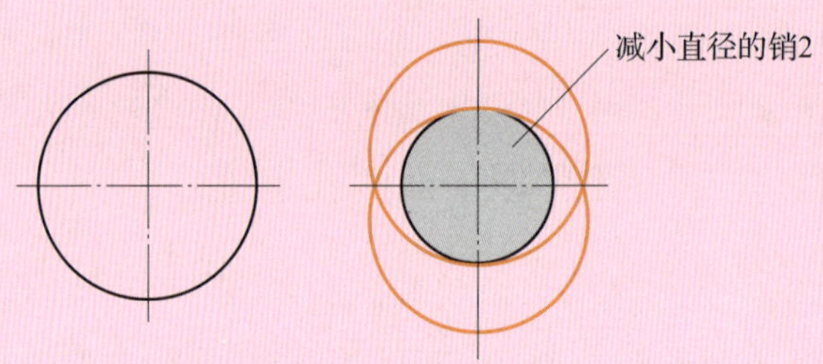

图 2–39　孔 2 的基准位移

（4）解决办法

为避免以上后果，则不减小销 2 的直径。但为确保孔 2 装入销 2，必须去除销 2 上与孔 2 发生干涉的部分。为了制造方便，常采用削边的办法。

图 2–40 所示为削边销的几种结构，其中图 2–40a 为平行边结构，用于定位孔径大于 50 mm 的场合；图 2–40b 为最常用的削边销结构，用于定位孔径 3 ~ 50 mm 的尺寸范围；图 2–40c 所示削边销结构已不再推荐采用。

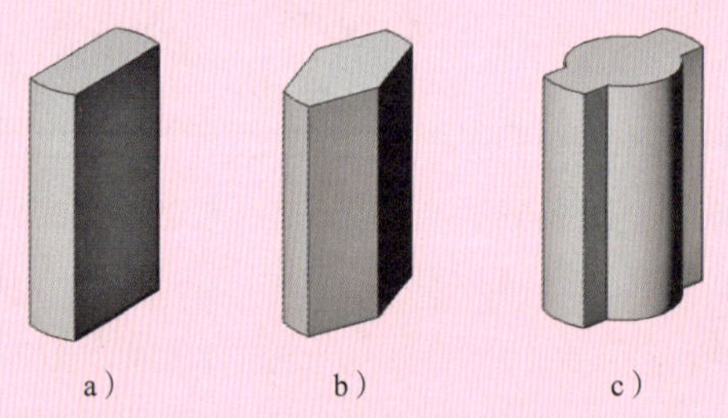

图 2–40　削边销的结构

2. 基准位移误差

工件以一面两孔定位的基准位移误差计算可分为两部分进行。

（1）工件在两孔中心线连线方向的基准位移误差

工件在两孔中心线连线方向的基准位移误差由孔 1 和销 1（未使用削边销）决定。孔 1 中心线的最大位移变动量与圆柱孔定位任意边接触的情况相同，在任何方向上均

为 $\Delta_{W1}=X_{1max}=T_{D1}+T_{d1}+X_{1min}$。

（2）基准角度误差

基准角度误差是两孔中心线连线相对其理想位置（即两销轴线连线）的最大偏转角度，其值为 $\Delta_{JJ}=\pm\arctan\dfrac{\Delta_{W_{1X}}+\Delta_{W_{2X}}}{2L}$。

〔提示〕

为了减小基准角度误差，两个定位孔之间的距离应尽可能取大些。

课后习题

1. 图 2–41 所示为工件镗孔加工图样，孔 1、孔 2 均已加工完成。下面以工件底面 *A* 为定位基准来镗削孔 3，要求保证尺寸（15±0.055）mm，试检验该方案的定位精度是否满足要求。

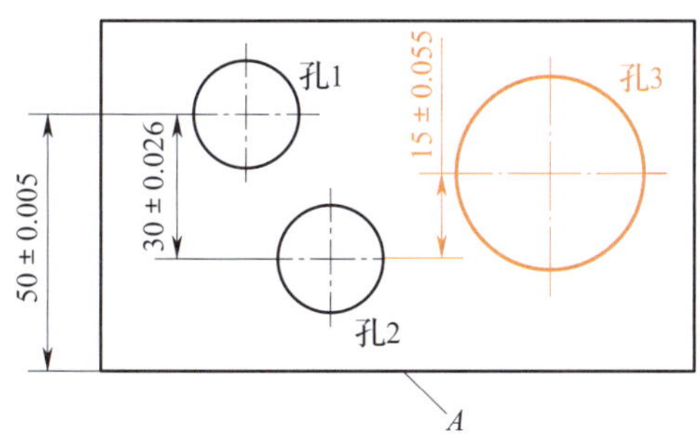

图 2–41 工件镗孔加工图样

2. 如图 2–42 所示为台阶轴工件在 V 形块上定位铣削大轴径上的键槽，要求保证键槽深度尺寸 $34.8_{-0.160}^{\ 0}$ mm。已知 V 形块夹角为 90°，试计算定位误差，检验定位质量。

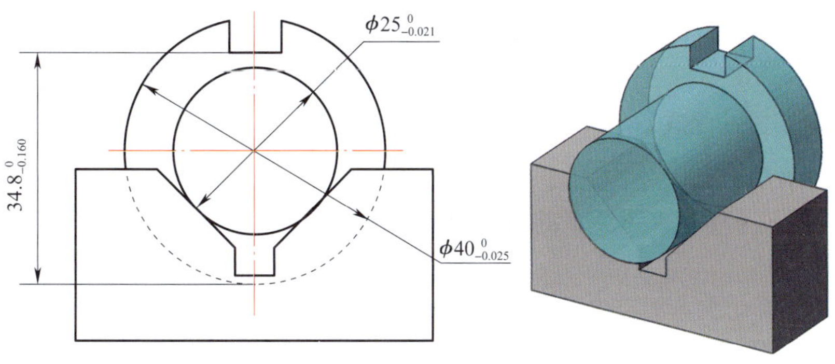

图 2–42 铣台阶轴键槽

第三章　工件的夹紧

第一节　夹紧装置

工件在夹具中定位以后，为防止其在外力作用下移动而破坏已占据的正确位置，必须在夹具上设置相应的装置把工件压紧、夹牢，这一装置即夹紧装置。

要想设计出合理的夹紧装置，必须对夹紧装置的要求、组成及基本夹紧机构有全面的认识。

〔提示〕

一般夹具都需要设置夹紧装置，但少数情况除外，例如，在重型工件上钻小孔时，工件本身的质量较大，使得其与工作台间的摩擦力足以克服钻削力和钻削转矩，此时就不必夹紧工件。

一、夹紧装置的要求

夹紧装置设计得合理与否，对保证工件加工质量、提高生产率和减轻工人劳动强度有着很大的影响。对夹紧装置的基本要求如下：

（1）在夹紧过程中，应不破坏工件已定位的确定位置。

（2）夹紧力应保证工件在加工过程中的位置稳定不变，不产生振动或移动；夹紧变形小，不损伤工件表面。

（3）操作应安全、可靠、方便、省力。

（4）结构应简单，制造容易，其复杂程度和自动化程度应与工件的产量和生产进度相适应。

二、夹紧装置的组成

夹紧装置的结构形式多种多样，一般由三部分组成，即力源装置、中间递力机构、夹紧元件。下面以图 3–1 所示夹紧装置的组成为例加以说明。

1. 力源装置

力源装置是机动夹紧时产生原始作用力的装置，通常是指气动、液压、电动等动力装置。图 3–1 中的气缸就是力源装置。

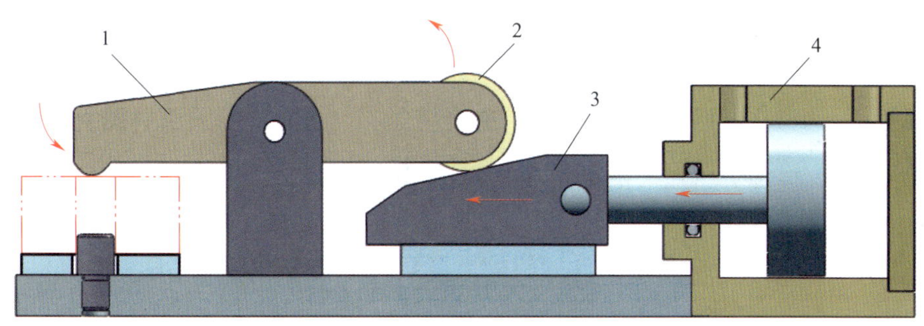

图 3-1 夹紧装置的组成

1—压板 2—滚子 3—斜楔 4—气缸

〔提示〕

手动夹紧时，不需要力源装置。

2. 中间递力机构

中间递力机构是介于力源装置和夹紧元件之间传递动力的机构。它将人力或力源装置产生的原始作用力转变为夹紧作用力，并传递给夹紧元件，然后由夹紧元件完成对工件的夹紧。

中间递力机构在传递夹紧作用力的过程中，根据夹紧的需要可以起以下作用。

（1）改变夹紧作用力的方向

如图 3-1 所示，气缸产生水平方向的作用力，通过斜楔、铰链和压板转变为竖直方向的夹紧力。

（2）改变夹紧作用力的大小

常用斜面原理、杠杆原理来改变夹紧作用力的大小（通常为增力）。如图 3-1 所示的夹紧装置即采用了此原理。

（3）自锁作用

力源消失后，工件仍然应得到可靠的夹紧。例如，铣键槽夹具的螺旋夹紧机构就利用了螺纹的自锁作用。这一点对于手动夹紧特别重要。

3. 夹紧元件

夹紧元件是执行夹紧操作的元件，它与工件直接接触，包括各种压板（见图 3-1）、压块等。

〔提示〕

在实际生产中，有些夹紧装置不需要中间递力机构，如直接利用螺钉夹紧工件的情况。

在有些夹具中，夹紧元件（见图 3-1 中的压板）往往就是中间递力机构的一部分，难以区分，常统称为夹紧机构。

三、基本夹紧机构

在夹具的各种夹紧机构中，起基本夹紧作用的多为斜楔、螺旋机构、偏心轮、杠杆、薄壁弹性件等。其中，斜楔、螺旋机构、偏心轮以及由它们组合而成的夹紧机构应用最为普遍。这三类机构在原理方面基本相同，但在结构、用途上有各自的特点。

1. 斜楔夹紧机构

图 3–2 所示为采用斜楔夹紧工件的斜楔夹紧机构，在工件顶面钻削一个 $\phi 8$ mm 的孔，另外在侧面加工一个 $\phi 5$ mm 的孔。工件放入夹具后，锤击斜楔大端，则斜楔通过斜面作用对工件施加挤压力，将工件楔紧在夹具中。加工完毕，通过锤击斜楔小端，即可松开工件。

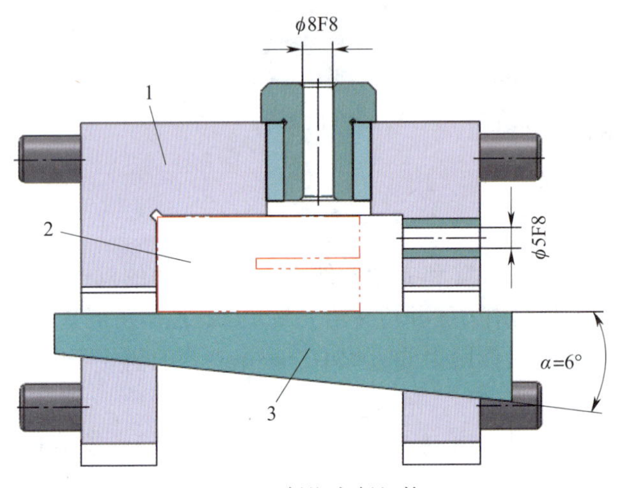

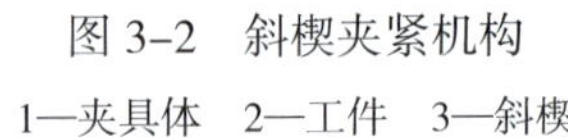
图 3–2　斜楔夹紧机构

1—夹具体　2—工件　3—斜楔

需要指出的是，在夹具中，直接使用斜楔夹紧工件的情况比较少见。这是因为它产生的夹紧力有限，且夹紧过程费时，所以只有在要求夹紧力不大、产品数量不多的情况下才使用。但是，斜楔与其他机构组合使用的情况却比较普遍。例如，螺旋夹紧机构或偏心夹紧机构实际上是斜楔夹紧机构的变形；另外，在气动夹具中，常用斜楔作为增力机构。

〔提示〕

用斜楔夹紧工件时，需要解决原始作用力和夹紧力的变换以及合理选择斜楔升角保证自锁等问题。

所谓斜楔夹紧机构的自锁，是指在原始力撤离后，夹具体内的斜楔不发生位置移动（如图 3–2 中的右移）。斜楔夹紧机构的自锁条件为：斜楔升角（α）小于斜楔与夹具体间的摩擦角（φ_2）与斜楔与工件间的摩擦角（φ_1）之和。对于一般钢铁材料的加工表面，其摩擦因数 μ=0.1 ~ 0.15，由于 $\tan\varphi=\mu$，因此一般摩擦角 φ_1、φ_2 在 5° 43′ ~ 8° 32′ 范围内，故满足自锁条件的斜楔升角 α 可在 11° ~ 17° 范围内选取。为安全锁紧，α 一般取 6°～8°。考虑到 $\tan\alpha=\tan6°\approx0.1$，工程上的自锁性斜面和锥面的斜度常取 1∶10。对于气动和液压夹紧等原始力始终作用的斜楔，其升角可不受此限制，一般 α 取 15°～30°。

2. 螺旋夹紧机构

螺旋夹紧机构是斜楔夹紧机构的变形，可看作是把一个很长的斜楔环绕在圆柱上而形成。这样，原来的直线楔紧就转化成螺杆、螺母间的相对旋转夹紧，并且斜楔升角可以控制得很小，能有效提高夹紧力和自锁性。

图 3–3 所示为螺旋夹紧机构在铣床夹具中的应用。螺旋夹紧机构中的主要元件是螺钉（或螺杆）与螺母，在螺纹传动作用下，通过转动螺母就可以对工件实行夹紧和松开。

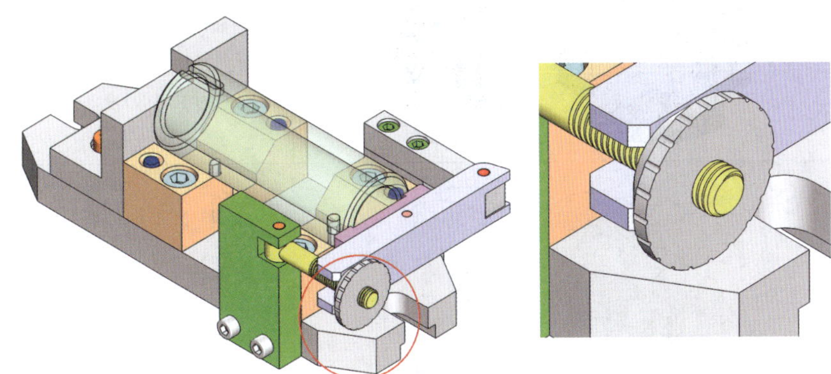

图 3–3　螺旋夹紧机构在铣床夹具中的应用

〔提示〕

普通螺纹的螺旋升角 α 远小于材料间的摩擦角 φ，这是普通螺纹广泛应用于各种紧固连接的主要原因。

常用螺旋夹紧机构包括普通螺旋夹紧机构、快速螺旋夹紧机构、螺旋压板组合夹紧机构等。

（1）普通螺旋夹紧机构

图 3–4 所示为常用的普通螺旋夹紧机构。为了减小螺杆端部与工件接触的面积，防止夹紧及松开工件时螺杆端部与工件摩擦造成工件转动，一般将螺杆端部制成图中所示的球面形状。

需要指出的是，球面端部螺杆容易压伤工件表面，为此，可在螺杆头部装上可以摆动的压块，这样，既可以防止工件的转动，又可以把压紧面扩大，有利于保护工件的已加工表面。因具体的夹紧方式不同或工件的表面精度存在差异，压块有光面压块、槽面压块、圆压块和弧形压块四种基本类型，部分已标准化，具体内容见表 3–1。

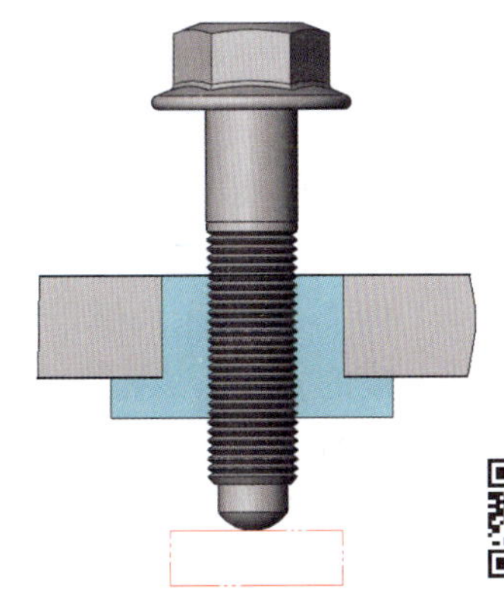

图 3–4　普通螺旋夹紧机构

表 3-1 压块的基本类型

基本类型	图例	说明
光面压块		光面压块的工作面为光滑环面，用于夹紧表面小且比较光滑的工件。光面压块的标准代号为 JB/T 8009.1—1999
槽面压块		槽面压块的工作面为齿纹面，用于夹紧表面大且比较粗糙的工件。槽面压块的标准代号为 JB/T 8009.2—1999
圆压块		圆压块具有浮动作用，在工件夹紧过程中可根据工件表面的倾斜角度自动调整，从而可靠地夹紧
弧形压块		弧形压块具有浮动作用，在工件夹紧过程中，若工件表面有任何方向的（轻微的）角度变化，压块就会自行调整，从而将工件可靠地夹紧。弧形压块的标准代号为 JB/T 8009.4—1999

（2）快速螺旋夹紧机构

为了克服螺旋夹紧操作时间较长的缺点，实际生产中出现了各种快速接近或快速撤离工件的螺旋夹紧机构，称为快速螺旋夹紧机构。图 3-5 所示为常见快速螺旋夹紧机构。

图 3-5a 中采用螺旋夹紧机构中广泛使用的开口垫圈。松开夹具时，只要稍微松开压紧的螺母即可抽出开口垫圈，把工件向上提起并卸下。实际装夹中，螺母的轴向移动量可以控制得很小，从而提高装夹效率。

图 3-5b 所示的螺母结构称为快撤动作螺母。这个螺母内孔中制有与螺孔中心线成一较小角度的光孔，其孔径略大于螺纹的大径。松开夹具时，只要稍微拧松螺母，即可倾斜地提起螺母而卸下工件。

图 3-5c 为栓槽式快速夹紧机构。螺杆的夹紧螺旋槽前段设置有一段轴向快移直导槽，用于松开夹具时螺杆的轴向快速移动。装夹时，首先沿轴向推进螺杆，当前端压块顶住工件时，螺杆离开直导槽，进入夹紧螺旋槽部分，然后转动手柄，即可夹紧工件。松开夹具时，

把螺杆转至直导槽处，即可迅速沿轴向拉回螺杆，快速卸下工件。

图 3–5d 为快移式螺杆机构，工作中螺杆不发生转动。松开夹具时，首先旋松螺母手柄，然后扳转手柄，即可快速向后拉回螺杆；夹紧时的动作顺序相反，先推进螺杆，顶住工件，然后扳转手柄，使它顶住螺杆的后部，最后转动螺母手柄进行夹紧。

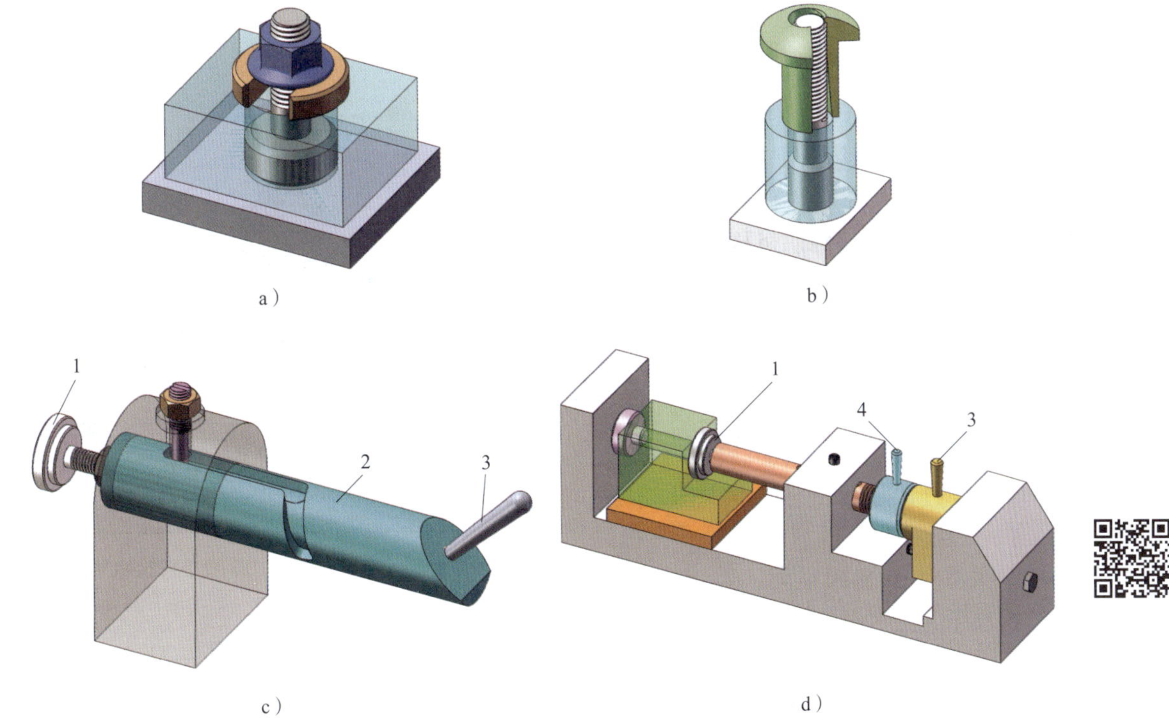

图 3–5　常见快速螺旋夹紧机构

1—压块　2—螺杆　3—手柄　4—螺母手柄

（3）螺旋压板组合夹紧机构

将夹紧性能优良的螺旋结构与结构简单、灵活的各类压板相组合，就可以得到较为理想的螺旋压板组合夹紧机构。典型的螺旋压板组合夹紧机构如图 3–6 所示。图 3–6a、b 所示均为移动式压板，图 3–6c 所示为回转式压板，图 3–6d 所示为翻转式压板。

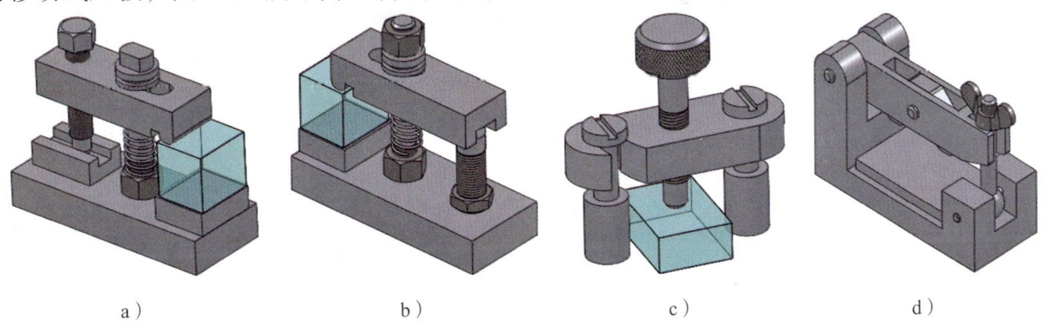

图 3–6　典型的螺旋压板组合夹紧机构

a）、b）移动式压板　c）回转式压板　d）翻转式压板

压板可以克服螺旋夹紧动作较慢的缺点，提高装夹效率，所以在实际生产中得到了广泛应用。螺旋压板组合夹紧机构是螺旋夹紧机构中应用最为广泛的一类。

〔提示〕

如果在夹具上安装夹紧机构的位置受到限制，不能采用各种压板时，可以改变压板的结构形式或者采用钩形压板。

3. 偏心夹紧机构

偏心夹紧机构是指由偏心件直接夹紧或与其他元件组合而夹紧工件的机构。偏心件一般有圆偏心件和曲线偏心件两种类型，常用的是圆偏心件（偏心轮或偏心轴），曲线偏心件只在特殊需要时才使用。

圆偏心件常与其他元件组合使用，如图 3–7 所示为常用的偏心夹紧机构。偏心轮通过销轴与悬置压板进行偏心铰接，压下手柄，工件即被压板压紧；抬起手柄，工件即被松开，拖动压板及偏心轮即可让出装卸空间，装夹操作迅速、方便。

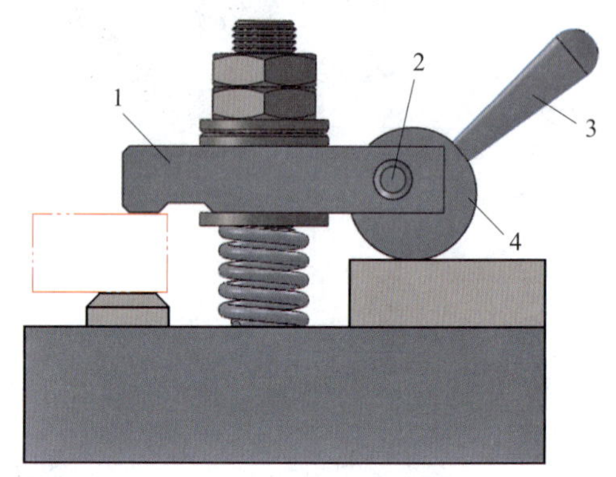

图 3–7 常用的偏心夹紧机构

1—压板 2—销轴 3—手柄 4—偏心轮

直径为 D、偏心距为 e 的偏心轮（见图 3–8）相当于两个套在偏心“基圆”（直径为 $D-2e$）上的弧形楔块。与平面斜楔相比，其主要特性是工作表面上各点的升角是连续变化的值。轮缘上最大楔升角 $\alpha_{max}=\arcsin\dfrac{2e}{D}$。

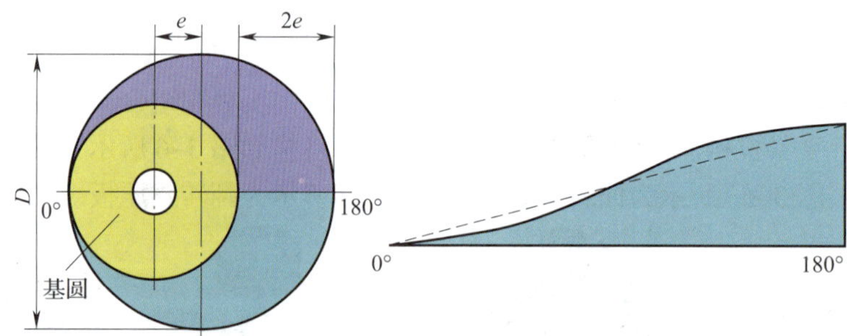

图 3–8 圆偏心特性

〔提示〕

偏心轮的这一特性非常重要，它直接影响偏心夹紧机构工作曲线段的选择、自锁条件的确定、夹紧力的计算和主要结构尺寸的确定等。

（1）工作曲线段的选择

偏心轮工作时，主要考虑有效夹紧力大小、有效夹紧行程大小和可靠自锁等几个基本条件。在有效的夹紧转角范围内应得到尽可能大的夹紧行程，这是选择偏心轮工作曲线段的主要原则。

偏心轮工作曲线段的选择见表 3–2。

表 3–2　　偏心轮工作曲线段的选择

曲线段	特点	选用情况
0° ~ 45°	曲线的升程很小，通常不能使夹具快速趋近工件	一般不采用
90° ~ 180°	前半段升程迅速增大，有利于夹具快速趋近工件；后半段楔升角逐渐减小，曲线平缓，有利于得到大而稳定的有效夹紧力，且自锁性良好。但在接近 180° 时升程为零，容易发生“咬死”现象	常用
45° ~ 135°	升程迅速增大，但后半段楔升角较大，不利于获得有效夹紧力。由于楔升角的变化范围较大，当工件厚度稍变化时，夹紧力和自锁性的变化都较大，从而导致夹紧性有较大差异	适用于夹紧方向上尺寸误差较小的工件的夹紧

（2）自锁条件的确定

由斜楔夹紧机构的自锁条件 $\alpha<\varphi_1+\varphi_2$ 可知，偏心夹紧时应保证 $\alpha_{max} \leqslant \varphi_1+\varphi_2$。由于偏心轮的转轴处常采用滑动轴承或滚动轴承，摩擦很小，因此 φ_2 值往往很小，不足以维持偏心轮的自锁，故将 φ_2 略去，不予考虑。故偏心轮的工作自锁应满足条件：$\frac{2e}{D} \leqslant \tan\varphi_1=\mu_1$。式中，$\mu_1$ 为摩擦因数，在实际应用中常取 0.1 或 0.15。由此可得到偏心轮保证自锁的结构条件：$e \leqslant \frac{D}{20}$ 或 $e \leqslant \frac{D}{14}$。

〔知识拓展〕

其他夹紧机构

除以上夹紧机构外，夹具中还经常使用其他夹紧机构，如铰链夹紧机构、定心夹紧机构、联动夹紧机构等。

1. 铰链夹紧机构

铰链夹紧机构是一种增力机构，增力倍数较大，一般没有自锁性，摩擦损失较小，故在气动夹具中获得较广泛的应用。

图 3–9 所示为单臂铰链夹紧机构。在气缸的气压作用下，原始作用力经铰链传到连杆，连杆两端是铰链连接，下端铰链带有滚子，滚子可在垫板上来回运动。当滚子

落到垫板外面时，压板抬起，便于装卸工件。滚子向右运动，通过连杆和上端铰链将增大的力作用在压板上，夹紧工件。夹紧力的大小与夹紧时连杆的倾斜角、连杆两端铰链处的当量摩擦角等的大小有关。

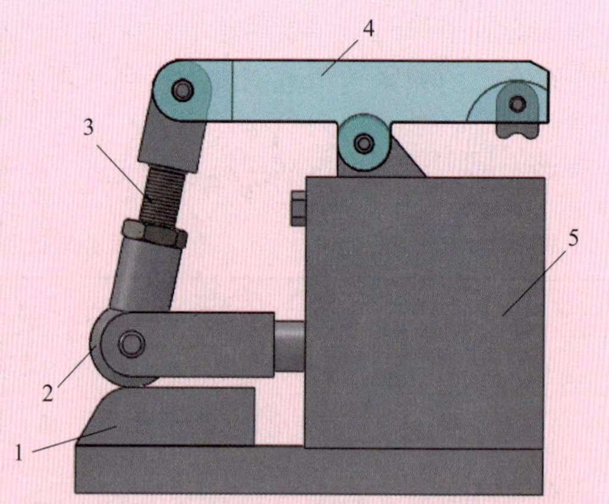

图 3–9　单臂铰链夹紧机构（已简化）

1—垫板　2—滚子　3—连杆　4—压板　5—气缸

2. 定心夹紧机构

定心夹紧机构是一种具有定心作用的夹紧机构。它能在工作过程中同时实现工件定心（对中）定位和夹紧两种作用，主要用于要求准确定心（或对中）的场合。在定心夹紧机构中，与工件定位基准面相接触的元件既是定位元件，又是夹紧元件。它利用定位–夹紧元件的等速移动或均匀弹性变形，使工件轴线或对称面不产生位移，实现定心夹紧作用。

图 3–10 所示为按定位–夹紧元件等速移动原理实现定心的夹紧机构。这类机构的特点是通过中间递力机构（如螺旋机构、斜楔、杠杆等）使定位–夹紧元件等速移动，实现定心夹紧作用，其中螺旋定心夹紧机构（见图 3–10）较常用。需要指出的是，由于制造误差和配合间隙的存在，此类定心夹紧机构的定心精度不高，常应用于粗加工中。

对于按夹紧元件均匀弹性变形原理实现定心的夹紧机构，因其夹紧元件的弹性变形小而均匀，定位精度比较高，适用于精密机构。这类夹紧机构中的弹簧夹头应用比较广泛，其结构如图 3–11 所示。

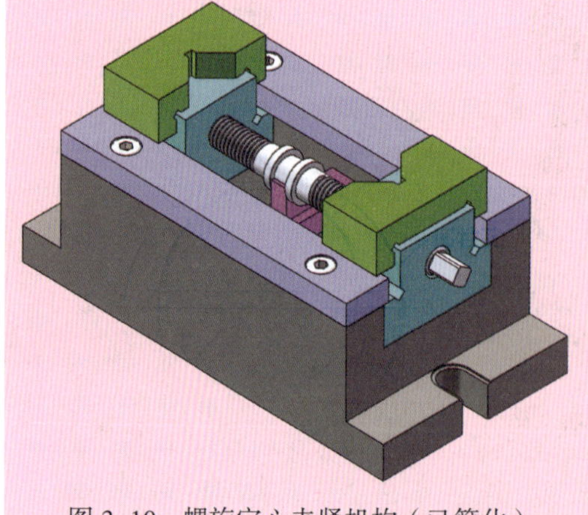

图 3–10　螺旋定心夹紧机构（已简化）

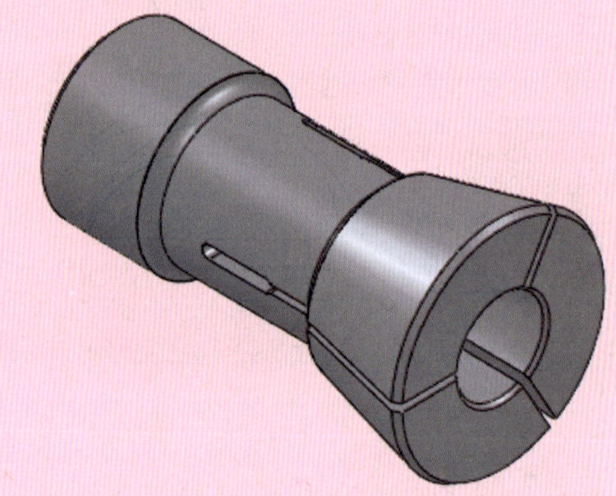

图 3–11　弹簧夹头

3. 联动夹紧机构

在机械加工中，根据工件的结构特点、定位基准面状况和生产率要求，有些夹具需要有几处夹紧点同时对一个工件进行夹紧，或者在一个夹具中同时夹紧几个工件。有些夹具除夹紧动作外，还需要松开或紧固辅助支承。为此，在生产中常采用联动夹紧机构。联动夹紧机构用于手动夹具可以简化操作，减轻劳动强度；用于机动夹具则可以减少动力装置（如气缸或液压缸等），简化结构，降低成本。

〔提示〕

联动夹紧机构所需原始作用力较大，有时需增加中间递力机构，从而使其结构复杂，设计时应综合考虑其结构是否经济、合理。

课后习题

1. 对夹具的夹紧装置，一般应有哪些基本要求？
2. 机床夹具通常少不了夹紧装置，试为图 1–11 所示零件的钻床夹具设计夹紧装置。
3. 定心夹紧机构的自动定心原理是什么？
4. 偏心夹紧机构有什么特点？其自锁条件是什么？
5. 说明斜楔夹紧机构、螺旋夹紧机构、偏心夹紧机构、定心夹紧机构、联动夹紧机构各自的应用场合。

第二节 夹 紧 力

工件在夹具中的夹紧是通过夹紧装置对其施加一定的夹紧力实现的。在设计夹紧装置时，首先要考虑如何施加夹紧力，然后确定其合理的结构。因此，夹紧力的确定在夹具设计中占有重要的地位。

夹紧力与其他力一样，具有三个要素：力的作用方向、力的作用点和力的大小。确定夹紧力是一个综合性的问题，必须将工件的加工要求和特点、定位元件的结构形式和布置方式、工件的重力和所受外力作用的情况等联系起来考虑。

一、夹紧力方向的确定

夹紧力的方向主要与工件定位基准的配置以及工件所受外力的作用方向等有关，确定时应遵循以下原则。

1. 夹紧力应垂直于主要定位基准面

工件主要定位基准面的面积一般较大，限制的自由度较多。当夹紧力垂直于此面时，由夹紧力所引起的单位面积上的变形较小，有利于保证装夹的稳定性和加工质量。

〔提示〕

工件在夹紧力作用下，应首先保证主要定位基准面与定位元件可靠接触。

如图 3–12 所示，在一个角形支座上镗孔，要求保证孔的中心线与平面 *A* 垂直。从定位的观点看，应以工件的平面 *A* 为主要定位基准面，夹紧力的方向应垂直于平面 *A*，这样易于保证加工要求。

如果不是朝向平面 *A* 而是朝向平面 *B* 施加夹紧力，则由于 *A*、*B* 两平面夹角误差的影响，会使平面 *A* 离开夹具的定位表面或使平面 *A* 产生变形，其结果都是破坏了定位方案（见图 3–13），这样将不能保证加工孔与平面 *A* 的垂直度要求。

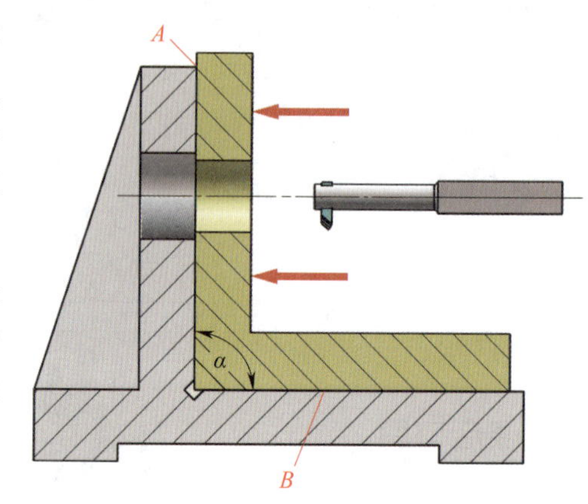

图 3–12　夹紧力作用方向

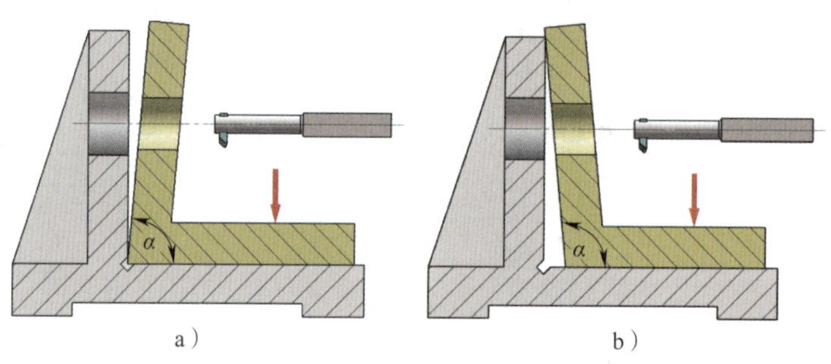

图 3–13　夹紧力方向不当的情况

a）$\alpha<90°$　b）$\alpha>90°$

2. 夹紧力应尽可能和切削力、工件重力同向

当夹紧力与切削力、工件重力同向时，加工过程中所需的夹紧力最小，从而能简化夹紧装置的结构，且便于操作。

如图 3–14 所示的夹紧装置，夹紧力 ***W***、切削力 ***F*** 和工件重力 ***G*** 三者均垂直于主要定位基准面。***G*** 和 ***F*** 的作用有利于工件的稳定，并且由它们的作用产生的摩擦力矩可以平衡一部分钻削转矩。这样，为防止工件转动所需的夹紧力 ***W*** 就可以很小。如果切削力 ***F*** 和工件重力 ***G*** 与夹紧力 ***W*** 方向不一致，则为使工件不产生移动所需的夹紧力 ***W*** 要大得多。

在实际生产中，经常会遇到如图 3–15 所示的情况。加工时，作用于工件的切削分力有使工件水平移动和抬起的趋势。这时，夹紧力与重力、切削力的方向互相垂直，而且夹紧力不直接朝向主要定位基准面。此时，必须依靠夹紧力和工件重力所产生的摩擦力来平衡切削力。因此，所需的夹紧力将远远大于切削力。在这种情况下，为了减小夹紧力，可以在切削分力的方向设置止推定位元件来承受切削力。

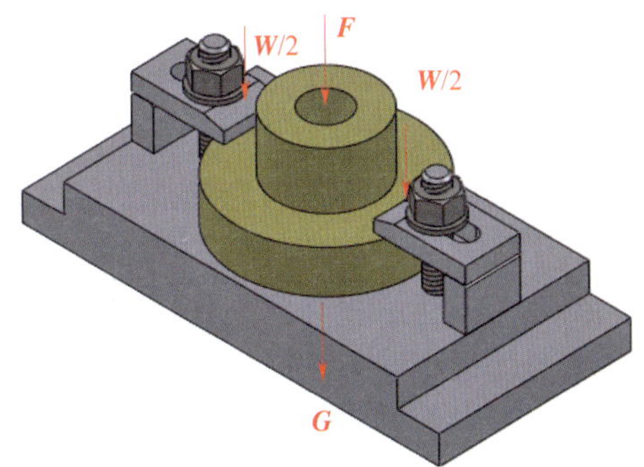

图 3–14 夹紧力、切削力、工件重力同向

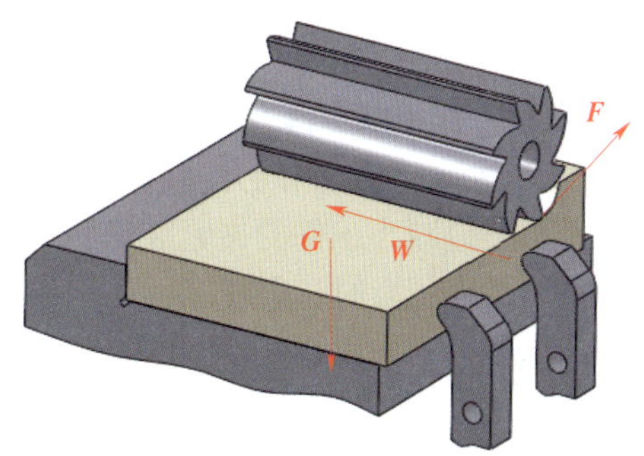

图 3–15 夹紧力与重力、切削力垂直

〔提示〕

从定位角度看，止推定位元件是多余的。但从夹紧的角度看，它可以有效减小夹紧力，因而是必要的。另外，应使夹紧力的两个分力分别朝向工件的主要定位基准面和导向定位基准面。

二、夹紧力作用点位置的选择

在选择夹紧力作用点位置时，应主要考虑的问题是：如何保证夹紧时不会破坏工件在定位时所获得的位置？如何使夹紧时引起的工件变形最小？一般来说，选择夹紧力作用点位置时应遵循的原则如下：

1. 夹紧力作用点应落在支承件上或落在几个支承所形成的支承面内

如将夹紧力落在支承件范围以外，则夹紧力和支承反力构成的力偶将使工件倾斜或移动，破坏工件的定位，如图 3–16a 所示。如图 3–16b 所示，则是夹紧力作用点的正确选择。

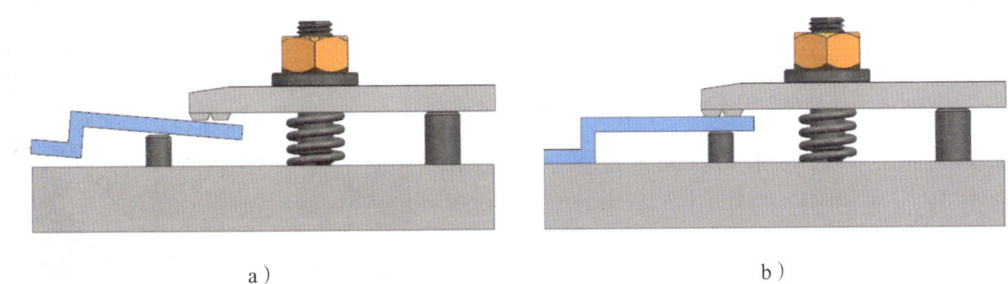

图 3–16 夹紧力作用点的选择

a）错误 b）正确

〔提示〕

夹紧力的作用点靠近支承面的几何中心，可使夹紧力均匀地分布在定位基准面和定位元件的整个接触面上。

2. 夹紧力作用点应落在工件刚度较高的部位上

一般来说，工件在不同方向或不同部位上的刚度是不同的，故夹紧力应施加于工件刚度较高的部位，以减小工件的夹紧变形，这对刚度较低的工件尤为重要。例如，图 3–17a 所示选择夹紧力的作用点时，会使工件产生较大的变形；图 3–17b 所示将夹紧力作用点改在两侧较厚的凸缘处，即作用在工件刚度较高的部位，夹紧变形就很小。

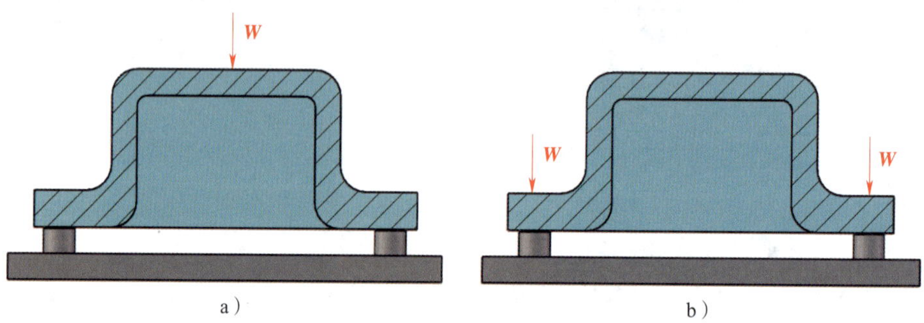

图 3–17　夹紧力作用点落在工件刚度较高的部位上

a）错误　b）正确

〔提示〕

在实际生产中，还可采取适当的结构措施增大夹紧力的作用面积，使夹紧力均匀地分散作用在工件上，以减小工件的夹紧变形。例如，采用具有较大弧面的夹爪防止薄壁套筒变形；采用压脚增加螺旋夹紧机构的作用面积，以减小工件局部夹紧变形。

3. 夹紧力作用点应靠近加工表面

夹紧力的作用点靠近加工表面，可以使切削力对此夹紧点的力矩较小，以防止或减小工件的振动。当夹紧力的作用点不能满足此要求时，则应采取一定的措施。如图 3–18 所示，夹紧力 $\boldsymbol{W}_1$ 作用在工件主要定位基准面上，远离加工表面。此时，应增加附加夹紧力 $\boldsymbol{W}_2$，并在 $\boldsymbol{W}_2$ 的作用点下方增设辅助支承以承受夹紧力，提高加工部位的刚度。

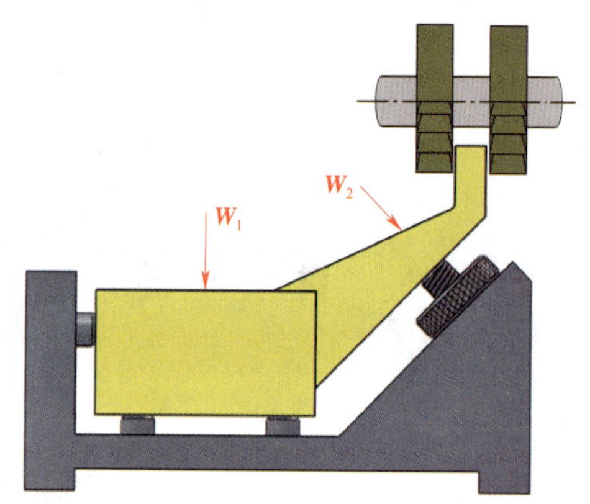

图 3–18　增加附加夹紧力与辅助支承

三、夹紧力大小的计算

夹紧力的大小对于确定夹紧装置的结构尺寸、

保证工件定位稳定和夹紧可靠等有很大影响。夹紧力过大没有必要，过小则可能夹不紧工件。

夹紧力大小的计算是比较复杂的问题，一般只能粗略地估算。计算夹紧力时，为了简化，通常将夹具和工件看成一个刚性系统，并且只考虑切削力和切削力矩对夹紧的影响（大工件还应考虑重力，运动的工件还应考虑惯性力）。然后根据工件受切削力、夹紧力后处于静力平衡的条件计算出理论夹紧力。安全起见，再乘以安全系数作为实际所需的夹紧力数值，即 $W=KW'$ 。其中，W 为实际所需的夹紧力，W' 为理论夹紧力，安全系数 K 通常为 1.5 ~ 3。用于粗加工时，一般取 K=2.5 ~ 3；用于精加工时，一般取 K=1.5 ~ 2。

需要说明的是，除上述估算法外，通常还采用类比法。所谓类比法，即根据工件的具体加工要求，包括切削用量大小、切削负荷的轻重、生产率的高低、刀具应用情况、装夹条件等，与生产部门现有生产中相类似切削条件的夹紧装置的应用情况进行比较，大致确定所需夹紧装置的主要规格，如螺纹直径、杠杆的比例长度、压板的厚度、气缸和液压缸的缸径等参数。若有必要，还可以通过实际切削试验进一步验证夹紧力是否足够。

〔提示〕

在一般生产条件下，类比法可以很快地确定夹紧方案，而不需要进行烦琐的计算，所以在生产中经常被采用。

〔知识拓展〕

常用夹紧机构夹紧力的计算

1. 斜楔夹紧机构夹紧力的计算

图 3-19a 所示为斜楔受力情况，斜楔在原始力 $\boldsymbol{Q}$ 的作用下所产生的夹紧力 $\boldsymbol{W}$ 可按斜楔受力的平衡条件求出。

取斜楔为平衡体，它受到以下各力的作用：原始作用力 $\boldsymbol{Q}$、工件的反作用力 $\boldsymbol{W}$（等于斜楔给工件的夹紧力，但方向相反）、夹具体的反作用力 $\boldsymbol{R}$；在夹紧过程中斜楔做楔入运动，在斜楔与夹具体和工件接触的滑动面上还有 $\boldsymbol{R}$ 及 $\boldsymbol{W}$ 产生的摩擦力 $\boldsymbol{F}_1$ 和 $\boldsymbol{F}_2$。

设 $\boldsymbol{W}$ 与 $\boldsymbol{F}_2$ 的合力为 $\boldsymbol{W}'$，$\boldsymbol{R}$ 与 $\boldsymbol{F}_1$ 的合力为 $\boldsymbol{R}'$。则 $\boldsymbol{R}$ 与 $\boldsymbol{R}'$ 的夹角即为夹具体与斜楔之间的摩擦角 φ_1，$\boldsymbol{W}$ 与 $\boldsymbol{W}'$ 的夹角即为工件与斜楔之间的摩擦角 φ_2。

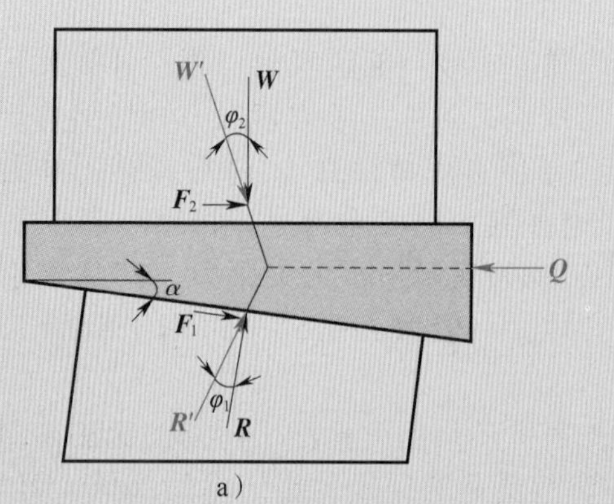

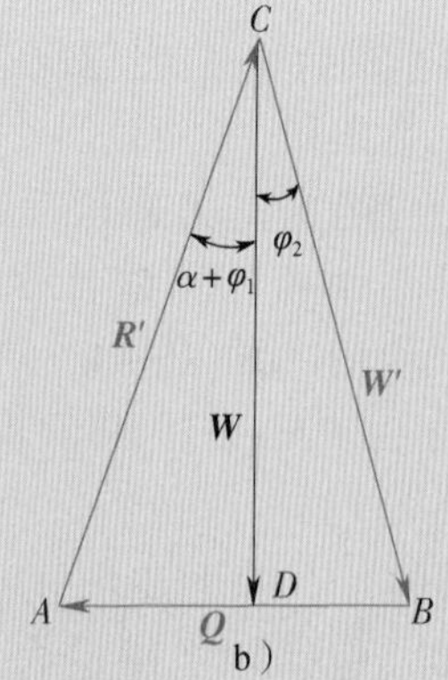

图 3-19　斜楔受力情况

由静力平衡条件可知，夹紧时 **Q**、**W′** 与 **R′** 三力处于平衡状态，故三力应构成力封闭三角形△ *ABC*，如图 3-19b 所示。从图中可见：

$$Q=AD+DB=W\tan(\alpha+\varphi_1)+W\tan\varphi_2=W\left[\tan(\alpha+\varphi_1)+\tan\varphi_2\right]$$

故

$$W=\frac{Q}{\tan(\alpha+\varphi_1)+\tan\varphi_2}$$

当所有摩擦面的摩擦因数相等，即 $\varphi_1=\varphi_2=\varphi$，且 α 与 φ 均很小时，可用下式做近似计算：$W=\dfrac{Q}{\tan(\alpha+2\varphi)}$。

〔提示〕

采用上述近似计算式，当 $\alpha\leqslant 11°$、摩擦因数 $f\leqslant 0.15$ 时，其误差不超过 7%。

2. 螺旋夹紧机构夹紧力的计算

螺旋夹紧机构中的螺纹，从原理上讲是斜楔的变形，所以，斜楔夹紧机构夹紧力计算公式同样适用于螺纹部分的受力分析与计算。图 3-20 所示为螺杆与螺母间的受力情况。螺母固定不动，原始作用力 **Q** 施加在螺杆的手柄上，形成扭转螺杆的主动

力矩 QL。$\boldsymbol{F}_1$ 为螺母的螺纹部分对螺杆转动的摩擦阻力，它分布在整个接触螺纹部分的螺旋面上，为计算方便，可把它视为集中在螺纹中径 d_0 处圆周上，形成螺母螺纹部分的摩擦阻力矩：

$$F_1 \times d_0/2=W \times \tan(\alpha+\varphi_1) \times d_0/2$$

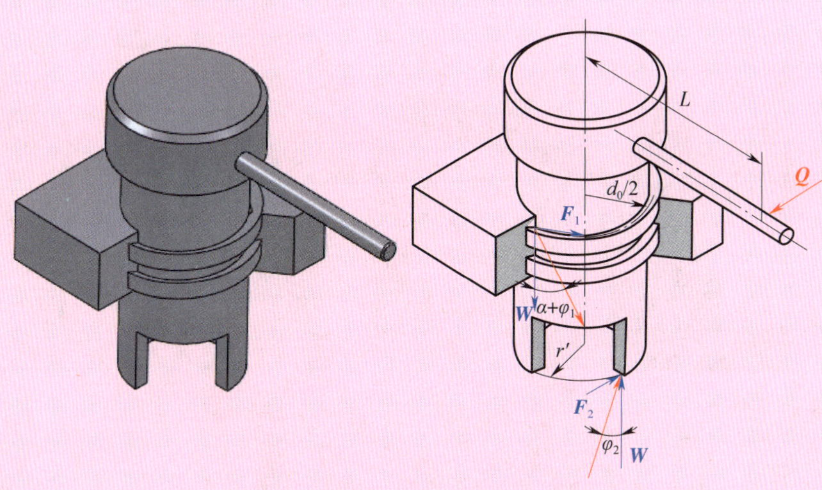

图 3-20　螺杆与螺母间的受力情况

另外，在螺杆压向工件的端面处，还有工件表面施加给螺杆的端面摩擦阻力矩：

$$F_2 \times r' = W \times \tan\varphi_2 \times r'$$

螺杆在这三个力矩作用下平衡，因此有：

$$QL=F_1 \times d_0/2+F_2 \times r'$$

故

$$W=\frac{2QL}{d_0 \times \tan(\alpha+\varphi_1)+2r' \times \tan\varphi_2}$$

〔提示〕

当螺杆端部采用球端结构压向工件，或采用球端压块结构时，r' 等于零，上式可简化为：

$$W=\frac{2QL}{d_0 \times \tan(\alpha+\varphi_1)}$$

3. 偏心夹紧机构夹紧力的计算

偏心轮相当于一个曲线楔。由于偏心轮上各点升角不同，因此其上各点的夹紧力也不相同，夹紧力随偏心轮的回转角而变化。图 3-21 所示为偏心轮夹紧机构受力分析，设偏心轮手柄上作用有原始力矩 $M=QL$，在 M 的作用下，于偏心轮的任一夹紧接触点 X 处产生一夹紧力矩 $M'=Q'\rho$ 与之平衡，即 $QL=Q'\rho$。

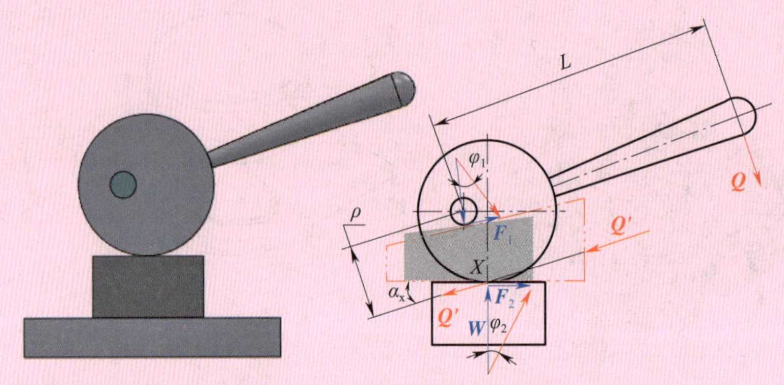

图 3-21　偏心轮夹紧机构受力分析

为简化计算，可把这时偏心轮的夹紧作用看作在基圆（或偏心轮回转轴）与夹紧接触点 X 之间楔入一个楔角等于偏心轮在该点升角 α_x 的斜楔。因此，力 $\boldsymbol{Q}'$ 的水平分力 $Q'\cos\alpha_x$ 即为作用于假想斜楔大端的原始作用力。因为升角 α_x 很小，可以认为 $Q'\cos\alpha_x \approx Q'$。

根据斜楔夹紧原理，可得偏心轮夹紧所产生的夹紧力：

$$W=\frac{Q'}{\tan(\alpha_x+\varphi_1)+\tan\varphi_2}=\frac{QL}{\rho\left[\tan(\alpha_x+\varphi_1)+\tan\varphi_2\right]}$$

〔提示〕

当 $\alpha_x=\alpha_{max}$ 时，夹紧力最小，故一般只需校验该夹紧点的夹紧力即可。

课后习题

1. 如何提高螺旋夹紧机构的效率？

2. 用斜楔夹紧机构夹紧时，有效夹紧力与主动力是什么关系？有效夹紧行程与自锁性有什么关系？

3. 偏心夹紧机构的有效工作段以哪个点作为设计依据点？哪个点自锁性最差？

第三节　夹具的对定

工件的定位确定了工件相对于夹具的位置，而工件相对于刀具及切削成形运动的位置，则需要通过夹具的对定来确定。

夹具的对定包括三个方面：一是夹具的定位，即通过夹具定位表面与机床配合及连接，确定夹具相对于机床切削成形运动的位置；二是夹具的对刀或刀具的导向，即确定夹具相对于刀具的位置；三是分度定位，即在分度或转位夹具中，确定各加工面间的相互位置关系。

一、夹具的定位

夹具的定位是指夹具在机床上的固定位置。图 3–22 所示为套筒工件铣键槽夹具在机床上的定位。

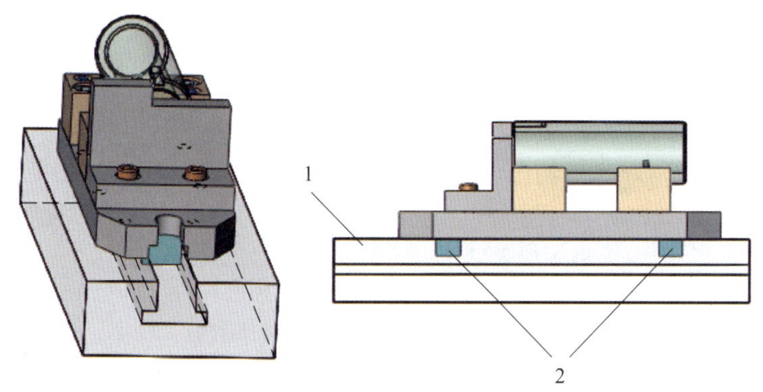

图 3–22　套筒工件铣键槽夹具在机床上的定位
1—工作台　2—定向键

〔提示〕

为保证加工出的键槽在铅垂和水平面内与工件素线平行，夹具在机床上定位时，需要保证 V 形块对称中心线与切削成形运动（即铣床工作台的纵向进给运动）平行。

在铅垂面内，平行度要求是通过夹具底平面放置在机床工作台面上保证的。因此，对夹具来说，应保证 V 形块中心与夹具底平面平行；对机床来说，应保证工作台台面与切削成形运动方向平行。

在水平面内，平行度要求则是靠夹具两个定向键嵌在机床工作台 T 形槽内保证的。因此，对夹具来说，应保证 V 形块中心与定向键的一个侧面平行；对机床来说，应保证 T 形槽侧面与工作台的纵向进给运动方向平行。此外，定向键应与 T 形槽有很好的配合。

由此可见，夹具在机床上定位的实质是夹具定位元件对成形运动的定位。如果机床的精度能够满足加工精度要求，则夹具在机床上的定位精度主要取决于夹具定位元件与定位面的位置精度和夹具定位面与机床的配合精度。如上例中的定位精度取决于 V 形块中心与夹具底平面和定向键的位置精度，以及夹具底平面和定向键与机床工作台台面和 T 形槽的配合精度。

1. 夹具与机床的连接

夹具通过连接元件在机床上进行定位与连接。用于各类机床的连接元件基本上可分为两种：一种用于将夹具安装在机床的平面工作台上（如铣床夹具、刨床夹具、钻床夹具、镗床夹具和平面磨床夹具等），另一种用于将夹具安装在机床的回转主轴上（如车床夹具、内圆和外圆磨床夹具等）。

（1）夹具与工作台的连接

在机床的工作台上，夹具通常以夹具体的底平面为定位面在机床上定位。为了保证底平面与工作台面有良好的接触，对于较大的底平面应采用周边接触（见图 3–23a）、两端接触（见图 3–23b）或四角接触（见图 3–23c）等形式。

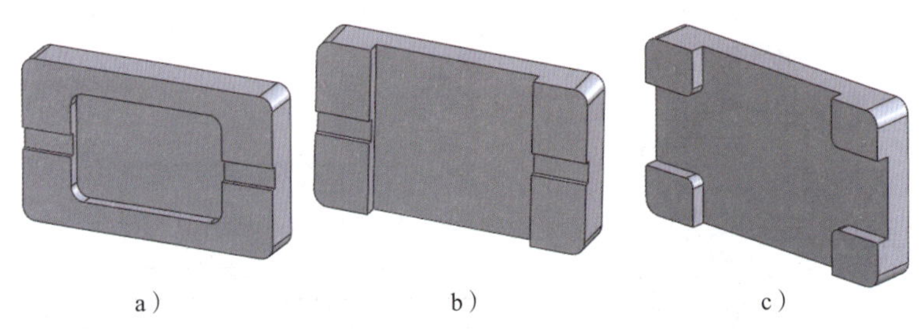

图 3–23　夹具体底平面的结构形式

a）周边接触　b）两端接触　c）四角接触

〔提示〕

夹具定位面应在一次加工中完成，并应满足规定的加工精度要求。

铣床夹具除夹具体底平面外，通常还通过定位键与铣床工作台的 T 形槽配合，以确定夹具在机床工作台上的方向。定位键安装在夹具体底面的纵向槽中，用沉头螺钉固定。定位键一般设置两个，并尽可能拉大其间距。图 3–24 所示为定位键连接。

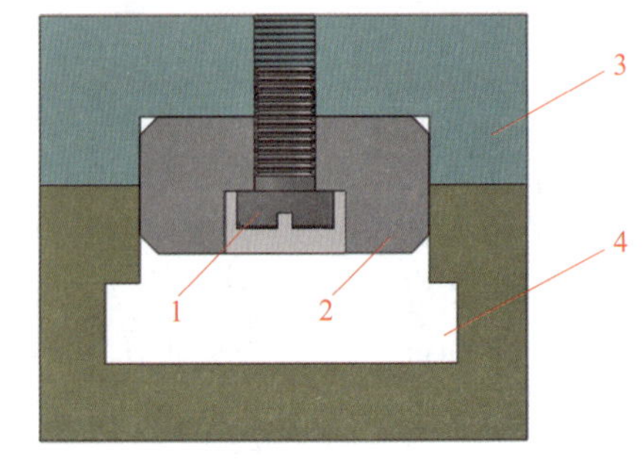

图 3–24　定位键连接

1—沉头螺钉　2—定位键　3—夹具体　4—T 形槽

定位键已标准化，标准定位键的结构如图 3–25 所示，标准代号为 JB/T 8016—1999（具体型号及规格见附表 12）。

定位键的具体结构分为 A、B 两种类型。A 型键为单一工作尺寸型，它靠同一个键宽同时与夹具体导向槽和工作台 T 形槽构成配合关系，当工作台 T 形槽质量不一时，将会影响夹具的导向精度。一般情况下，键与夹具体导向槽形成 H7/h6 配合，或者可采用 JS6/h6 配合；而工作台 T 形槽均为基准孔公差带 H，故 A 型键与工作台 T 形槽多为间隙配合，定位精度较低。一般情况下多采取单向接触安装法，即夹具安装紧固时，令双键靠向 T 形槽的同一侧面，以消除定位间隙，提高夹具的对定精度。B 型键把上、下两部分配合作用尺寸分开，中间设置成 2 mm 空刀槽，上半部键宽与夹具体导向槽保持 H7/h6 或者 JS6/h6 配合，下半部键宽与工作台 T 形槽的配合部位留有 0.5 mm 的配研磨量，将按 T 形槽的具体尺寸来配作，故对定精度较高。

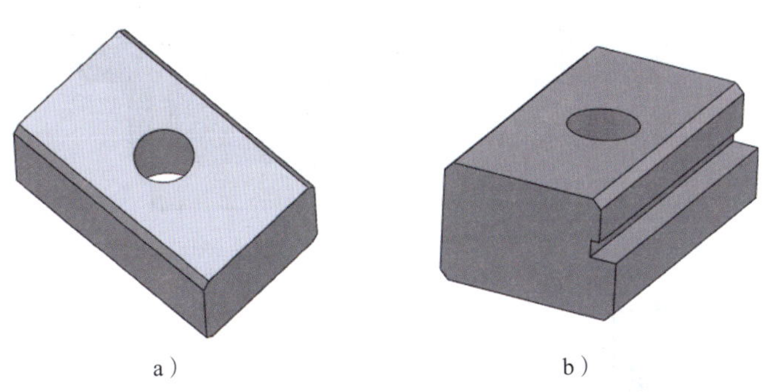

图 3-25　标准定位键的结构

a）A 型　b）B 型

〔提示〕

由于定位键固定在夹具体底面上，给存放、搬运带来不便，且定位键容易被碰伤而降低对定精度，因此可采用如图 3-26 所示的方式，将定向键固定在机床工作台上。

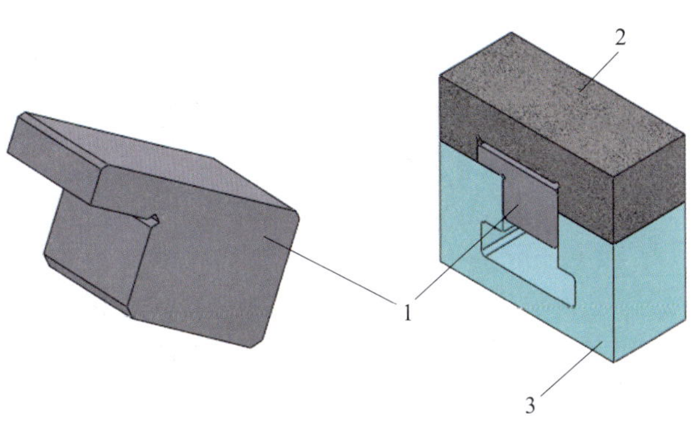

图 3-26　固定在机床工作台上的定向键

1—定向键　2—夹具体　3—铣床工作台

定向键不同于定位键，它依靠较深的下配合部位镶嵌在机床工作台 T 形槽内，上半部与夹具体导向槽形成间隙配合。因此，定向键是设置在机床工作台上使用的，夹具体上不再设置其他导向对定元件。定向键的作用是为夹具体提供定向依据，保证夹具体的安装方向。定向键已标准化，其推荐标准代号为 JB/T 8017—1999（见附表 13）。

（2）夹具与机床回转主轴的连接

夹具在机床回转主轴上的连接方式取决于主轴端部的结构形式。常见的连接形式如图 3–27 所示。

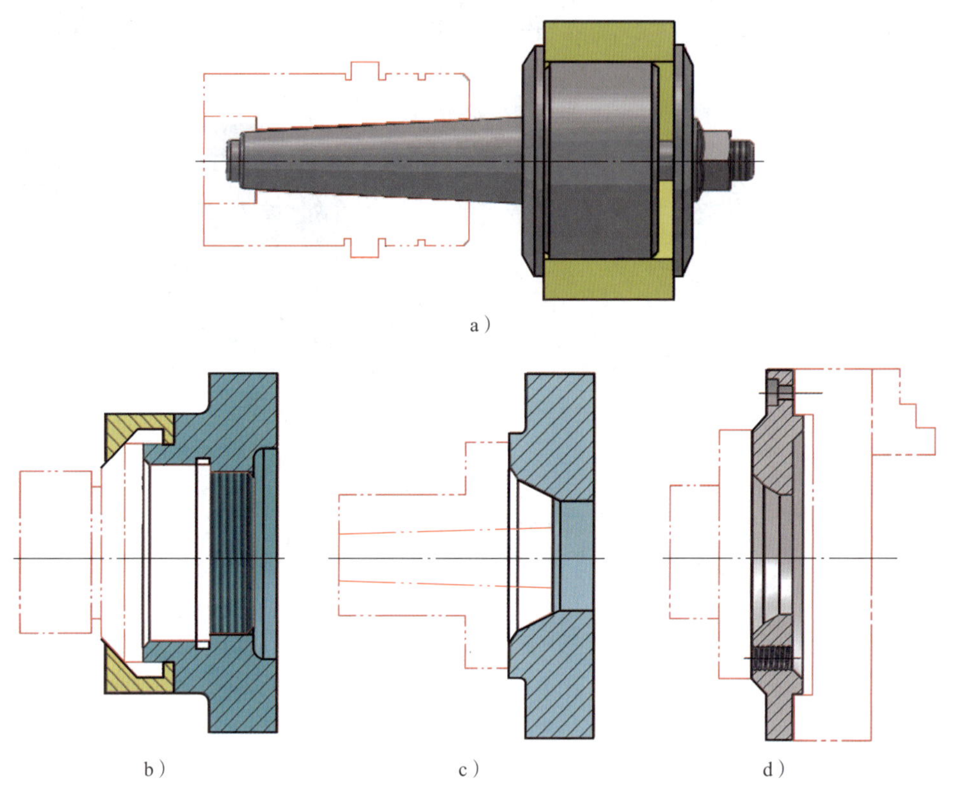

图 3–27　夹具与机床回转主轴的常见连接形式

a）定心锥柄连接　b）平面短销对定连接　c）平面短锥销对定连接　d）过渡盘连接

图 3–27a 所示为定心锥柄连接，夹具以长锥柄安装于机床主轴锥孔内，实现同轴连接。根据机床主轴锥孔结构（一般多采用 3 号至 6 号莫氏锥孔，锥孔大端尺寸范围为 23 ~ 63 mm），相应的夹具锥柄也为莫氏锥柄，与主轴内孔实现无间隙配合，故定心精度较高。这种结构对定准确，安装迅速、方便，应用较广泛。莫氏锥柄虽属自锁性强制传动圆锥，但考虑切削力的变化和振动等情况，一般还是在锥柄尾部设有拉紧螺杆孔，用拉紧螺杆对锥柄连接进行防松保护。

〔提示〕

由于莫氏锥柄一般轴向长度较大，直径较小，故刚度较低，一般只用于夹具径向尺

寸小于 140 mm 的场合。安装于大、中型机床主轴上的夹具，根据主轴锥孔的尺寸，经常采用锥度为 1 : 20 且大端直径尺寸为 80 ~ 200 mm 的米制圆锥。

图 3–27b 所示为平面短销对定连接，夹具以端面和短圆柱孔在主轴上定位，依靠螺纹结构与主轴紧固连接，并用两个压块防止反转松动。这种结构的夹具定位孔与主轴定位轴颈一般采用 H7/h6 或 H7/js6 配合。这种连接方式易于制造，连接刚度较高，但因配合时存在间隙，定心精度稍低，故适用于大载荷场合。

图 3–27c 所示为平面短锥销对定连接，夹具以短圆锥孔和端面在主轴上定位，另用螺钉紧固。这种连接方式因定位面间没有间隙而具有较高的定心精度，并且连接刚度较高。这类结构多半要求两者在适量弹性变形（约 0.05 mm）的预紧状态下完成安装。

〔提示〕

夹具通过短锥孔及端面组合来定位，为典型的重复定位结构。要同时保证锥面和端面都良好接触，制造比较困难。

图 3–27d 所示为过渡盘连接。过渡盘的一面利用短锥孔、端面组合定位结构与所使用机床的主轴端部对定连接，另一端与夹具连接，通常采用平面（端面）短销定位形式。过渡盘已标准化，三爪卡盘用过渡盘标准代号为 JB/T 10126.1—1999，四爪卡盘用过渡盘标准代号为 JB/T 10126.2—1999。

2. 定位元件对夹具定位面的位置要求

设计夹具时，定位元件定位面相对于夹具定位面的位置要求应标注在夹具装配图上，或以文字注明，作为夹具验收标准。例如，在图 1–1 中，应标注定位元件 V 形块中心（以标准心棒的中心为代表）相对于底面和定向键中心的平行度要求（如 0.02 mm/100 mm）。

一般情况下，夹具的对定误差应小于工序尺寸公差的 1/3，但考虑到对定误差中还包括对刀误差等，所以夹具的定位误差取工序尺寸公差的 1/6~1/3 即可。

二、夹具的对刀装置

夹具在机床上安装完毕，在进行加工前，一般需要调整刀具相对于夹具定位元件的位置关系，以保证刀具相对于工件处于正确位置，这个过程称为夹具的对刀。

铣床夹具在机床工作台上定位后，还应通过移动工作台，使铣刀对称工作面与夹具 V 形块对称中心面重合，并且要保证铣刀的圆周切削刃最低点离标准心轴的中心距离合适。以上位置要求可通过对刀装置来确定。从结构上看，对刀装置主要由基座、对刀块和塞尺组成，如图 3–28a 所示。

在夹具制造时已经保证对刀块与定位元件定位面的相对位置要求尺寸，因此只要将刀具调整到离对刀块工作表面一定的距离 S，即可认为夹具与刀具已经对准。

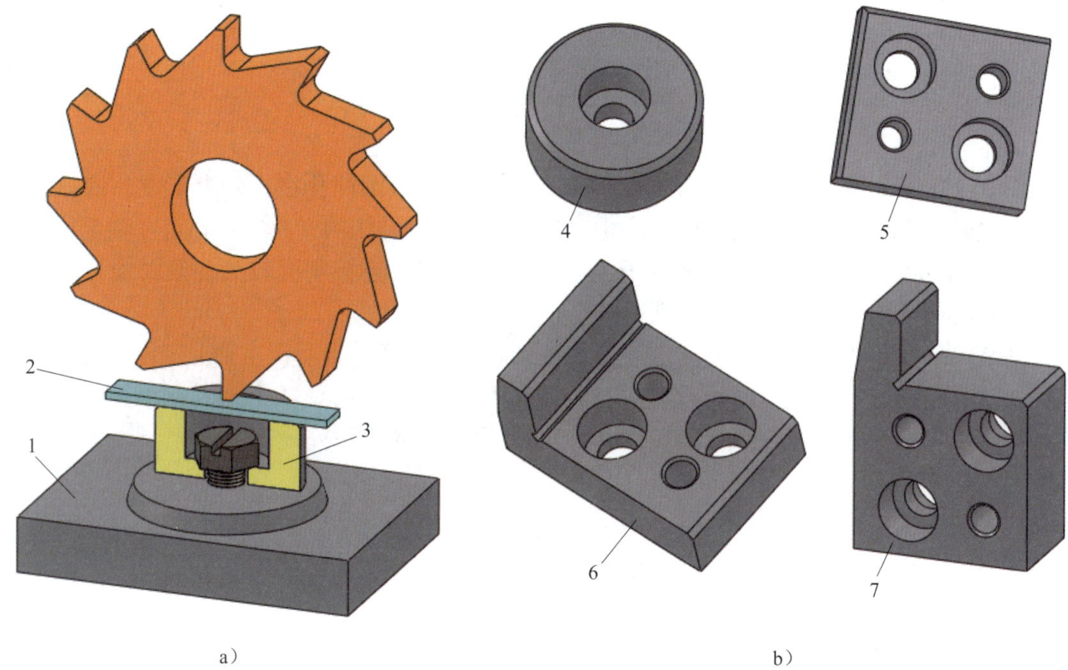

图 3-28　铣床夹具的对刀装置和标准对刀块

a）对刀装置　b）标准对刀块

1—基座　2—塞尺　3—对刀块　4—圆形对刀块　5—方形对刀块　6—直角对刀块　7—侧装对刀块

〔提示〕

在刀具与对刀块工作表面之间留有一定的空隙 S，通过塞进相应厚度的塞尺来确定刀具的最终位置。

使用塞尺是为了避免刀具与对刀块直接接触而碰伤两者表面，同时便于控制接触情况，保证尺寸精度。

通常，可根据具体情况直接采用标准对刀块（见图 3-28b），也可以另行设计。对刀块用销钉和螺钉紧固在夹具体上，其位置应便于使用塞尺进行对刀，且不妨碍工件的装卸。

〔提示〕

对刀块的工作表面与定位元件的位置尺寸要求，应以定位元件定位面或其对称中心为基准进行标注，取工序尺寸的设计尺寸为标注的公称尺寸。

图 3-29 所示为常用塞尺。图 3-29a 为平塞尺，厚度 a 常用 1 mm、2 mm、3 mm；图 3-29b 为圆柱塞尺，多用于成形铣刀对刀，直径 d 常用 3 mm、5 mm。两种塞尺的尺寸均按 h6 精度制造。对刀块和塞尺常用 T7A 钢制造，对刀块淬火后硬度为 55 ~ 60HRC，塞尺淬火后硬度为 60 ~ 64HRC。

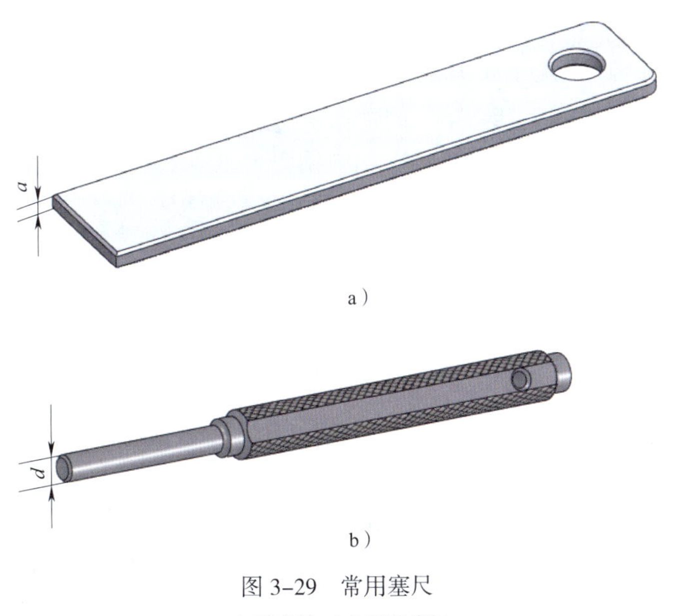

a）

b）

图 3-29　常用塞尺

a）平塞尺　b）圆柱塞尺

采用对刀装置对刀时，由于增加了用塞尺调整刀具位置的调整误差，以及定位元件定位面相对于对刀块工作表面的位置误差，因此工件加工精度应不高于 IT8 级。

〔提示〕

当加工精度要求较高或不便于设置对刀装置时，可采用试切法、样件对刀法，或采用百分表找正刀具相对于定位元件的位置。

三、孔加工刀具的导向

在孔及孔系加工中，除需保证孔本身的精度外，还需保证被加工孔相对于其定位基准和孔系中其他孔的位置精度。因此，在钻孔、扩孔、铰孔、镗孔等孔加工的夹具中，应该设置刀具的导向元件，用来确定刀具的位置和方向。下面以钻床夹具为例说明孔加工时的导向方式。

钻床夹具在结构上设置有专用于导引刀具的导向元件——钻套，以及安装钻套的钻模板，这种夹具习惯上简称为钻模。通过钻套导引刀具进行加工是钻模的主要特点。

1. 钻套的结构形式

钻套是确定刀具位置和方向的导向元件。它在钻模中的作用是确定钻头、铰刀等定尺寸刀具中心线的位置，保证被加工孔的位置精度。同时，钻套的使用能提高刀具的刚度，防止钻头加工时偏斜和振动，有利于提高孔的尺寸精度和表面质量。此外，由于加工时不需要划线和找正，因此这种方式可明显地提高生产率。

钻套按其结构可分为固定钻套、可换钻套、快换钻套和特殊钻套四种类型。

（1）固定钻套

图 3–30 所示为固定钻套的两种结构形式，图 3–30a 为无肩式钻套，图 3–30b 为带肩式钻套。带肩式钻套主要用于钻模板较薄时保持必需的导引长度，其肩部还可以防止钻模板上的切屑和不洁净的切削液落入钻套中。固定钻套通常以 H7/n6 或 H7/r6 配合直接压入钻模板或夹具体的孔中，因此磨损后不易更换。固定钻套主要用于中、小批量生产中的钻孔工序，或孔距要求较高的钻模板及孔间距较小、结构紧凑的钻模板。

〔提示〕

固定钻套的下端应稍超出钻模板，以防止带状切屑被卷入钻套中。

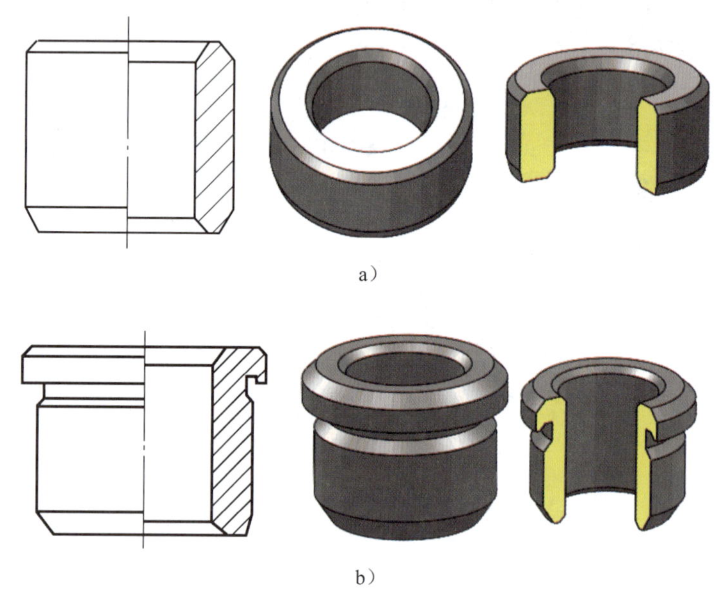

图 3–30　固定钻套

a）无肩式　b）带肩式

（2）可换钻套

可换钻套（见图 3–31）可以克服固定钻套磨损后不易更换的缺点。在结构上，其肩部铣有台阶，供钻套螺钉头压紧此台阶，防止在加工过程中因钻头与钻套内孔的摩擦而使钻套发生转动，或退刀时钻套随刀具退出。拧掉螺钉，便可取出可换钻套。

在可换钻套和钻模板之间应专门配装一个衬套，这样即可避免更换钻套时损坏钻模板。可换钻套与衬套之间常采用 H6/g5 或 H7/g6 配合，衬套与钻模板常采用 H7/n6 或 H7/r6 配合。

可换钻套磨损后可以迅速更换，使用比较方便，适用于大批量生产中。

（3）快换钻套

快换钻套用于完成一道工序需连续更换刀具的场合。如同一个孔须经多个加工工步（如钻孔、扩孔、铰孔等）的情况下，由于刀具直径逐渐增大，在加工过程中须依次更换外径相同但内径不同的钻套来导引刀具。采用快换钻套可减少更换钻套的时间。快换钻套已标准化，标准代号为 JB/T 8045.3—1999，其规格可查阅附表 14。

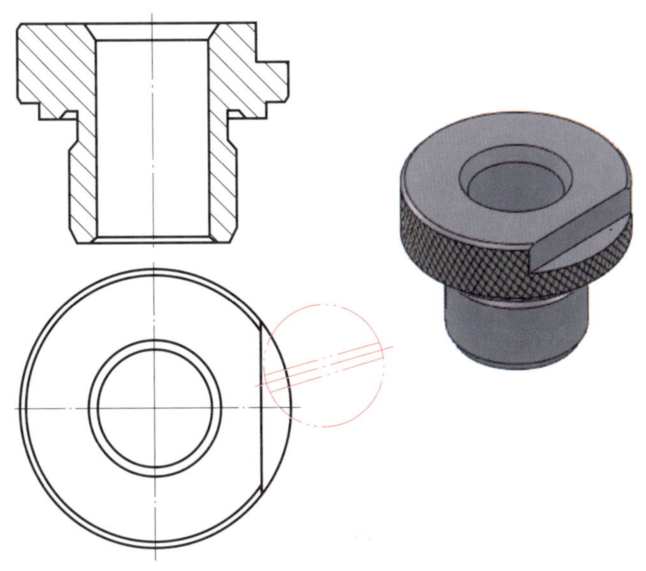

图 3–31　可换钻套

如图 3–32 所示的快换钻套，除在其肩部铣有台阶以供钻套螺钉限制钻套转动或移动外，还铣有一个削边平面。在快速更换钻套时，不需要拧下钻套螺钉，只需将快换钻套沿逆时针方向转过一个角度，使削边平面正对钻套螺钉头部，即可取出快换钻套。但应注意快换钻套肩部台阶的位置应与刀具加工时的旋转方向相适应，以防止钻套因受刀具的摩擦作用而转动时，台阶面转出钻套螺钉头部，以致退刀时钻套随刀具一起被拔出。

为了防止直接磨损钻模板，快换钻套与钻模板之间应专门配装一个衬套，其配合与可换钻套相同。

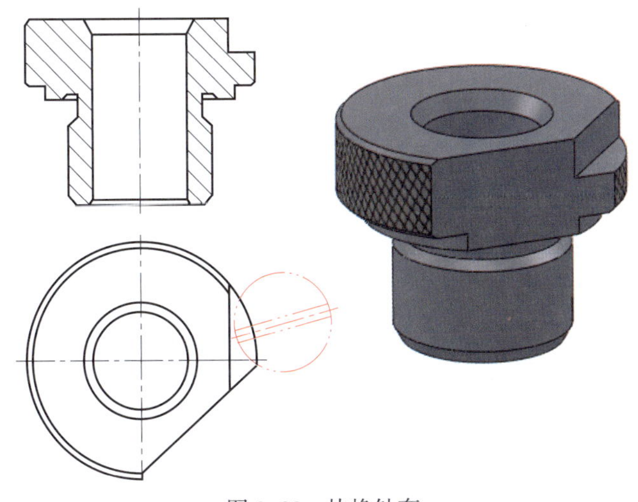

图 3–32　快换钻套

（4）特殊钻套

特殊钻套是在工件形状或加工孔位置特殊的情况下采用的钻套，这类钻套需结合具体情况自行设计。

由于钻套工作时直接与运动状态的刀具接触，因此必须有很高的硬度和很好的耐磨性。当钻套内孔直径不大于 25 mm 时，用碳素工具钢 T10A 或 T12A 制造，淬火后硬度为 60 ~ 64HRC；当钻套内孔直径大于 25 mm 时，用 20 钢制造，渗碳深度为 0.8 ~ 12 mm，淬火后硬度为 60 ~ 64HRC。

衬套的材料和硬度要求与钻套相同。

2. 钻套导引孔的尺寸及公差

钻套导引孔（即内孔）的尺寸及公差需根据被加工孔的尺寸精度和刀具的种类由夹具设计人员确定，具体原则如下：

（1）钻套导引孔直径的公称尺寸应等于所导引刀具的最大极限尺寸。

（2）钻套导引孔与刀具的配合应按基轴制选取，这是因为钻套导引的刀具（如钻头、扩孔钻、铰刀等）都是标准的定尺寸刀具。

〔提示〕

如果钻套不是导引刀具的切削部分，而是刀具的导向部分，也可按基孔制的相应配合选取 H7/f7、H7/g6、H6/g5。

（3）钻套导引孔与刀具之间应保证有一定的配合间隙，以防止两者卡住或发生“咬死”现象。一般根据所导引的刀具和加工精度要求来选取导引孔的公差带：钻孔和扩孔时选用 F7，粗铰时选用 G7，精铰时选用 G6。

（4）当使用符合《直柄和莫氏锥柄机用铰刀》（GB/T 1132—2017）标准的铰刀铰 H7 或 H9 的孔时，则不必按刀具最大尺寸来计算，可直接按孔的公称尺寸，分别选用 F7 或 E7 作为导引孔的公差带。

【例】 被加工孔为 ϕ16H9，采用钻、扩、铰三个工步完成加工。具体如下：

（1）先用 ϕ15.2 mm 的标准麻花钻钻孔。

（2）再用 ϕ16 mm 的扩孔钻扩孔。

（3）最后用 ϕ16H9 的标准铰刀铰孔。

试求各工步所用快换钻套导引孔的尺寸及公差带。

解：ϕ15.2 mm 标准麻花钻的最大极限尺寸为 ϕ15.2 mm，按规定取公差带 F7，故钻孔钻套导引孔尺寸及公差带为 $\phi15.2\text{F7}\left(^{+0.034}_{+0.016}\right)$。

根据《直柄和莫氏锥柄扩孔钻》（GB/T 4256—2022），ϕ16 mm 扩孔钻的尺寸为 $\phi16^{-0.21}_{-0.25}$ mm。扩孔钻的最大极限尺寸为 ϕ15.79 mm，故扩孔钻套导引孔的尺寸及公差带为 $\phi15.79\text{F7}\left(^{+0.034}_{+0.016}\right)$。

铰孔选用符合 GB/T 1132—2017 的标准铰刀，其尺寸为 ϕ16H9，故可确定铰孔钻套导引孔的尺寸及公差带为 $\phi16\text{E7}\left(^{+0.050}_{+0.032}\right)$，或按规定取为 $\phi16.026\text{G7}\left(^{+0.024}_{+0.006}\right)$。

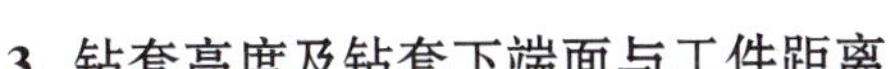

3. 钻套高度及钻套下端面与工件距离

如图 3–33 所示，钻套高度（H_d）是指钻套导引孔的有效高度。钻套高度对刀具的导向作用和刀具与钻套的摩擦影响很大。H_d 较大时，导向性能好，但刀具与钻套之间的摩擦较大。钻套高度由孔距精度、工件材料、孔加工深度、刀具刚度、工件表面形状等因素决定。具体确定原则如下：

（1）钻一般螺钉孔、销钉孔，工件孔距精度要求为 ±0.25 mm，或是自由尺寸时，钻套高度 H_d=（1.5 ~ 2）d。

（2）加工 IT6、IT7 级精度，孔径在 12 mm 以上的孔，或加工工件孔距精度要求为 ±（0.06 ~ 0.10）mm 时，钻套高度 H_d=（2.5 ~ 3.5）d。

（3）加工 IT7、IT8 级精度的孔，且孔距精度要求为 ±（0.10 ~ 0.15）mm 时，钻套高度 H_d=（2 ~ 2.5）d。

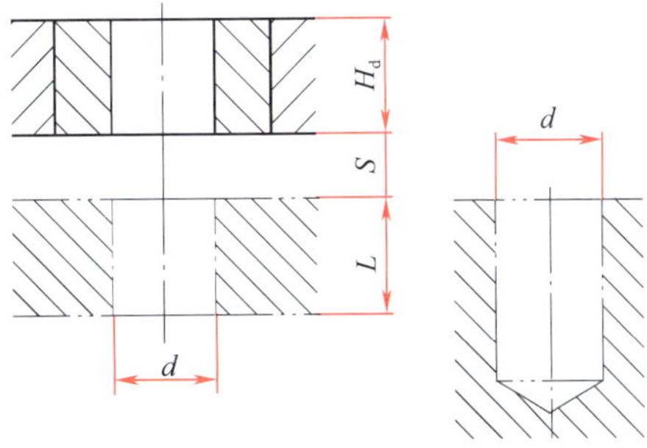

图 3–33　钻套高度

〔提示〕

如材料强度高、钻头刚度低或在斜面上钻孔时，上述数据应取较大的值。

如图 3–33 所示，钻套下端面与工件间应留有适当的排屑空隙 S。若 S 太小，则切屑自行排出困难。特别在加工韧性材料时，切屑卷缠在刀具与工件之间，容易发生堵塞现象，不仅会损坏加工表面，还可能使刀具折断。若 S 太大，则将降低钻套导引刀具的作用，会使钻套末端的偏斜值增大，影响加工精度。所以，排屑和导引两方面对 S 的要求是互相制约的。S 一般可按下列经验数值选取：

加工铸铁时：S =（0.3 ~ 0.6）d。

加工钢等韧性材料时：S =（0.5 ~ 1.0）d。

当材料硬度高时，式中系数应取小值；钻头直径越小，即钻头刚度越低，式中系数取值应越大。

〔提示〕

下列特殊情况应另行考虑：孔的位置精度要求高时，为保证良好的导引作用，不论加工何种材料，均可取 S=0。此种情况下切屑只能沿钻头螺旋槽从钻套上部排出，会加剧钻套的磨损。钻斜孔或在斜面上钻孔时，为保证起钻良好，S 应尽量取小些（如取 S=0.3d）。钻深孔时，一般要求排屑流畅、迅速，此时可取 S=1.5d。

4. 钻套位置的尺寸标注

一般来说，钻套位置尺寸都是以元件定位面为基准来标注的，以减小基准变换带来的误差。如图 3–34 所示为钻套位置尺寸的标注示例。

图 3-34a 所示为工件的工序简图。图 3-34b 中钻套的轴线距定位元件定位面的距离 L_J 按工序尺寸 L 的平均值确定：$L_J=L+\dfrac{T_L}{2}$。公差 T_{LJ} 一般取相应工序尺寸公差的 1/6 ~ 1/3。

〔提示〕

当工件工序图中的工序基准与定位基准不重合时，则需要把工序尺寸换算成加工面相对于定位基准的尺寸。

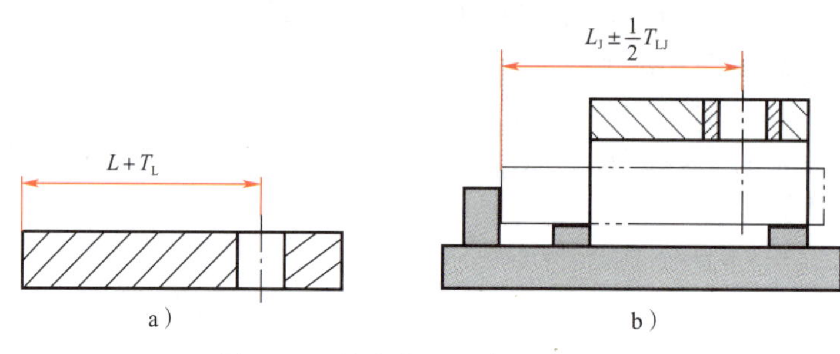

图 3-34　钻套位置尺寸的标注示例

〔知识拓展〕

夹具的分度装置

在机械加工中，要求在一个工件上加工按一定角度或一定距离均匀分布且形状和尺寸又完全相同的一组表面时，为了使工件在一次安装中完成这一组表面的加工，就需要采用分度装置。分度装置能使工件每加工好一个表面后，连同夹具一起相对刀具及切削成形运动转过一定角度或移过一定距离，再加工新的表面。工件在具有分度装置的夹具上的每一个位置称为一个工位。采用多工位加工能使加工工序集中，从而提高生产率和减轻工人劳动强度。

分度装置分为回转分度装置和直线分度装置两大类，这两类分度装置在结构原理和设计考虑上基本相同，且生产中以回转分度装置应用较多。

1. 回转分度装置的一般结构

回转分度装置除应具备夹具应有的工件定位、夹紧机构外，还应具备转位分度、分度对定和转位锁紧三个基本机构，习惯上称为转位机构、分度对定机构、锁紧机构。如图 3-35 所示为轴瓦铣开夹具。图中定位心轴与分度盘连成一体，构成夹具的转位机构，其中套筒形工件以端面和轴线为定位基准，并用夹紧螺母和开口垫圈夹紧；对定销及其操作组件构成分度对定机构；锁紧螺母等则构成定位心轴的锁紧机构。

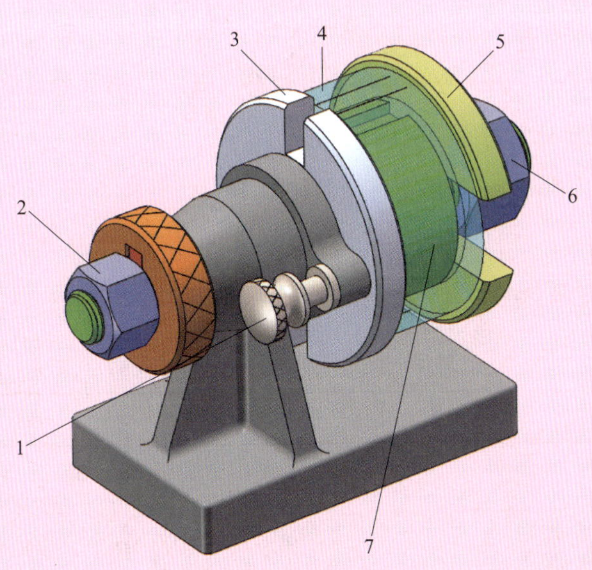

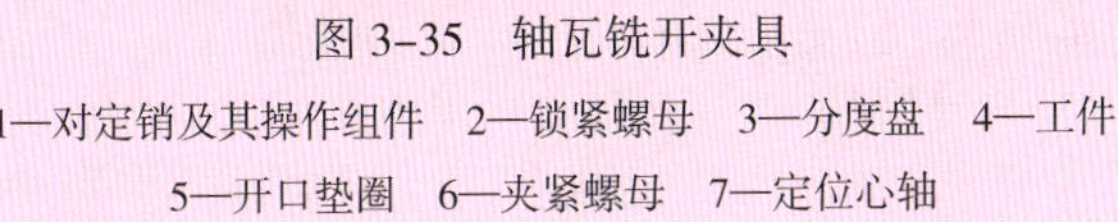
图 3-35　轴瓦铣开夹具

1—对定销及其操作组件　2—锁紧螺母　3—分度盘　4—工件
5—开口垫圈　6—夹紧螺母　7—定位心轴

操作时，铣开轴瓦第一个开口后，无须卸下工件，而是松开锁紧螺母，拔出对定销，将分度盘连同夹紧的工件转过 180°，再将对定销插入分度盘的另一个对定孔中，拧紧锁紧螺母，锁紧分度盘后即可铣第二个开口。加工完毕，松开夹紧螺母，取下工件。

一般来说，回转分度装置应具备以上三个基本机构。需要说明的是，由于夹具的复杂程度、具体结构不一，以上三个基本机构的具体结构、形状、工作原理不尽相同。

〔提示〕

根据结构及工作原理，回转分度装置可分为机械式、光电式、电磁式；根据分度盘和分度定位器的相互位置配置情况，回转分度装置又可分为轴向分度式和径向分度式。

沿着与分度盘回转轴线平行的方向进行的分度和定位称为轴向分度，如图 3–35 所示的轴瓦铣开夹具即属此类。沿着分度盘的半径方向进行的分度和定位称为径向分度。

分度盘上的定位孔（槽）距其中心线越远，则由分度副间隙所造成的分度转角误差越小，因此径向分度通常比轴向分度精度高。但从回转分度装置的外形尺寸、结构紧凑性及维护保养来说，轴向分度比径向分度好。所以，两者都得到了广泛应用。

2. 回转分度装置的常用分度对定机构

分度定位精度与回转分度装置的结构形式和制造精度有关。回转分度装置的关键部分是分度对定机构，可根据不同加工精度要求进行设计或选用。常用分度对定机构的结构形式及特点见表 3–3。

表 3–3　　常用分度对定机构的结构形式及特点

结构形式	图例	特点
钢球定位		钢球定位属于轴向分度对定机构，在分度盘上按一定的转角要求加工出相应的定位锥坑，钢球靠弹簧压入锥坑内实现对定。分度转位时，分度盘自动将钢球压回，不需要拔出球面销。钢球定位的优点是结构简单，操作方便，但其定位精度不高。它一般仅用于切削负荷小而分度精度要求不高的场合，或用作某些精密分度装置的预定位
圆柱销定位		圆柱销定位属于轴向分度对定机构，圆柱销与分度孔的配合一般用 H7/g6。圆柱销定位的优点是结构简单，制造容易，使用时不易受分度副间黏附的污物或碎屑的影响。其缺点是无法补偿分度副间的配合间隙对分度精度的影响。它多用于中等精度的铣床、钻床等分度夹具中
圆锥销定位		圆锥销定位属于轴向分度对定机构，圆锥销的圆锥角一般为 10°。因为圆锥销与分度孔接触时能消除两者的配合间隙，故分度精度高于圆柱销定位。但是，分度副间若黏附有污物则会影响分度精度。圆锥销的制造比圆柱销稍复杂些
双斜面楔定位		双斜面楔定位属于径向分度对定机构，其特点与圆锥销定位相似，在结构上和使用中都应考虑防尘和防屑

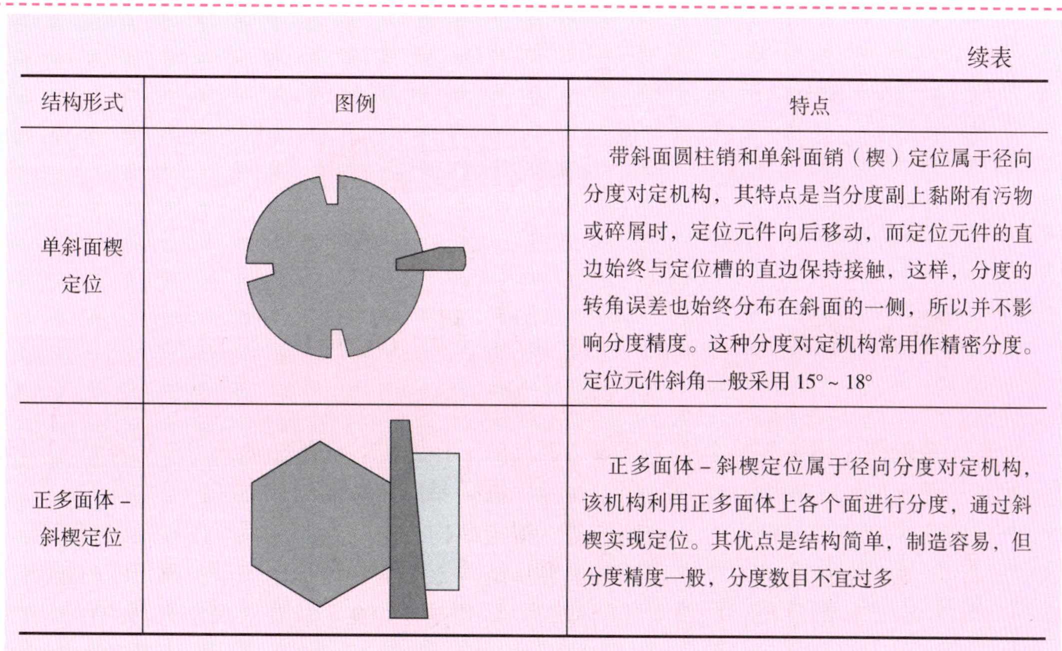

续表

结构形式	图例	特点
单斜面楔定位		带斜面圆柱销和单斜面销（楔）定位属于径向分度对定机构，其特点是当分度副上黏附有污物或碎屑时，定位元件向后移动，而定位元件的直边始终与定位槽的直边保持接触，这样，分度的转角误差也始终分布在斜面的一侧，所以并不影响分度精度。这种分度对定机构常用作精密分度。定位元件斜角一般采用 15°～18°
正多面体－斜楔定位		正多面体－斜楔定位属于径向分度对定机构，该机构利用正多面体上各个面进行分度，通过斜楔实现定位。其优点是结构简单，制造容易，但分度精度一般，分度数目不宜过多

〔提示〕

为简化夹具回转分度装置的设计及制造，生产中经常利用机床通用附件中的回转工作台承担回转任务，即把夹具和回转工作台连接在一起使用，从而缩短工艺装备的准备周期，同时使夹具更加通用化。

课后习题

1. 根据图 1–11 所示轴套钻孔加工要求，完成钻孔夹具相关设计工作。
2. 什么是夹具的对定？夹具对定包括哪几方面的问题？
3. 夹具的回转分度装置一般应包括哪几个基本机构？
4. 常用回转分度装置的分度对定机构一般分为哪几类结构形式？各有什么特点？

第四章　夹具图的绘制

第一节　夹具总图

夹具总装配图（简称夹具总图）是表达夹具的工作原理，体现组成夹具的各零件之间的装配关系和相互位置，并给夹具的装配、检验提供必要尺寸数据的技术文件。

一般来说，夹具的设计可分为前期准备、拟定结构方案、绘制夹具总图、绘制夹具零件图四个阶段。通过前面的学习，已经了解了夹具结构方案的初步拟定步骤：确定工件的定位方案及夹具定位系统的结构；确定工件的夹紧方案及夹具的夹紧装置；确定刀具的对刀装置和导引装置；确定夹具分度装置、对定装置及其他辅助装置；确定夹具体结构及其相对机床的安装方式。

在夹具的各局部结构和总体方案基本确定后，即可着手绘制夹具总图。

一、夹具总图的绘制内容和要求

夹具总图的绘制内容如图 4–1 所示。

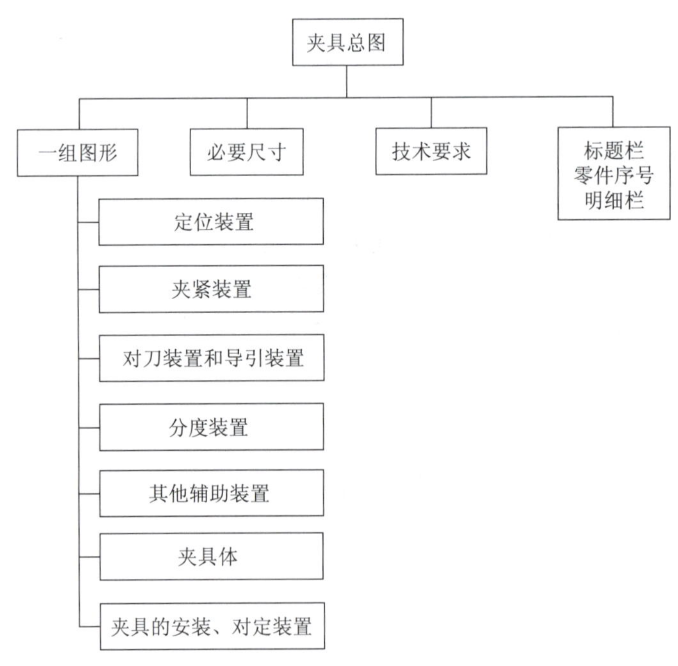

图 4–1　夹具总图的绘制内容

一般情况下，夹具总图的绘制要求见表 4–1。

表 4–1　　夹具总图的绘制要求

绘制要求	说明
符合国家标准	制图必须符合国家标准，尤其对于一些常用简化画法、标准件的画法及有关制图方面的最新标准，应注意严格遵守、执行
尽量采用 1 : 1 的绘图比例	常用 1 : 1 的绘图比例，可使较为复杂的结构设计具有较好的直观性，并且可以省掉一些不必要的强度计算，也为直接绘制图样和后阶段拆画零件图提供方便
局部结构视图不宜过多	视图的安排，以能清楚地表达结构、装配关系及零件位置为原则，并留出明细栏、标题栏和装配技术要求的位置；主视图一般按照夹具的安装方向，选择面向操作者的视图，或最能反映内部装配结构、动作原理的方向绘制
反复进行局部结构的调整和完善	在一些重要的结构参数（如轴径、跨度、标准件规格等）确定前，夹具的总体结构设计只是一个临时性的方案。部分详细结构还有待后面的计算参数、标准件的结构尺寸来确定。夹具总图的设计过程往往是边设计、边计算、边查表、边修改的反复调整过程。画图时注意不要一下就把结构定死、图线画实，而应时时留有修改、调整的余地，以免较大的返工及不合理结构的出现

〔提示〕

注意学习各种先进技术，并充分发挥计算机辅助设计（CAD）、夹具资料库的作用。

二、夹紧总图的绘制步骤

夹具总图的绘制步骤如下：

（1）用细双点画线（或红色细实线）绘制出工件视图的外轮廓线和工件上的定位、夹紧及被加工表面，如图 4–2 所示。

（2）将工件假想为透明体，即工件和夹具的轮廓线互不遮挡，然后按照工件的形状和位置，依次画出定位元件、对刀 – 导向元件、夹紧装置、力源装置及其他辅助元件（如夹紧装置的支柱和支承板、弹簧以及用来紧固各零件的螺钉和销等）的具体结构，最后绘制出夹具体，把夹具的各部分连成一个整体，如图 4–3 所示。

（3）标注总图上的尺寸和技术要求。

夹具总图上尺寸、公差配合和技术要求的标注是夹具设计过程中一项很重要的工作。因为它们与夹具的制造、装配、检验及安装有着密切的关系，直接影响夹具的制造难度和经济效益，所以必须予以合理标注。

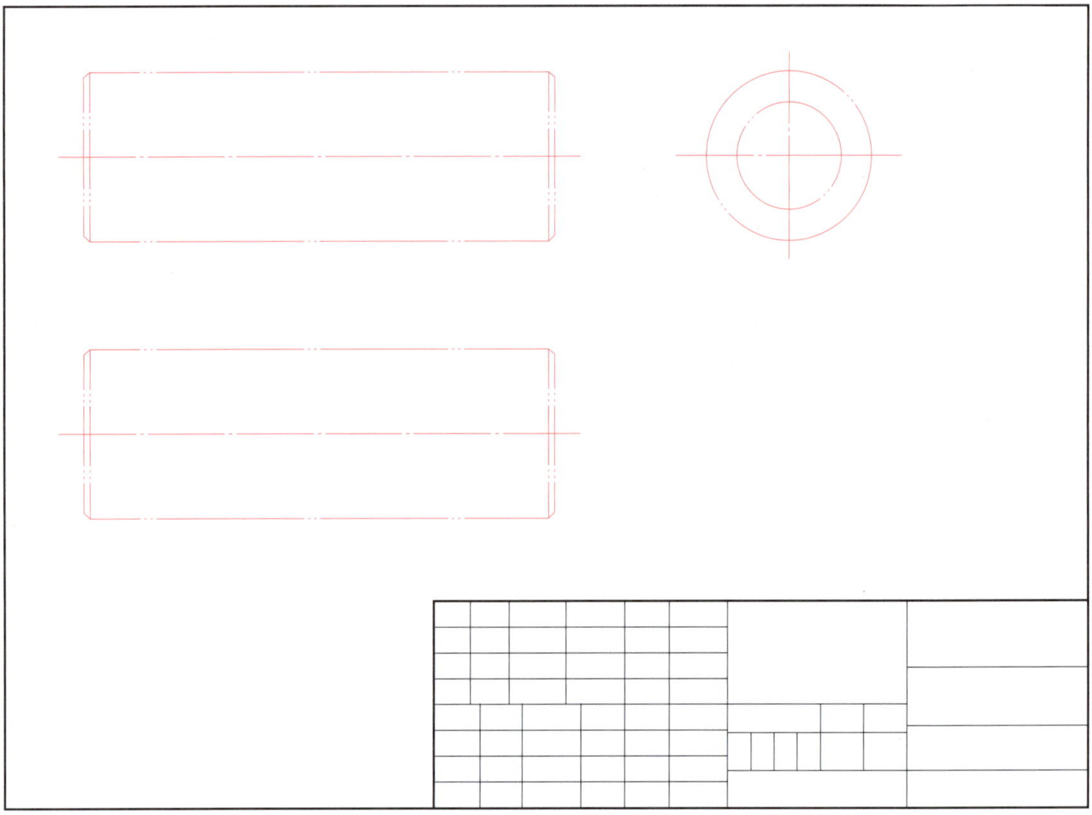

图 4-2　绘制工件视图外轮廓线

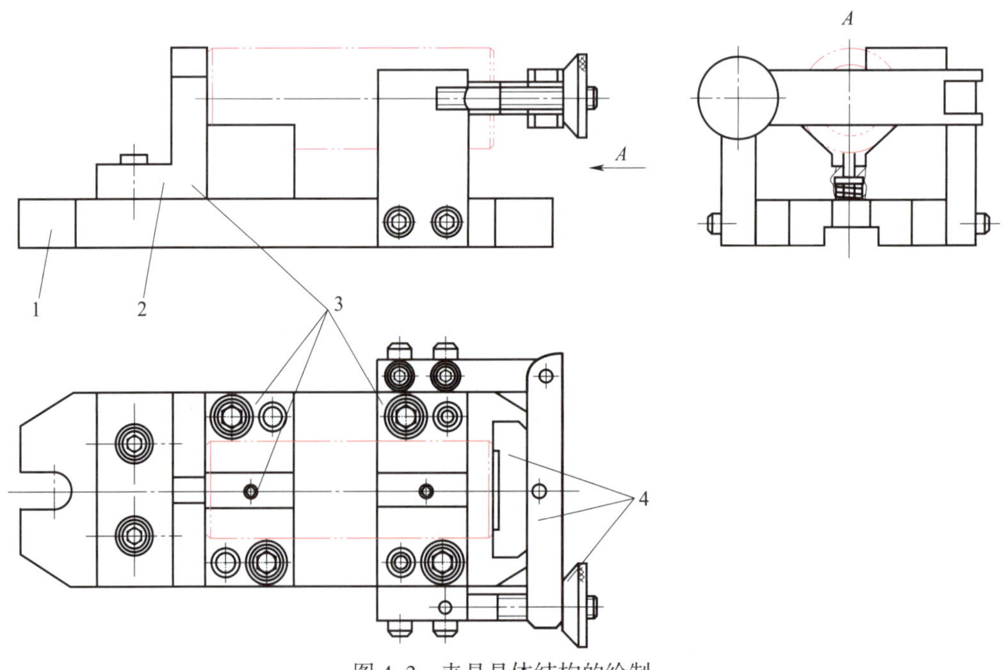

图 4-3　夹具具体结构的绘制

1—夹具体　2—对刀 - 导向元件　3—定位元件　4—夹紧装置

夹具总图上应标注的尺寸见表 4–2。

表 4–2　夹具总图上应标注的尺寸

尺寸类型	相关说明
夹具外形的最大轮廓尺寸	这类尺寸确定夹具在机床上所占空间的大小和可能的活动范围，以便校核夹具是否会与机床或刀具发生干涉 应特别注意夹具可动部分处于极限位置时在空间所占位置的尺寸
配合尺寸	夹具上凡是有配合要求的部位，均应标注其公称尺寸、配合类型和精度等级。例如，工件孔与圆柱销的配合，刀套（或衬套）与钻模板的配合，定位销与夹具体的配合等。典型夹具元件的配合公差见附表 15
夹具与刀具的联系尺寸	这类尺寸确定夹具上对刀 – 导向元件与定位元件的位置。例如，铣床夹具中对刀块与定位元件间的位置尺寸及塞尺尺寸，钻床和镗床夹具中钻套、镗套与刀具导引部分的配合尺寸及它们与定位元件间的位置尺寸等
夹具与机床的联系尺寸	这类尺寸表示夹具怎样与机床有关部分连接，从而确定夹具在机床上的正确位置。例如，铣床夹具定向键与机床工作台 T 形槽的配合尺寸，车床夹具安装表面与主轴端面的配合尺寸等
其他装配尺寸	这类尺寸表示夹具内部各元件间在装配后必须保证的位置关系尺寸。例如，定位元件与定位元件之间的尺寸，定位元件与导向元件之间的尺寸，两导向元件之间的孔距尺寸等

夹具总图上的公差配合一般根据已有的经验数据用类比法确定，夹具尺寸公差按与工件加工尺寸公差是否直接相关分为两类，其确定原则见表 4–3。

表 4–3　夹具总图上公差配合的确定原则

尺寸类型	说明
夹具尺寸公差与工件加工尺寸公差直接相关	夹具尺寸公差可取相应工件尺寸公差的 1/5 ~ 1/2，常用的比值为 1/3 ~ 1/2。具体选用时，要结合工件的加工精度要求、生产批量的大小等因素综合考虑。在夹具的制造精度能经济地达到时，应尽可能选取较小的比值；在生产批量较大或工件加工精度要求不高时，也可取较大的比值 在标注与加工尺寸直接相关的夹具尺寸公差时，一般应将工件的加工尺寸换算成平均尺寸，作为夹具相应尺寸的公称尺寸，然后将确定的夹具尺寸公差值按双向对称分布公差值进行标注
夹具尺寸公差与工件加工尺寸公差无直接关系	这类夹具尺寸公差多表示夹具中各元件间的相互配合性质，应按其在夹具中的功用和装配要求选用。如导向元件（如钻套、镗套）与刀具的配合，定位元件与夹具体的配合，铰链连接轴与孔的配合等 一般可以参照有关夹具设计手册选取

在夹具总图上除需标注必要的尺寸和公差配合外，还需确定各元件之间或各元件有关表面之间的相互位置精度。这些精度要求常以文字叙述或几何公差符号表示，即技术要求。在夹具总图上，一般需在下列元件（或表面）之间标注技术要求：定位元件之间或定位元件与夹具体定位面之间，定位元件与连接元件（或找正基面）之间，对刀元件、导向元件与定位元件之间，等等。对于与工件加工要求直接相关的夹具元件之间的位置公差（如同轴度、垂直度、平行度等），通常可根据相应的工件加工工序及技术要求所规定数值的 1/5~1/2 选取，一般为 1/3。对于与工件加工要求无直接关系的夹具元件的位置公差，可按表 4–4 选取。

表 4–4　　与工件加工要求无直接关系的夹具元件的位置公差　　mm

技术条件	参考数值
同一平面上的支承钉或支承板的等高公差	≤ 0.02
定位元件工作表面对定位键槽侧面的平行度公差或垂直度公差	≤ 0.02/100
定位元件工作表面对夹具体底面的平行度公差或垂直度公差	≤ 0.02/100
钻套轴线对夹具体底面的垂直度公差	≤ 0.05/100
镗模前、后镗套的同轴度公差	≤ 0.02
对刀块工作表面对定位元件工作表面的平行度公差或垂直度公差	≤ 0.03/100
对刀块工作表面对定位键槽侧面的平行度公差或垂直度公差	≤ 0.03/100
车床夹具、磨床夹具的找正基准面对其回转中心的径向圆跳动公差	≤ 0.02

由于本教材中所涉及夹具的外形尺寸和技术要求会随实际安装机床有所变化，因此各夹具总图部分尺寸及技术要求已做省略。

〔提示〕

以上技术要求是保证工件加工精度所必需的，也是夹具装配、检验、验收的依据，要根据工件的加工精度要求、夹具的制造水平和制造能力等因素综合考虑选用。有关数据可参照有关夹具设计手册选取。

（4）完成夹具组成零件、标准件编号，编写夹具零件明细栏。

图 1–1 所示套筒工件铣键槽夹具总图如图 4–4 所示。

序号	代号	名称	数量	材料	备注
20	XJJ–11	弹簧	2	65Mn	
19	XJJ–10	立柱2	1	45	
18	XJJ–9	L形板（对刀块）	1	45	
17	GB/T 70.1—2008	内六角圆柱头螺钉M6×25	2	35	
16	XJJ–8	支承板	1	45	
15	GB/T 119.1—2000	圆柱销	1	35	
14	XJJ–7	浮动压板	1	45	
13	GB/T 119.1—2000	圆柱销	1	35	
12	XJJ–6	铰链压板	1	45	
11	XJJ–5	螺母	1	45	
10	XJJ–4	转动螺杆	1	45	
9	GB/T 119.1—2000	圆柱销	1	35	
8	GB/T 70.1—2008	内六角圆柱头螺钉M6×25	4	35	
7	XJJ–3	立柱1	1	45	
6	XJJ–2	削边销	2	45	
5	JB/T 8018.1—1999	V形块	2	20	
4	GB/T 70.1—2008	内六角圆柱头螺钉M10×30	4	35	
3	GB/T 119.1—2000	圆柱销	4	35	
2	GB/T 70.1—2008	内六角圆柱头螺钉M8×25	2	35	
1	XJJ–1	底座	1	45	

铣键槽夹具		比例	数量	图号
		1 : 1		
制图				
审核				

图 4–4　套筒工件铣键槽夹具总图

〔知识拓展〕

夹具总图的计算机绘制

传统手工绘制装配图时，先根据确定的夹具设计方案，选择并确定合适的视图表达方案，然后从绘制图幅、布置视图开始，依据装配线及装配顺序逐步画出装配图各部分的结构。此法难度和工作量很大，而且一旦在绘图中出现差错，修改比较困难。

随着计算机技术的发展，制图手段发生了根本性的变化，计算机绘图已逐渐代替手工绘图，成为工程上主要的绘图方法。尤其是在绘制比较复杂的图样时，三维造型软件的应用与手工绘图相比，在绘图效率、图面质量、图形编辑、发布等方面均具有无可比拟的优势。人们无须从线条开始绘制零件图和装配图，而是通过三维造型软件，进行夹具零件及装配体的创建，完成夹具零件图及夹具总图的绘制。

常用的三维造型软件有UG NX、Creo、CATIA、SolidWorks、Inventor 等。这里以SolidWorks 软件为例简单介绍用计算机绘制夹具总图的方法。

首先，利用 SolidWorks 软件根据要求进行夹具零件的三维实体建模并装配，完成后保存；然后再次打开装配体，点击“文件”，选择“从装配体到工程图”，在弹出的窗口中选择合适的图纸，确定后打开装配体图纸窗口进行夹具总图的绘制，如图 4–5 所示。

然后，将光标移至右侧视图管理区域，根据表达需要选择夹具体的基本视图，如图 4–6 所示。

最后，移动视图到合适的位置，并激活各视图，对图形比例、显示样式等进行设置（见图 4–7），以保证夹具总图能表达清楚。

至此夹具总图各主要视图的绘制工作基本完成，如有必要还可对辅助表达夹具局部结构的视图进行绘制。接下来对夹具总图标注必要的尺寸（包括添加中心线）、零件序号、标题栏和明细栏的内容以及必要的技术说明，这样一幅完整的夹具总图才算真正完成，如图 4–8 所示。当然，最后还要在二维软件中对部分细节进行修改及调整，以确保夹具总图表达清晰。

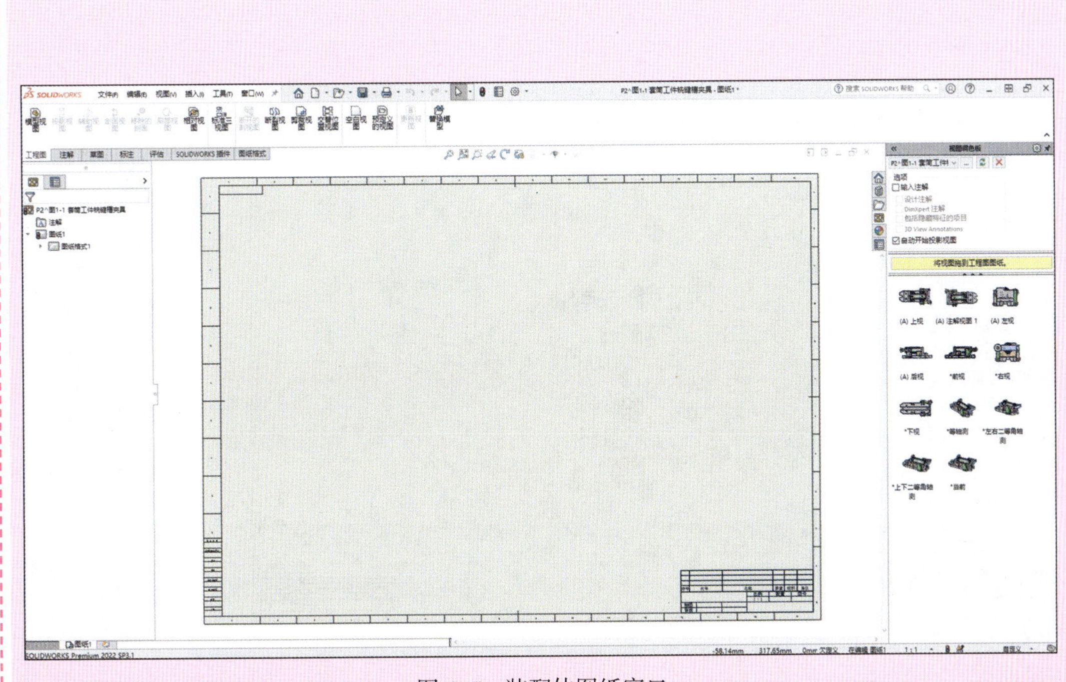

图 4-5　装配体图纸窗口

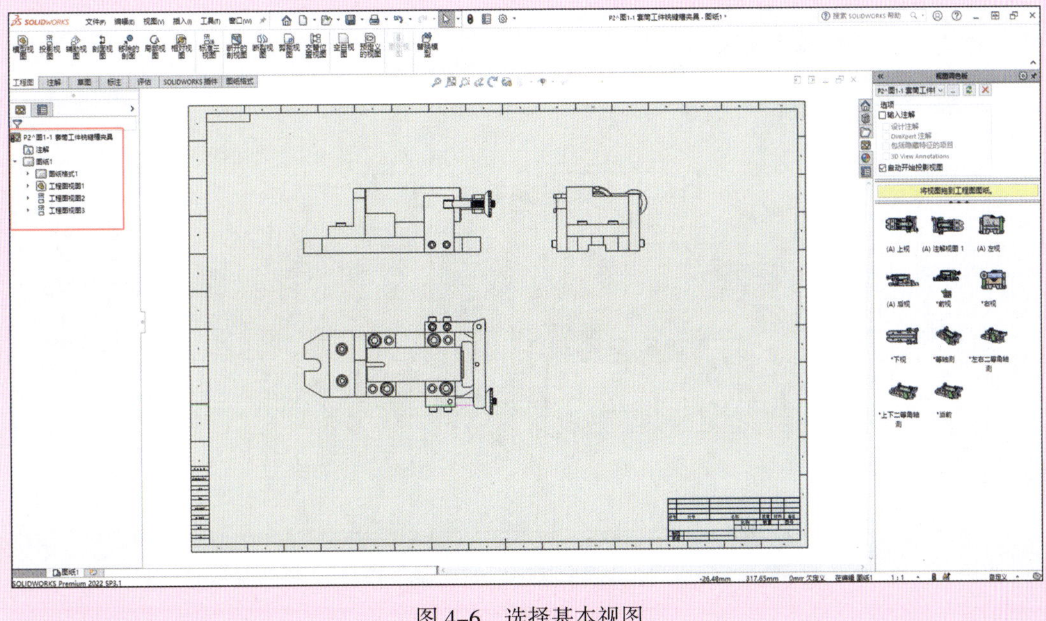

图 4-6　选择基本视图

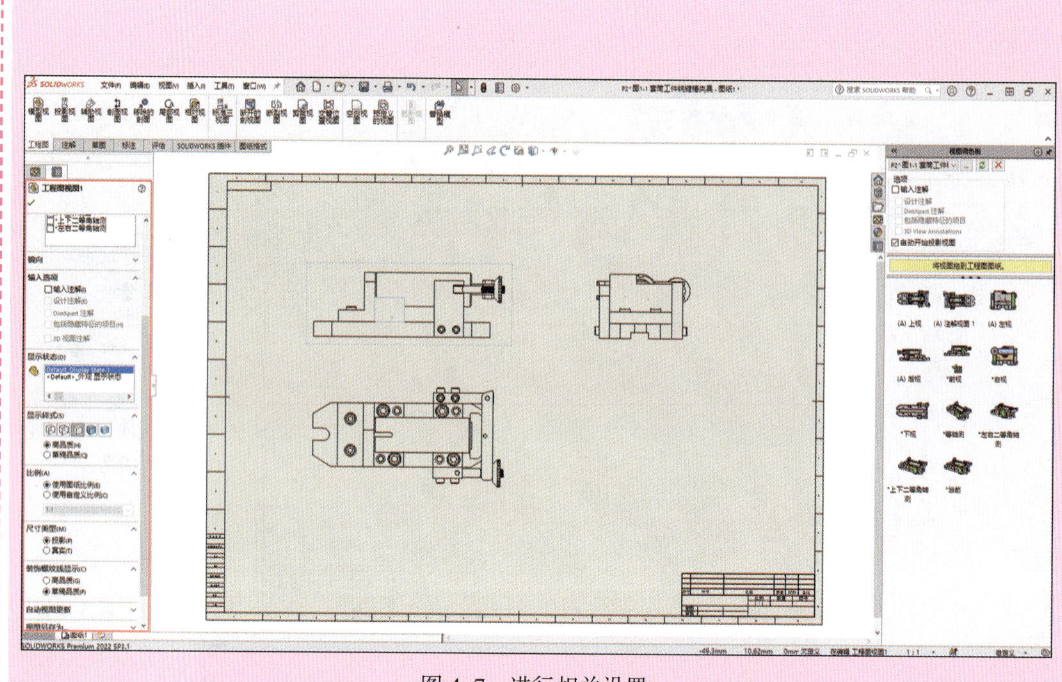

图 4–7　进行相关设置

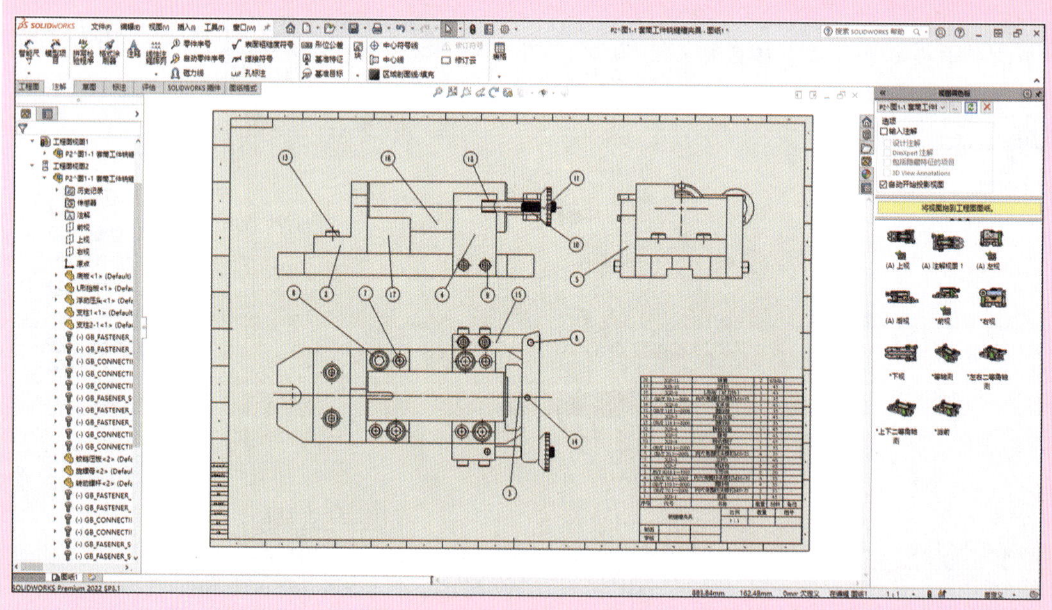

图 4–8　完整的夹具总图

课后习题

1. 完成图 1–11 所示工件钻孔夹具总图的手工绘制。
2. 完成图 1–11 所示工件钻孔夹具总图的计算机绘制。

第二节　夹具零件图

夹具总图绘制完成后，即进入夹具零件图的绘制阶段。

本任务要求通过装配图拆绘出非标准零件的零件图，确定零件的结构细节、各部位尺寸关系、重要尺寸的公差带、重要表面的几何公差要求，确定零件的材料、热处理工艺要求及局部表面质量要求，最后确定夹具零件的其他有关技术参数。

一、夹具零件图的绘制内容和要求

1. 绘制内容

绘制夹具零件图时，首先应明确其绘制内容。夹具零件图的绘制内容如图 4–9 所示。

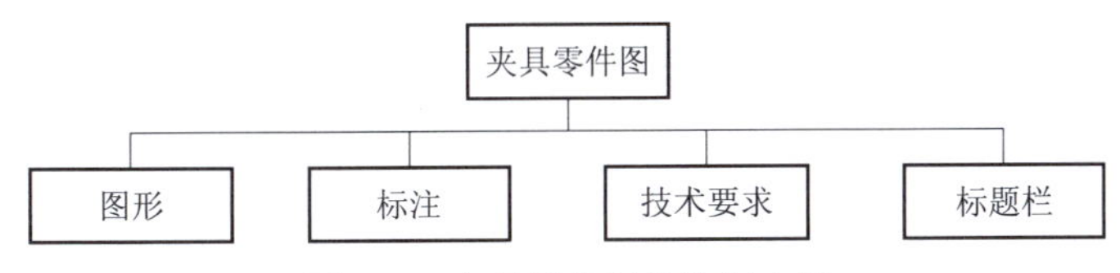

图 4–9　夹具零件图的绘制内容

2. 绘制要求

（1）图样绘制应符合国家标准

图样上的名词、术语、代号、文字、图形符号、结构要素及计量单位等均应符合有关标准或规定，特别是有关制图方面的最新标准，应注意严格遵守、执行。

（2）选择及布置视图

夹具零件图选取视图（包括剖视图、断面图、局部视图等）的数量要恰当，以能完全、正确、清楚地表达零件的结构、形状和相对位置关系为原则，每个视图应有其表达重点。以图 4–10 所示铰链压板为例，表达该零件时如图 4–11a 所示即可，第三视图因无表达重点可省略，而无须绘制为如图 4–11b 所示图样。

夹具零件图表达的基本结构和主要尺寸应与夹具总图一致，不应随意改动。当必须改动时，应对总图做相应的修改。

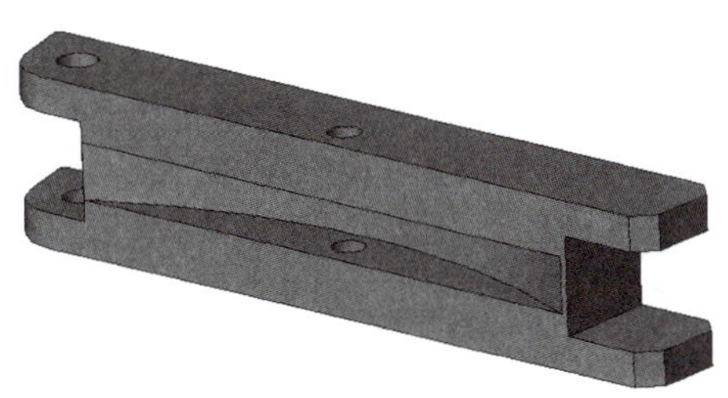

图 4–10　铰链压板

（3）优先采用 1 : 1 的绘图比例

采用 1 : 1 的绘图比例，可使较为复杂的结构设计具有较好的直观性。布置视图时要合理利用图纸幅面，若零件尺寸较小或较大时，可按规定的

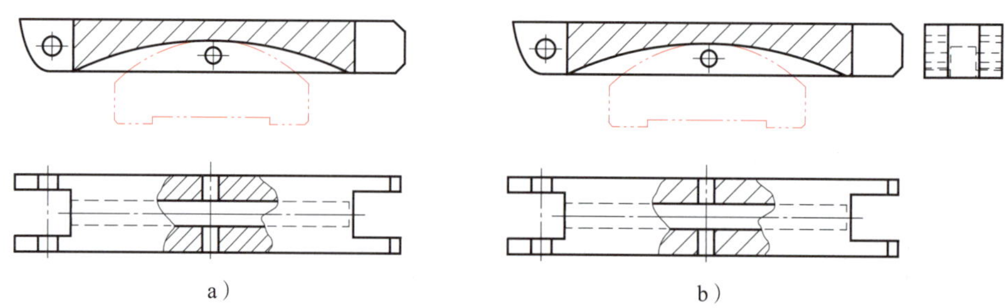

图 4-11　铰链压板视图表达方案

比例画出图形。对于局部结构如有必要可采用局部放大图。

（4）图样标注

零件图上的图样标注是加工与检验的依据。

在图样上标注尺寸时，应做到正确、完整、书写清晰、工艺合理、便于检验。对于在夹具中需要配合的尺寸或者要求精确的尺寸，应注出尺寸的极限偏差，如与销轴有配合的孔的尺寸应给出其极限偏差。

零件的所有表面（包括非加工表面）都应按照国家标准规定的标注方法注明表面粗糙度。如零件较多表面具有同一表面粗糙度时，可在图样适当位置集中标注，但仅允许标注使用最多的一种表面粗糙度，例如，铰链压板零件图中大多数表面的表面粗糙度都是 $Ra6.3\mu m$。

对于在夹具中影响工件定位精度的零件，其零件图上应在相应位置标注必要的几何公差，具体数值和标注方法按国家标准规定执行。

（5）编写技术要求

当夹具零件在加工或检验中必须保证的要求和条件不便用图形或符号表示时，可在零件图技术要求中注出，其内容根据不同零件、不同材料和不同加工方法的要求而定。

（6）画出零件图的标题栏

在图纸的右下角画出标题栏，用来说明夹具零件的名称、图号、数量、材料、绘图比例等内容，其格式应符合国家标准。

铰链压板零件图如图 4-12 所示。

二、夹具零件图的计算机绘制

现以图 1-1 所示套筒工件铣键槽夹具中的浮动压板为例，介绍利用 SolidWorks 软件进行零件图绘制的过程。

（1）打开已经创建的浮动压板零件 SolidWorks 文件，如图 4-13 所示。

（2）单击“文件”，选择“从零件制作工程图”，弹出“新建文件”对话框，选择图幅类型并确定，打开工程图制作窗口，如图 4-14 所示。

（3）从右侧视图管理区域选择表达该零件合适的视图，并拖至图纸窗口，调整其位置，如图 4-15 所示。

（4）将视图移到合适位置，并激活各视图，对图形结构尺寸、图形比例、显示样式等进行设置，保证零件结构表达清楚，如图 4-16 所示。

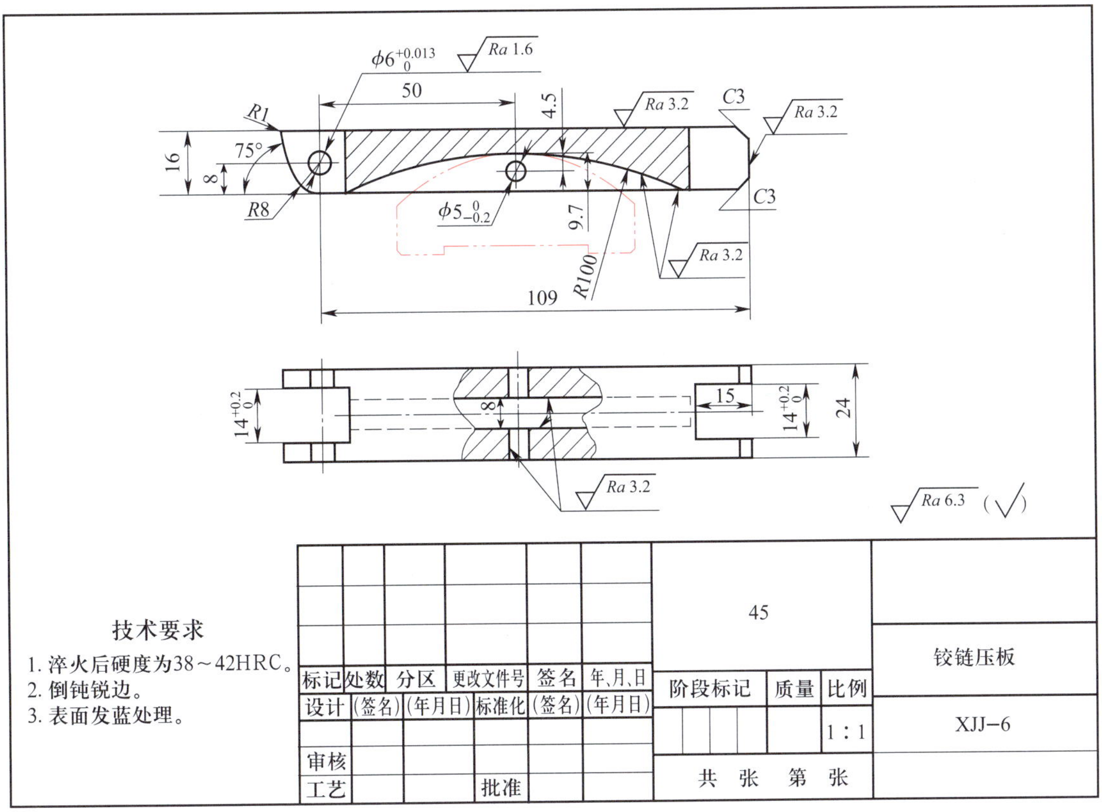

$\phi 6^{+0.013}_{0}$　Ra 1.6　50　4.5　Ra 3.2　C3　Ra 3.2　R1　16　75°　8　R8　$\phi 5^{0}_{-0.2}$　9.7　Ra 3.2　C3　R100　109

$14^{+0.2}_{0}$　8　15　$14^{+0.2}_{0}$　24　Ra 3.2

Ra 6.3 (√)

技术要求

1. 淬火后硬度为38～42HRC。
2. 倒钝锐边。
3. 表面发蓝处理。

						45			
									铰链压板
标记	处数	分区	更改文件号	签名	年、月、日	阶段标记	质量	比例	
设计	(签名)	(年月日)	标准化	(签名)	(年月日)				XJJ−6
								1 : 1	
审核						共　张	第　张		
工艺			批准						

图 4−12　铰链压板零件图

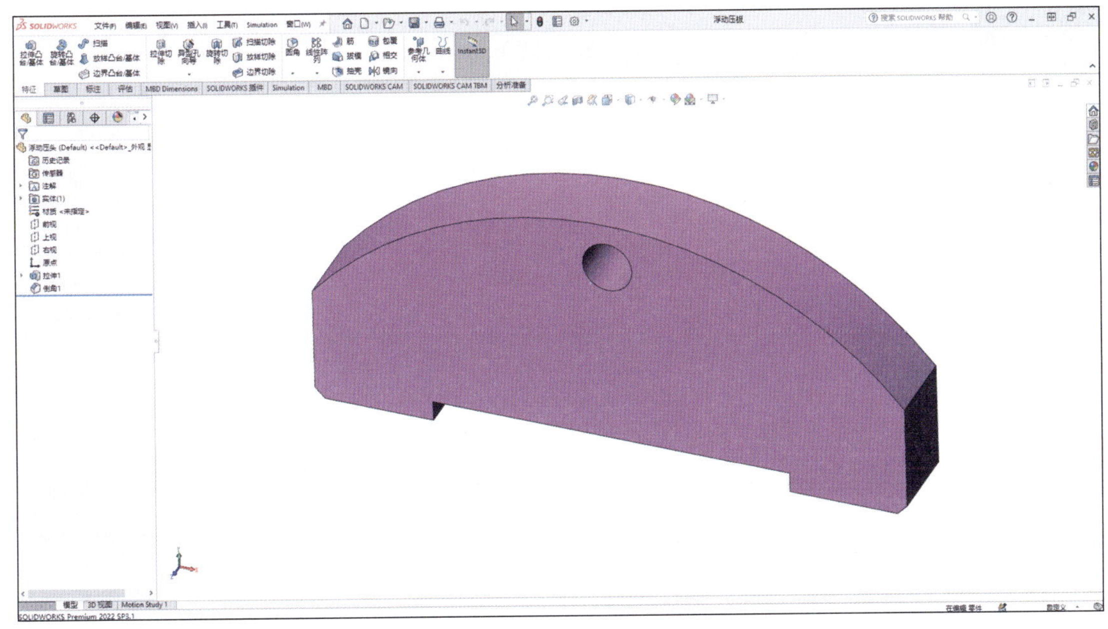

图 4−13　打开零件文件

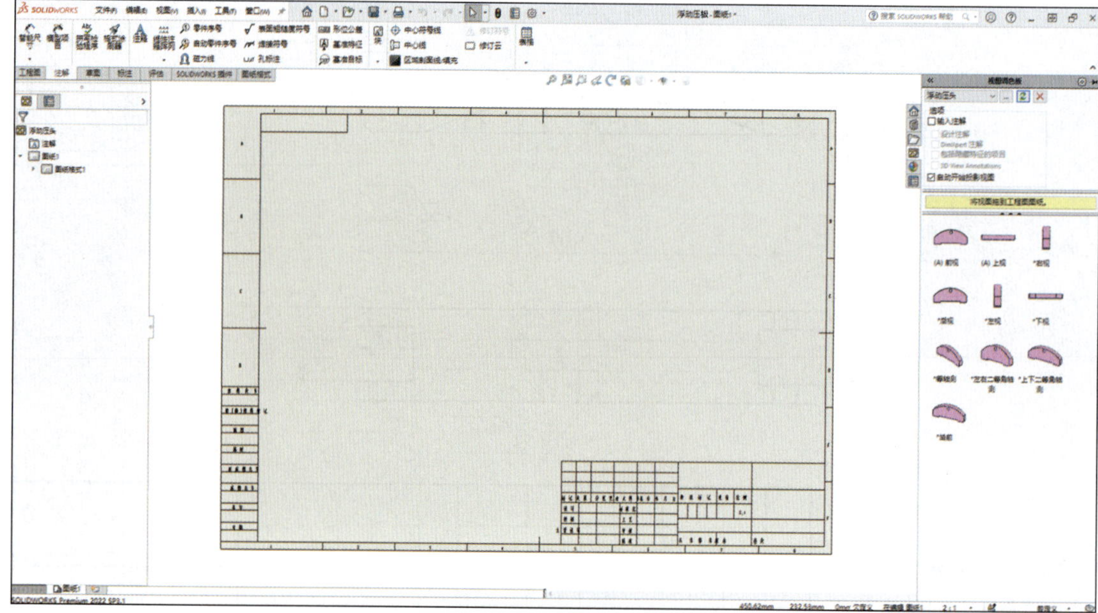

图 4-14　工程图制作窗口

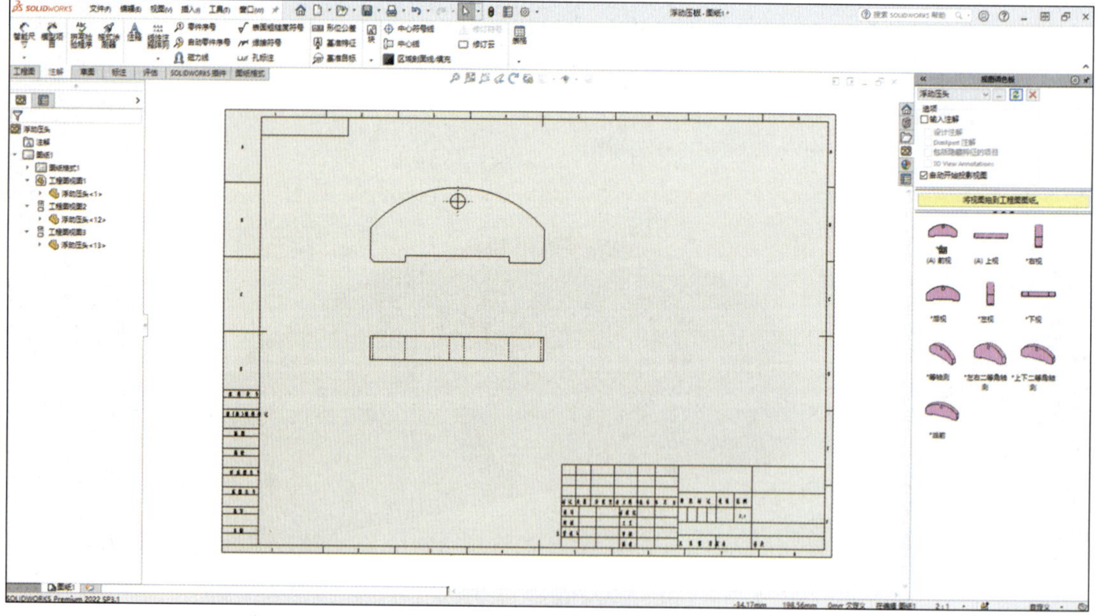

图 4-15　选择合适视图

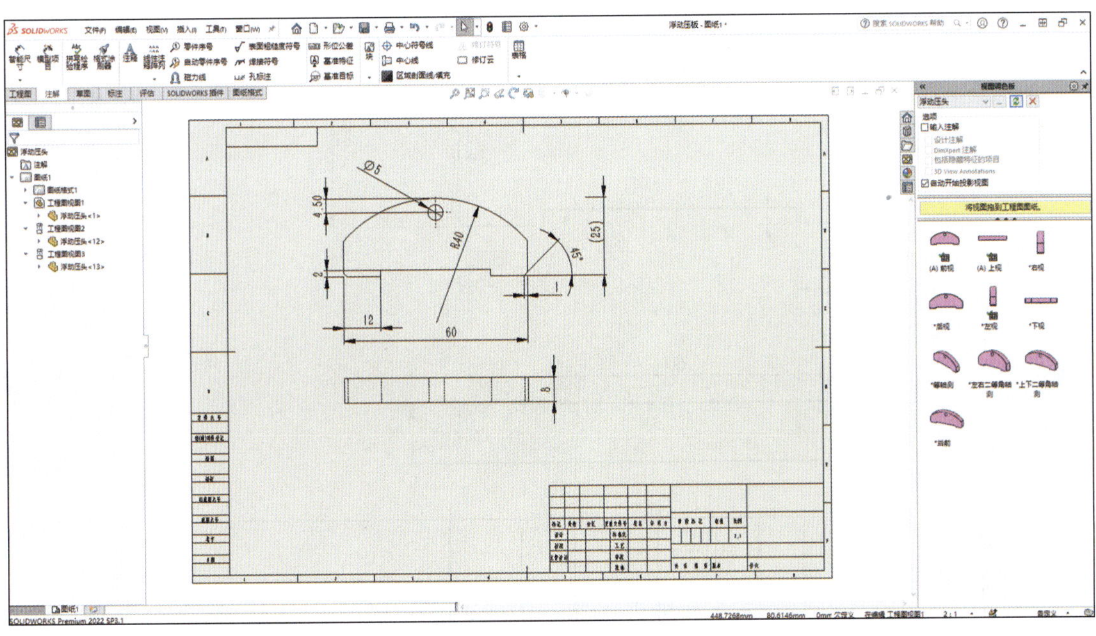

图 4-16　进行相关设置

（5）在夹具零件图中添加中心线、表面粗糙度、几何公差及必要的技术要求，以确保零件图能完整、清晰地表达零件结构和要求，如图 4-17 所示。

（6）将工程图另存为 .dwg 格式，并对图形做细节修改和调整，如图 4-18 所示，使图形符合国家标准并表达准确、清晰。

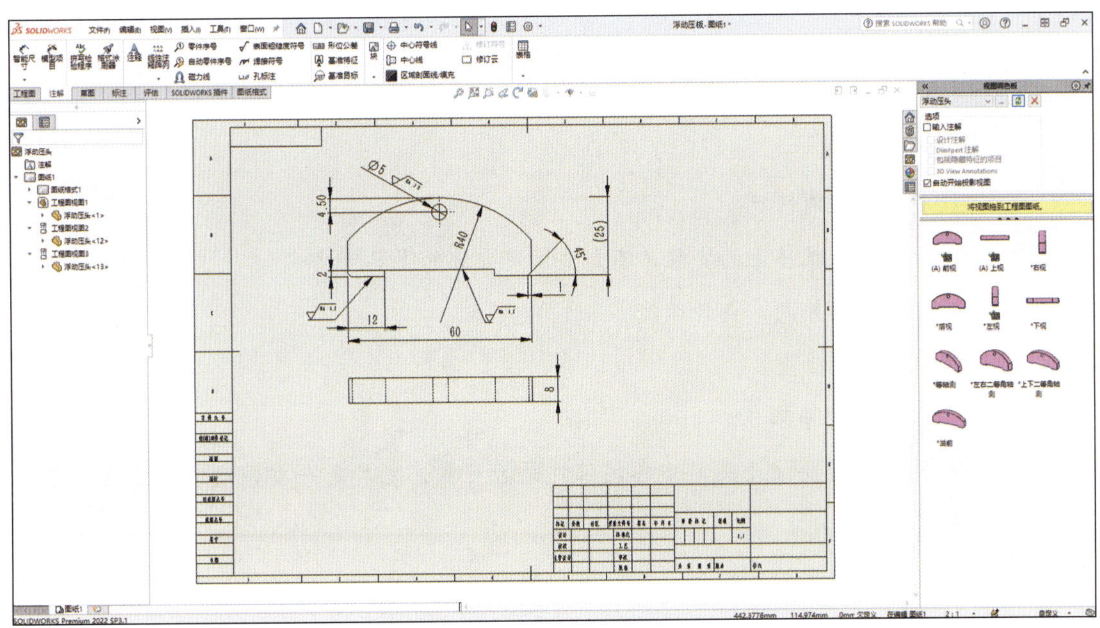

图 4-17　完成零件结构和要求的表达

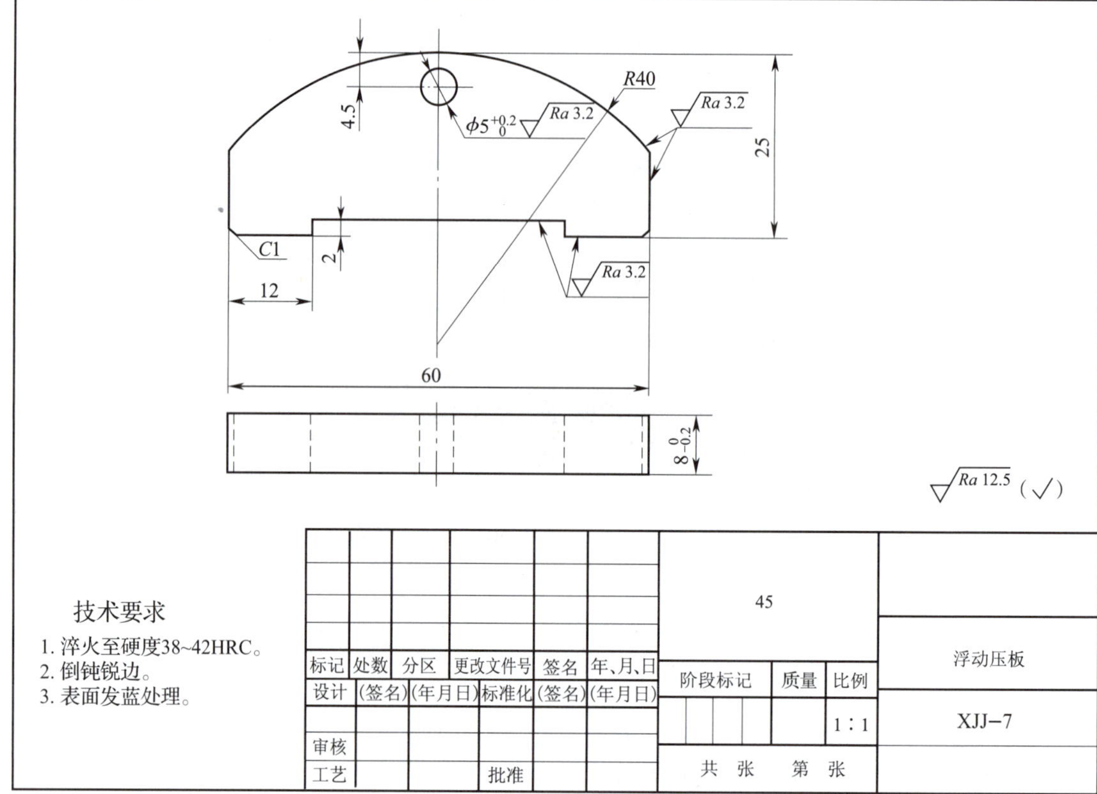

图 4-18　细节修改和调整

〔知识拓展〕

夹具使用流程及注意事项

1. 夹具使用流程

（1）检查夹具组成情况。

（2）检查夹具在机座上的安装（不需要固定安装的夹具可省略）。

（3）检查夹具的导向、夹紧部位。

（4）安装工件并检查。

2. 夹具使用注意事项

（1）放置工件时要注意夹具中各定位件是否可靠，尤其是一些辅助定位装置是否能正常工作。

（2）夹紧工件时要松紧适当，不能过分用力，以防止夹具中薄弱零部件及工件被夹坏。

（3）禁止在定位平面上进行敲击作业。

（4）丝杠、螺母、销轴等活动表面应经常清洗、润滑，以防生锈。

课后习题

1. 完成图 1–11 所示工件钻孔夹具相关零件的手工绘制。
2. 完成图 1–11 所示工件钻孔夹具相关零件的计算机绘制。

第五章　典型夹具设计

第一节　车床夹具设计

车床夹具主要用于定位装夹圆柱面（内、外）、圆锥面、回转面、螺纹及端面等需加工的工件，车床夹具示例如图 5-1 所示。以上加工表面一般都是通过工件围绕车床主轴轴线旋转，由车刀切削加工而形成的，故大多数车床夹具都是安装在车床的主轴上，加工时夹具随车床主轴一起旋转（主运动），进给运动则由切削刀具完成。少数特殊的加工需要将夹具安装在车床的拖板或床身上。

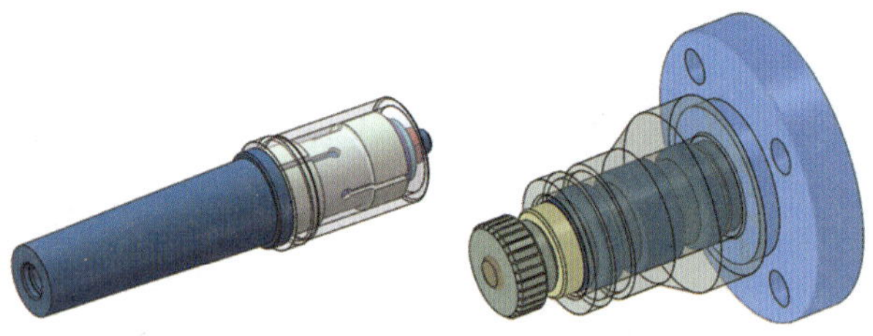

图 5-1　车床夹具示例

一、车床夹具分类

就使用范围而言，车床夹具有通用车床夹具和专用车床夹具之分。

如图 5-2 所示，通用车床夹具主要有三爪自定心卡盘、四爪单动卡盘、拨动顶尖等。此类车床夹具已经标准化，由专门的厂家生产。

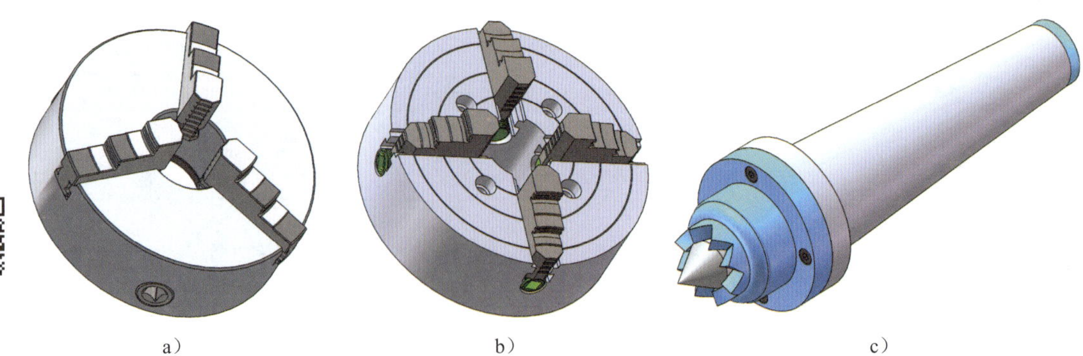

a）　　b）　　c）

图 5-2　通用车床夹具

a）三爪自定心卡盘　b）四爪单动卡盘　c）拨动顶尖

专用车床夹具根据结构形式和装夹工件的方式不同，分为心轴类车床夹具、卡盘类车床夹具和角铁类车床夹具，相关说明见表 5–1。

表 5–1　　专用车床夹具的分类

类型	示例	说明
心轴类 车床夹具		它通常以工件的内孔作为定位基准。典型的心轴类车床夹具有圆柱心轴夹具、弹簧心轴夹具、顶尖式心轴夹具等
卡盘类 车床夹具		它具有卡盘的结构特点，用于形状较复杂工件的装夹。多数情况下，工件的定位基准为与加工圆柱面相垂直的端面，夹具上的平面定位件与车床主轴轴线垂直
角铁类 车床夹具	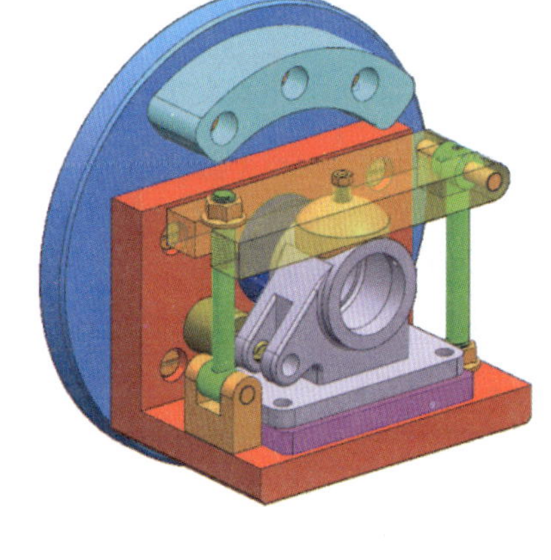	它具有类似于角铁形状的夹具体，常用于壳体、支座、接头等形状复杂工件的内、外圆柱面和端面加工时的装夹 

二、车床夹具设计要点

由于车床夹具一般安装在车床主轴上，并随主轴高速旋转，故对其有特别的设计要求，具体如下。

1. 夹具结构紧凑

夹具外轮廓尺寸要尽可能小些，质量尽可能小，夹具重心应尽可能靠近回转轴线，以减小惯性力和回转力矩。

夹具悬伸长度（L）与其外轮廓直径（D）之比可参考下列数值选取：直径在 150 mm 以内的夹具，$L/D \leqslant 1.25$；直径为 150 ~ 300 mm 的夹具，$L/D \leqslant 0.9$；直径大于 300 mm 的夹具，$L/D \leqslant 0.6$。

2. 满足平衡要求

平衡措施主要有设置平衡块和增设减重孔两种，目的是消除夹具回转中可能产生的不平衡现象，以避免振动对工件加工质量和刀具寿命的影响，尤其是角铁类车床夹具更要注意。

3. 夹紧迅速、可靠

为防止夹具旋转惯性力使夹紧力减小，从而导致回转过程中夹紧元件松脱，要设计好可靠的自锁结构。

4. 连接准确、可靠

连接轴或连接盘（过渡盘）的回转轴线与车床主轴轴线应具有尽可能高的同轴度精度。对于外轮廓尺寸较小的夹具，可采用莫氏锥柄与车床主轴锥孔配合连接；对于外轮廓尺寸较大的夹具，可通过特别设计的过渡盘与车床主轴轴颈配合连接。这两种连接方式都要注意连接牢固，不能产生松动情况。特别要考虑当主轴高速旋转、紧急制动等情况时，夹具与主轴之间应设有防松装置。

另外，夹具上所有的元件和装置的外轮廓尺寸不能大于夹具体的回转直径。靠近夹具体外缘的元件应尽量避免有凸起的部分，必要时考虑在回转部分外面加装防护罩。

三、车床夹具设计步骤

（1）要明确工件加工工艺要求，分析工件图样所注明的加工精度和已经完成的工序。

（2）确定工件的加工方式和定位方案，选择合适的定位元件或支承件，并完成此类元件的初步设计工作。

（3）确定夹紧方案，初步设计出夹紧机构及其元件。

（4）确定夹具体结构，设计出夹具体及其与车床的连接方式。

（5）完成设计后，应对整个夹具进行细化和调整。例如，对某些定位元件、导向元件、夹紧元件等进行具体结构及尺寸的修改，使之满足设计功能要求。

四、车床夹具设计示例

1. 明确设计任务

设计蜗轮箱零件加工工艺流程中第 8 道工序所用的车床专用夹具。蜗轮箱零件产量要求为 8 000 件 / 月。

（1）蜗轮箱零件图

蜗轮箱零件图如图 5-3 所示。

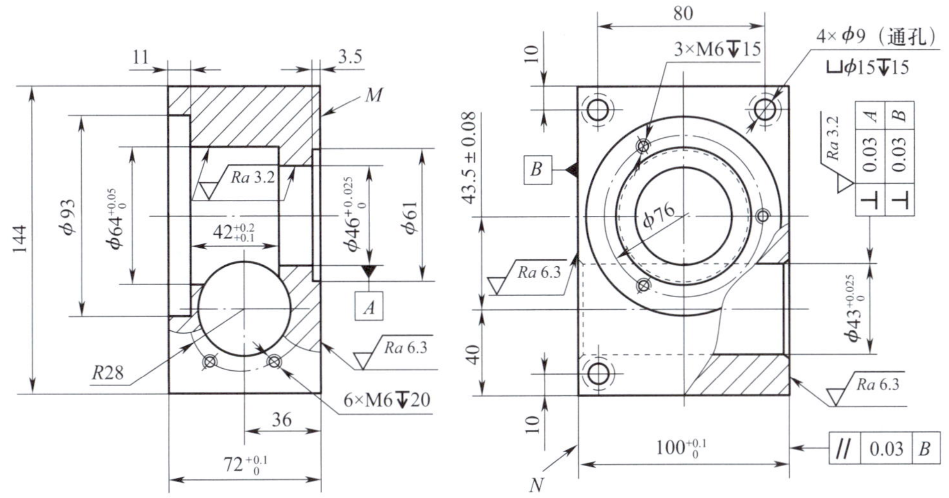

技术要求

1. 铸件不得有气孔、砂眼、疏松、裂纹等缺陷。
2. 人工时效处理。
3. 未注倒角为C1。
4. 未注四周棱边倒圆R0.5～1。

Ra 12.5（√）

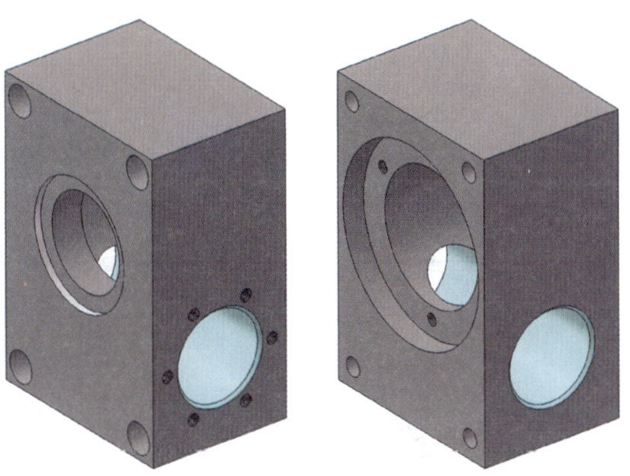

图 5-3　蜗轮箱零件图

（2）工序卡

粗、精车蜗杆孔及端面的工序卡见表 5-2。

2. 确定定位方案及定位元件

（1）确定定位方案（见图 5-4）

1）为保证蜗杆孔中心线到底面的距离 36 mm，应限制$\overset{\curvearrowright}{X}$、$\overset{\curvearrowright}{Z}$和 $\vec{Y}$ 三个自由度，为此，选用底面作定位基准。

表 5–2　　粗、精车蜗杆孔及端面的工序卡

零件名称	蜗轮箱	零件工艺流程	1. 铸造毛坯　2. 铣大端基准面　3. 铣侧端基准面　4. 铣小端基准面　5. 铣箱体其他三个表面　6. 质检　7. 粗、精车蜗轮孔及端面　8. 粗、精车蜗杆孔及端面　9. 质检　10. 钻孔　11. 加工沉孔　12. 攻螺纹　13. 锉刀去毛刺　14. 入库质检
零件图号	××××××		

第 8 道工序工序卡	车间	（车）	工序名称	粗、精车蜗杆孔及端面
	小组	× ×	当前工序号	8

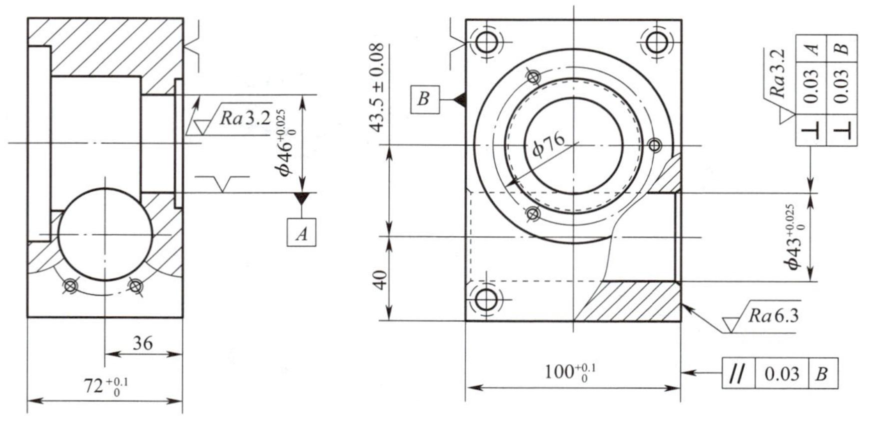

毛坯	铸件	材料牌号	HT250
单位工时 /min			≤ 7
机床	名称	普通卧式车床	
	型号	CA6140	
	编号	××××	
夹具图号	JJ08–01		
夹具名称	蜗轮箱夹具（8）		

工步号	工步内容	进给量 /（$mm \cdot r^{-1}$）	转速 /（$r \cdot min^{-1}$）	机动时间 / min	辅助时间 / min	工具、刀具、量具
1	将工件装夹在角铁夹具上，车端面，保证尺寸 6 mm	0.9 ~ 1.3	110	2	2	45°端面车刀（硬质合金）、游标卡尺（0 ~ 125 mm）
2	粗、精车内孔 $\phi\ 43^{+0.025}_{0}$ mm 至尺寸要求，倒角	0.4 ~ 0.6	220	3		内孔车刀（硬质合金）、塞规
3	检查，拆卸工件					专用塞规

说明：1. 箱体除待加工蜗杆孔（$\phi 43^{+0.025}_{0}$ mm）为毛坯面外，其余各表面均为已加工表面。

2. 工步 1 中尺寸 6 mm 为待加工孔端面到夹具角铁端面的距离（方便测量），如图 5–4 所示。

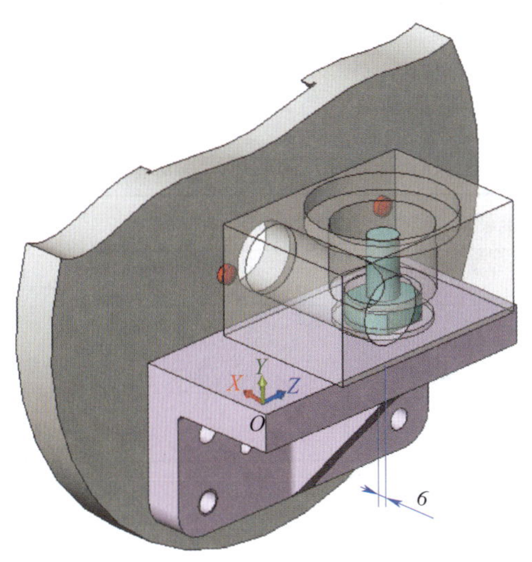

图 5-4　定位方案

2）为保证蜗杆孔中心线对端面 B 的垂直度和箱体宽度尺寸 $100^{+0.1}_{0}$ mm，应限制 $\vec{X}$、$\vec{Y}$ 和 $\vec{Z}$ 三个自由度，为此，端面也应被选作定位基准。

3）为保证蜗杆孔中心线到蜗轮孔中心线的距离（43.5 ± 0.08）mm，应限制 $\vec{Z}$ 自由度，选蜗轮孔中心线作定位基准。

由以上分析可知，为满足蜗杆孔加工要求，必须限制零件的六个自由度。

（2）选择定位元件

根据本工序的定位要求，选择角铁（角铁支承面限制工件三个自由度）、两个支承钉（限制工件两个自由度）和削边心轴（限制工件一个自由度）作为定位元件，具体情况见表 5-3。支承钉根据实际需要从附表 1 中选取。其他为专用件，按需要设计。

表 5-3　定位元件选择及说明

序号	加工尺寸及位置精度要求	设计基准	工序基准	定位基准	需限制的自由度	选用定位元件	定位方式简图
1	保证蜗杆孔中心线到底面的距离 36 mm	M	M	M	$\vec{X}$、$\vec{Z}$ 和 $\vec{Y}$	角铁（支承面）	削边心轴；2个支承钉；角铁支承面；X Y Z O 6
2	保证蜗杆孔中心线对端面 B 的垂直度和箱体宽度尺寸 $100^{+0.1}_{0}$ mm	N	N	N	$\vec{X}$、$\vec{Y}$ 和 $\vec{Z}$	2 个支承钉	
3	保证蜗杆孔中心线到蜗轮孔中心线的距离（43.5 ± 0.08）mm	蜗轮孔中心	蜗轮孔中心	蜗轮孔中心	$\vec{Z}$	削边心轴	

3. 设计夹紧方案及夹紧装置

（1）确定夹紧力方向

夹紧力方向的确定及说明见表 5–4。

表 5–4　夹紧力方向的确定及说明

序号	定位基准面	影响工件与定位面接触的外力		夹紧力方向的确定
		类型	方向	
1	*M*	重力（**G**）、切削力（垂直分力 $\boldsymbol{F}_y$）	竖直向下（见图 5–5）	夹紧力（**W**）垂直于角铁的支承面（见图 5–5）
2	蜗轮孔中心			
3	*N*	切削力的轴向分力 $\boldsymbol{F}_z$	垂直于 *N*（见图 5–5）	切削力的轴向分力 $\boldsymbol{F}_z$ 垂直于 *N*，因此有利于工件在 *N* 上的定位。该方向可不设置夹紧力

（2）确定夹紧力作用点

夹紧力作用点应靠近加工表面，以减小加工中工件的振动。夹紧方案示意图如图 5–5 所示。

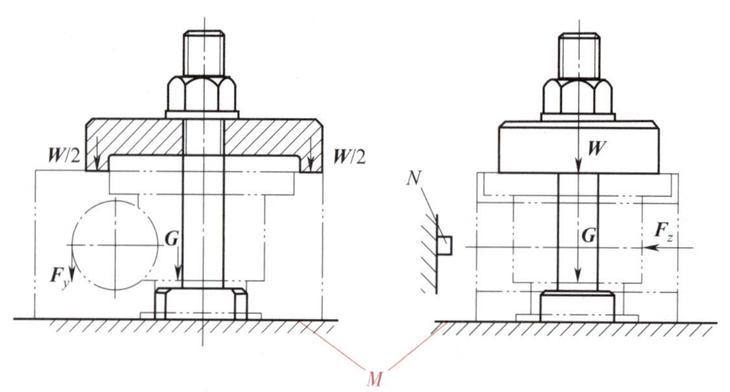

图 5–5　夹紧方案示意

（3）确定夹紧力大小

本夹具因采用手动方式夹紧，故对夹紧力的计算没有严格要求，只对夹紧机构的自锁性有要求。

4. 设计夹具结构

根据定位、夹紧的需要，该车床夹具的结构主要由角铁、削边定位心轴、夹具体和平衡块等部分组成。

（1）定位装置

1）角铁

角铁（见图 5–6）通过四个 M16 螺钉与夹具体连接，并用两个 ϕ10 mm 配作定位销保证安装精度。根据工件的尺寸及强度要求确定其外形尺寸，通过蜗轮箱底面与角铁间的面接触限制工件三个自由度。

为保证蜗杆孔中心线到底面的距离和对蜗轮孔中心线的垂直度要求，要求角铁安装后，其支承面对夹具体中心线的平行度误差不大于 0.01 mm，对夹具体与法兰连接面的垂直度误差不大于 0.01 mm。

角铁定位安装在夹具体上后，其端面要进行加工，以保证工序卡上工步 1 尺寸 6 mm 的要求（用宽度尺寸为 100 mm 的工件试调加工）。

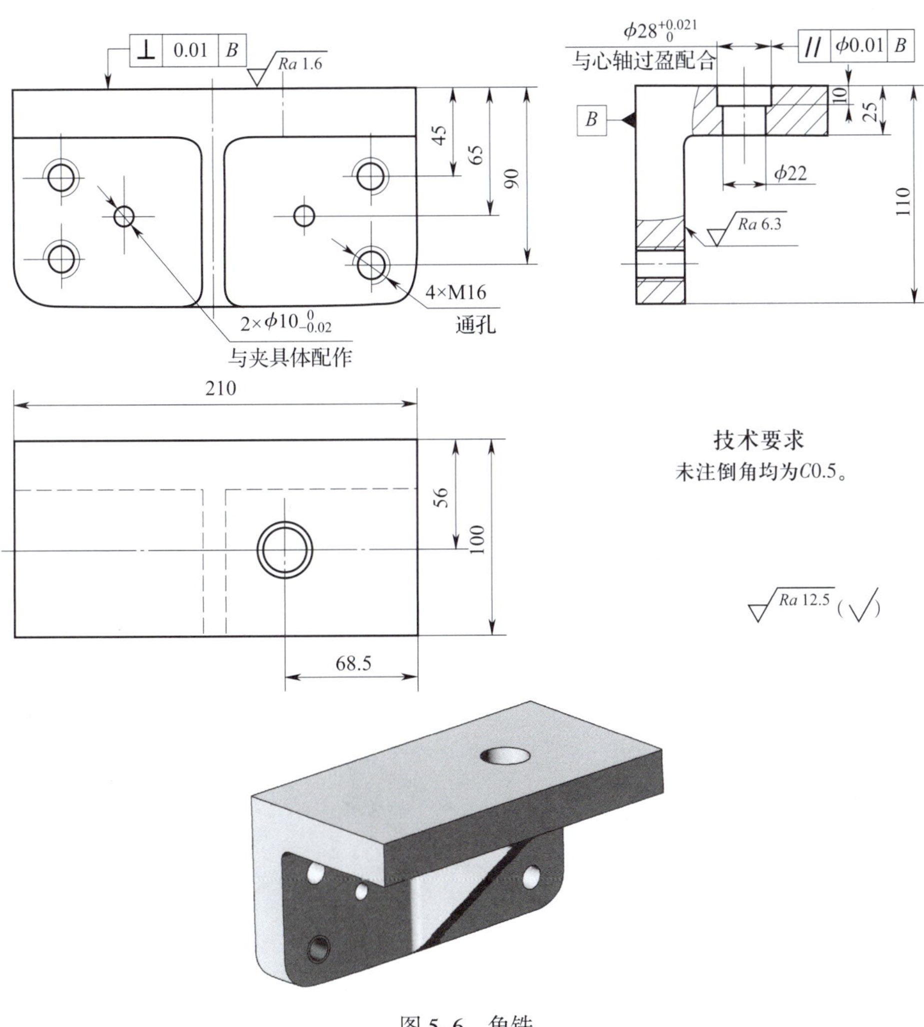

图 5-6　角铁

〔提示〕

角铁主要用于两种情况：一是工件形状较特殊，被加工表面的轴线要求与定位基准面平行或成一定角度；二是工件的形状虽不特殊，但不宜设计使用对称式夹具，如加工壳体、支座、接头等工件上的圆柱面和端面时。

2）削边定位心轴

本夹具中，采用如图 5-7 所示的削边定位心轴，只限制一个自由度。削边定位心轴通过过盈配合（ϕ28H7/p6）与角铁连接，并用对顶螺母拧紧防松。在另一端通过螺旋夹紧机构夹紧工件。

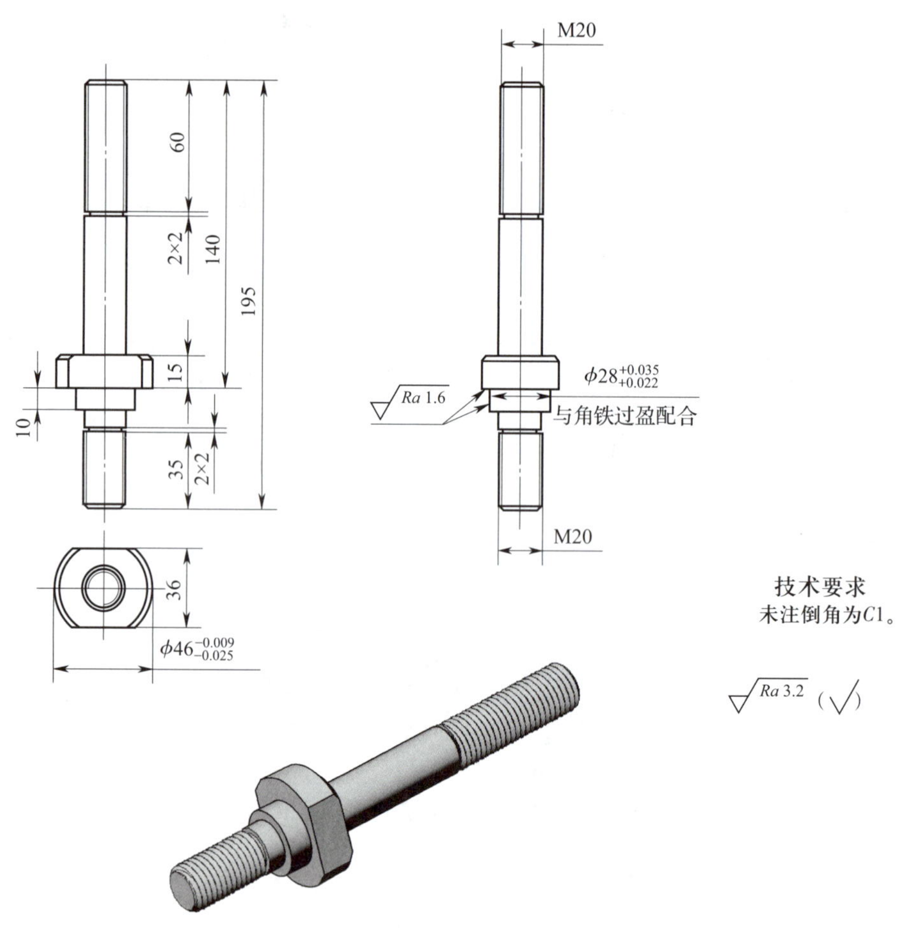

图 5-7　削边定位心轴

削边定位心轴与蜗轮孔为间隙配合，为保证顺利安装，同时为保证蜗杆孔中心线到蜗轮孔中心线的距离，减小定位误差，采用 ϕ46H7/g6 配合，即削边定位心轴的尺寸为 $\phi46^{-0.009}_{-0.025}$ mm。安装后其轴线对夹具体轴线的垂直度误差不大于 0.01 mm。

3）支承钉

两个支承钉在夹具体上等高布置且位置不低于回转中心（相对角铁支承板），两个支承钉相隔距离应尽量大（分别靠近工件的两端）。

为保证蜗杆孔中心线对端面 N（144 mm × 72 mm）的垂直度要求，两个支承钉在夹具体上安装到位后，随夹具体在车床上加工（车支承钉端面），以保证它们伸出的长度相等，允许误差不大于 0.01 mm。

（2）夹紧装置

1）夹紧机构

采用螺旋夹紧机构（见图 5–5）进行夹紧，为使机构简单，直接在定位心轴上加工螺纹，并选用 M20 螺纹以满足强度要求。

2）压板

压板将螺纹副产生的力传递到工件表面合适的位置，实现对工件的夹紧。压板如图 5–8 所示。

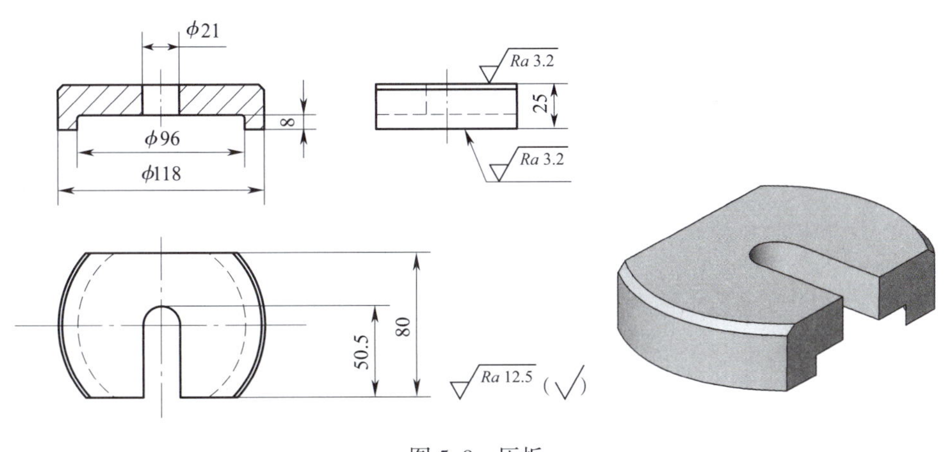

图 5–8 压板

本夹具采用削边圆形压板，是为了保证压板轮廓不超出工件宽度，压板削边一侧开口，可实现工件在夹具上方便、快速地拆装。

另外，在螺母与压板之间设置弹簧垫圈，在螺母工作时用于防松。

（3）夹具体

夹具体的径向尺寸应根据工件的尺寸、角铁的大小、平衡块的安装以及车床的最大回转直径等因素来确定。

考虑到加工过程中夹具体要承受较大的切削力，为保证夹具体有足够的强度和刚度，减小加工过程中的变形或振动，取壁厚为 30 mm。

夹具通过夹具体直接与车床（CA6140 型）连接，根据车床主轴端部结构尺寸，设计夹具体与机床连接部分的结构（确定夹具体与车床法兰盘的配合关系 ϕ206H7/js6），如图 5–9 所示。根据车床法兰盘上已有的连接螺纹孔位置，对应配置夹具体上的连接孔。为保证夹具多次装拆后仍能保持与车床法兰盘的连接精度，在连接处设置圆锥定位销。

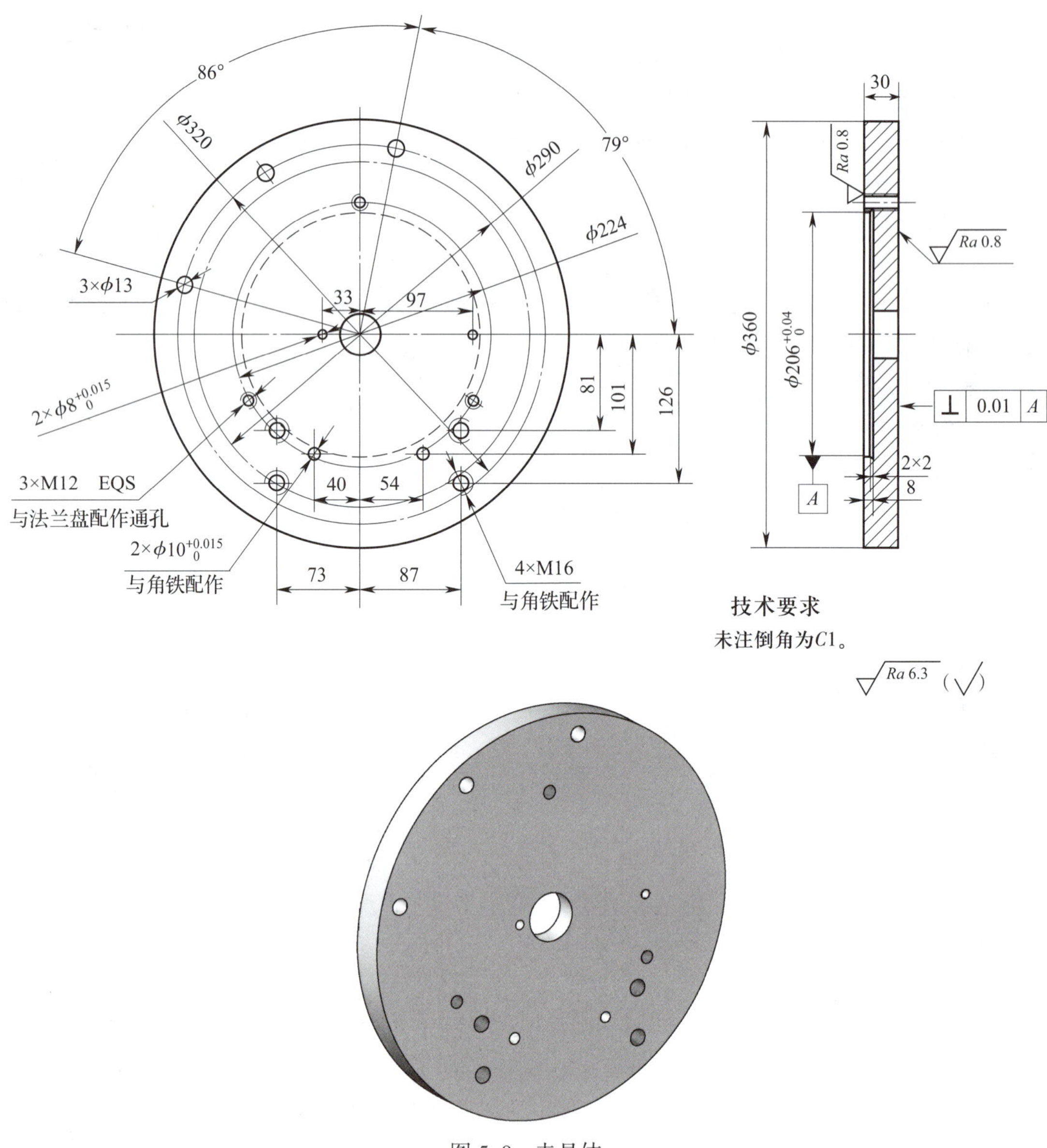

图 5-9　夹具体

〔提示〕

常用的夹具与车床的连接方式有两种：一是夹具以锥柄与机床主轴的锥孔连接（误差小，定心精度高，适用于小型夹具）；二是夹具通过过渡盘与机床主轴的轴颈连接（为保证精度，在安装夹具时要按夹具体上的找正圆找正夹具与主轴的同轴度）。

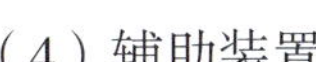

（4）辅助装置

1）平衡块

由于工件和夹具上各元件相对机床主轴的回转轴线不对称，即离心力的合力不为零，因此，欲使其平衡，需要在该回转体上加一个平衡块（即配重块），使它产生的离心力与原有各质量所产生的离心力的合力等于零。

〔提示〕

平衡的方法有设置平衡块和加工减重孔两种。在工厂实际生产中，常用设置平衡块的方法进行夹具的平衡。

2）防护罩

为保证加工工件时的操作安全，可在夹具上设计防护罩等。

（5）定位误差分析

1）孔的尺寸 $\phi43^{+0.025}_{0}$ mm 直接由切削过程保证，不存在定位误差。

2）工序尺寸（43.5 ± 0.08）mm 的定位误差计算如下：

因工序基准与定位基准重合，故 $\Delta_B=0$。

因工件圆孔与心轴为任意边接触，故基准位移误差计算如下：

$$\Delta_W=T_h+T_D+X_{min}=0.025\text{ mm}+0.016\text{ mm}+0.009\text{ mm}=0.05\text{ mm}$$

所以 $\Delta_D=\Delta_B+\Delta_W=0.05$ mm。

由于误差小于尺寸公差的三分之一（0.16 mm/3 ≈ 0.053 mm），因此符合要求。

3）对 $\phi46^{+0.025}_{0}$ mm 蜗轮孔中心线垂直度 0.03 mm 的定位误差计算如下：

平面定位时，基准位移误差忽略不计，$\Delta_W=0$。

工序基准是主轴轴线，存在基准不重合误差，$\Delta_B=0.01$ mm。

故 $\Delta_D=\Delta_B+\Delta_W=0.01$ mm，符合要求。

4）对 N 面的垂直度 0.03 mm 的定位误差计算如下：

平面定位，基准位移误差 $\Delta_W=0$。

工序基准是主轴轴线，存在基准不重合误差，$\Delta_B=0.01$ mm。

故 $\Delta_D=\Delta_B+\Delta_W=0.01$ mm，符合要求。

5. 绘制夹具总图

蜗轮箱车孔车床夹具总图和三维模型分别如图 5-10、图 5-11 所示。

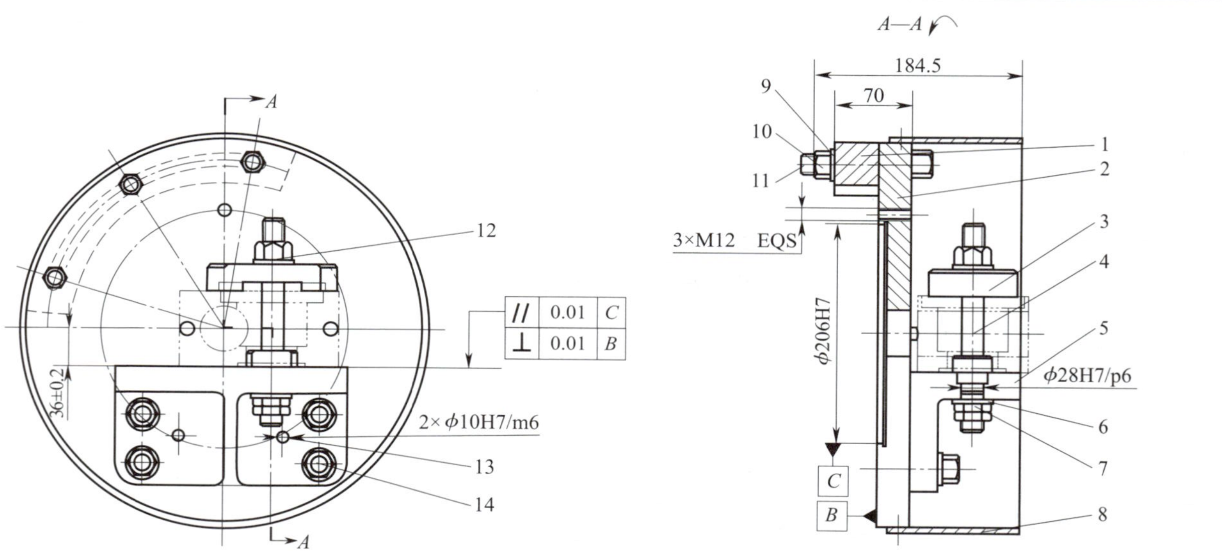

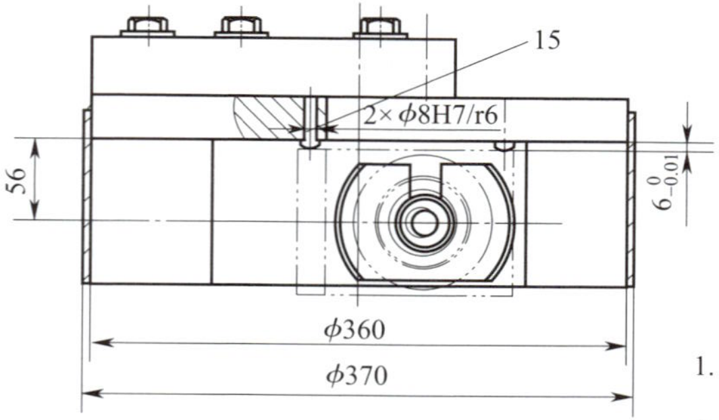

技术要求

1. 定位心轴的轴线与夹具体轴线的垂直度公差为0.01。
2. 平衡块在安装过程中进行试配。
3. 两支承钉的等高允差不大于0.01。

序号	代号	名称	数量	材料	备注
15	JB/T 8029.2—1999	支承钉	2	45	
14	GB/T 5780—2016	六角头螺栓M16	4	35	
13	GB/T 119.1—2000	定位销	2	35	
12	GB/T 41—2016	螺母M20	1	35	
11	GB/T 5780—2016	六角头螺栓M12	3	35	
10	GB/T 41—2016	螺母M12	3	35	
9	GB/T 95—2002	平垫圈12	3	35	
8	CJJ–6	防护罩	1	Q235	
7	GB/T 6172.1—2016	六角薄螺母M20	2	35	
6	GB/T 95—2002	平垫圈20	2	35	
5	CJJ–5	角铁	1	HT200	
4	CJJ–4	定位心轴	1	45	
3	CJJ–3	压板	1	HT200	
2	CJJ–2	夹具体	1	HT200	
1	CJJ–1	平衡块	1	HT200	

蜗轮箱车孔车床夹具	比例	数量	图号
	1∶1		
制图			
审核			

图 5–10　蜗轮箱车孔车床夹具总图

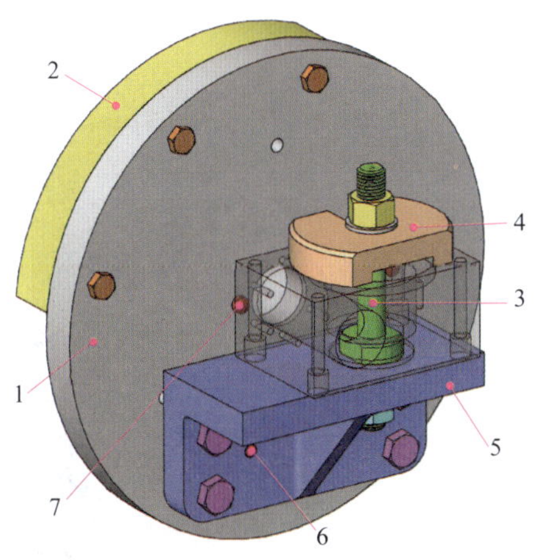

图 5-11 蜗轮箱车孔车床夹具三维模型

1—夹具体 2—平衡块 3—定位心轴 4—压板 5—角铁 6—定位销 7—支承钉

课后习题

多孔阀体零件图如图 5-12 所示，材料为黄铜 H70，采用精密铸造（铸造时同时铸出 3 个 ϕ16 mm 通孔）毛坯。阀体除三个台阶圆孔外，其余各表面均已加工，该工序加工阀体孔 1、孔 2、孔 3，加工精度均为 IT7 级，表面粗糙度值为 *Ra*1.6 μm，三孔坐标公差为 ± 0.05 mm。

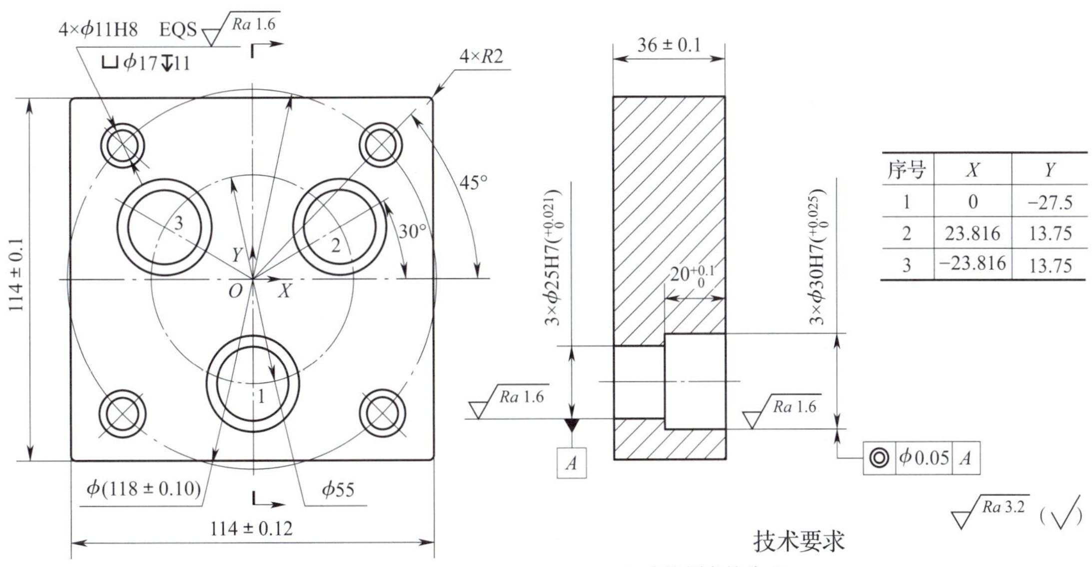

序号	*X*	*Y*
1	0	−27.5
2	23.816	13.75
3	−23.816	13.75

技术要求

1. 未注倒角均为*C*1。
2. 1、2、3孔中心线平行度公差为0.03。
3. 1、2、3孔的坐标公差为 ± 0.05。

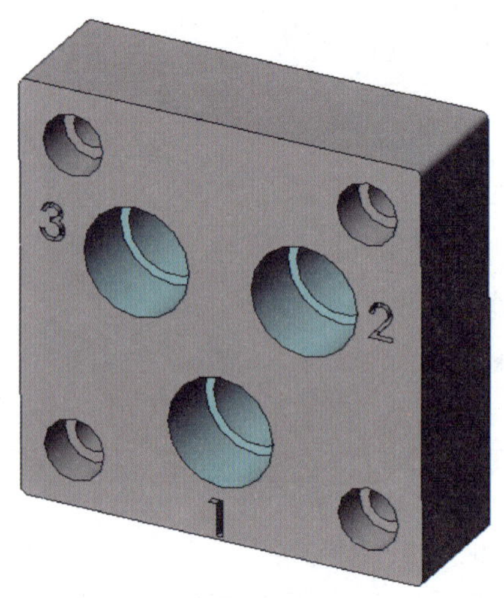

图 5-12　多孔阀体零件图

为了保证在一次装夹中完成本工序的加工要求，设计了如图 5-13 所示的多孔阀体车床夹具。试对该夹具结构进行分析，并判断能否满足阀体的加工要求。

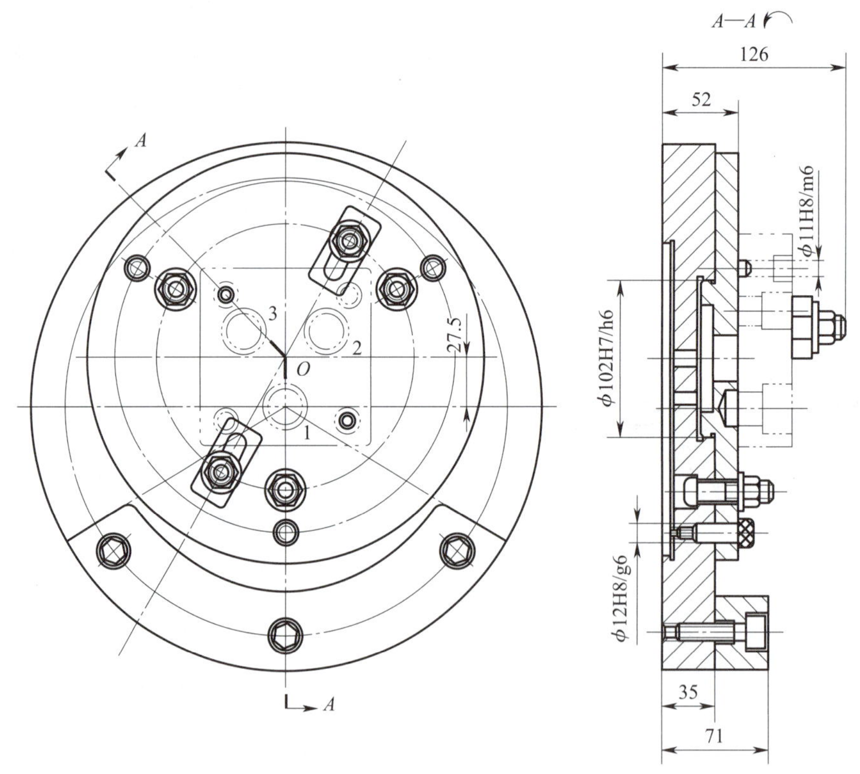

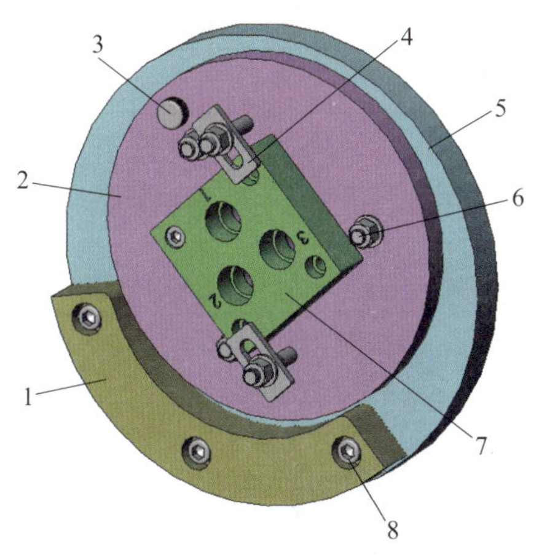

图 5-13 多孔阀体车床夹具

1—平衡块 2—定位盘 3—定位销 4—压板 5—夹具体 6—T 形槽螺栓 7—工件 8—内六角螺钉

第二节 钻床夹具设计

钻床夹具主要用于钻孔、扩孔、铰孔、锪孔、攻螺纹工件的定位装夹，如图 5-14 所示。钻床夹具的使用有利于保证被加工孔相对于其定位基准（轴或面）及各孔之间的位置和尺寸精度，并能显著提高生产率。

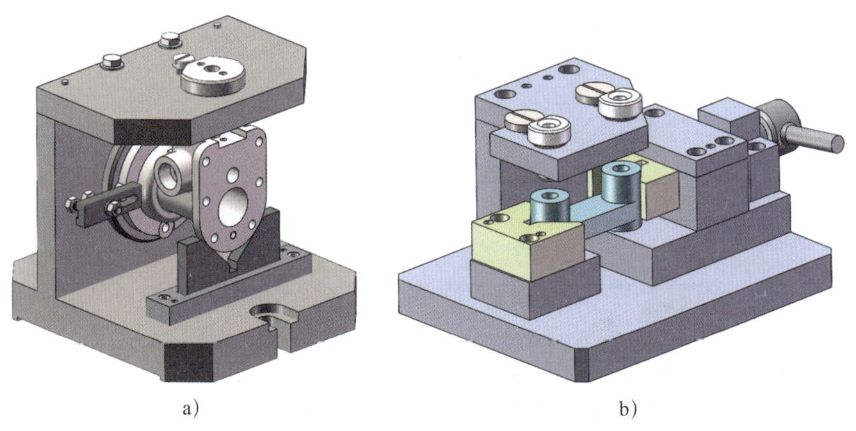

a) b)

图 5-14 钻床夹具

一、钻床夹具分类

钻床夹具类型众多，根据加工孔的分布情况和钻模板结构特征，一般可分为固定式、移动式、回转式（分度式）、翻转式、覆盖式、滑柱式等。这些夹具类型中，部分类型已经形成标准化结构，用户只需按要求设计专门的钻套和钻模板即可。钻床夹具的分类见表 5-5。

表 5–5　　钻床夹具的分类

类型	示例	说明
固定式		使用过程中，固定式钻床夹具及工件在机床上的位置固定不变。它通常用于在立式钻床上加工直径较大的单孔或在摇臂钻床上加工平行孔系
移动式		移动式钻床夹具一般不需要紧固在机床的固定位置上。它主要用于钻削中、小型工件同一表面上轴线平行的多个孔
回转式		回转式钻床夹具是应用最多的钻床夹具，使用时需紧固在机床工作台上。它主要用于加工同一圆周上的平行孔系或分布在圆周上的径向孔系

续表

类型	示例	说明
翻转式		翻转式钻床夹具结构比较简单，主要用于加工中、小型工件分布在不同表面上的孔
覆盖式		覆盖式钻床夹具结构比较简单，只有钻模板，没有夹具体。在钻模板上除安装钻套外，还安装有定位元件和夹紧装置
滑柱式		滑柱式钻床夹具是一种具有升降钻模板的通用可调夹具。手动滑柱式钻床夹具通用结构由夹具体、滑柱、钻模板、传动与锁紧机构组成，这些结构已标准化并形成系列

二、钻床夹具设计要点

钻模板和钻套是钻床夹具的关键元件。钻模板形式的选用通常取决于夹具的类型和加工孔的特点。钻床夹具的设计要点如下。

1. 类型选择

设计钻床夹具时，可根据工件的结构、尺寸、质量、加工孔的大小、加工精度、生产规模等确定夹具的结构类型，类型选择注意事项见表 5–6。

2. 钻套选择

钻套在夹具中除了决定孔加工的准确性和精度外，还影响夹具使用的方便性、可维护性和生产率。各类钻套的特点及应用见表 5–7。

表 5–6　　类型选择注意事项

序号	内容
1	加工孔的直径较大，工件和夹具的质量较大，孔的加工精度要求较高时，宜采用固定式结构
2	加工孔的直径较小，工件和夹具的质量较小，同一表面上加工孔的数量较多时，宜采用移动式结构
3	工件在不同表面上有多个需要加工的孔，各孔之间的位置精度要求较高时，可采用翻转式结构。但工件和夹具的总质量不能太大
4	加工同一圆周上的平行孔系或径向孔系时，宜采用回转式结构
5	加工大、中型工件上同一表面或平行表面上的多个小孔时，可采用覆盖式结构

表 5–7　　各类钻套的特点及应用

类型	特点及应用
固定钻套	结构精度、钻孔精度高，适用于单一钻孔工序和小批量生产
可换钻套	发生磨损或孔径变化时，便于及时更换
快换钻套	当工件需要钻、扩、铰多工序加工时，能够迅速更换（不同直径的钻套）
特殊钻套	当工件形状比较特殊或多孔的间距非常小时，可保证加工的稳定性

3. 钻模板选择

钻模板通常安装在夹具体或支承体上，有时可能会与夹具上的其他元件连接。钻模板担负着安装钻套的作用，其上安装孔的位置决定着加工孔的位置精度。具体设计时，应保证钻模板的结构形式能够方便工件的装拆。各类钻模板的特点及应用见表 5–8。

表 5–8　　各类钻模板的特点及应用

类型	特点及应用
固定式	固定式钻模板与夹具体（或其他元件）固定在一起，不可移动或转动。钻套位置精度较高，刚度大，适合加工孔的位置精度要求高的工件和大批量生产情况
铰链式	铰链式钻模板与夹具体（或其他元件）为铰链连接，可以绕铰链轴翻转，方便工件的装拆
移动式	移动式钻模板在保持水平位置不变的情况下，可沿垂直方向上下移动，从而方便工件的装拆
可卸式	可卸式钻模板设计成独立的结构体，可依据加工的实际需要通过夹具上的特殊定位元件随时装夹固定，或者单独使用（如覆盖式钻床夹具）

4. 夹具体选择

钻床夹具的夹具体结构形式相对复杂多样，应根据工件的具体情况选择合适的结构，并注意以下几点：

（1）夹具体应有足够的强度和刚度。

（2）钻套轴线最好与夹具体的支承面保持垂直或水平，以免钻削过程中刀具倾斜或折断。

（3）夹具体应设置支脚，以改善其与机床工作台的接触状况，并力求夹具的重心落在支脚所形成的支承面内。

（4）在满足强度和刚度的前提下，尽量减小质量，尤其是移动式夹具。

三、钻床夹具设计步骤及注意事项

钻床夹具设计步骤包括：明确设计任务，确定定位方案，确定夹紧方案，确定分度方案，设计夹具结构，绘制夹具总图。

进行钻床夹具设计时，应注意以下几点：

（1）加工孔的特征、孔所在位置、孔的尺寸和精度、工件结构形式等在很大程度上决定着加工方法的选择。

（2）哪些表面已加工完毕，哪些还未加工，哪些是原始毛坯表面等直接影响着定位基准的选择。

（3）根据工件的结构特征、定位表面状况、加工精度和生产批量选择夹具的类型。

四、钻床夹具设计示例

1. 明确设计任务

设计在摇臂钻床上加工杠杆臂零件上 $\phi 10^{+0.10}_{0}$ mm 和 $\phi 13$ mm 孔的钻床夹具。

（1）杠杆臂零件图

杠杆臂零件图如图 5–15 所示，零件为中、小批量生产。

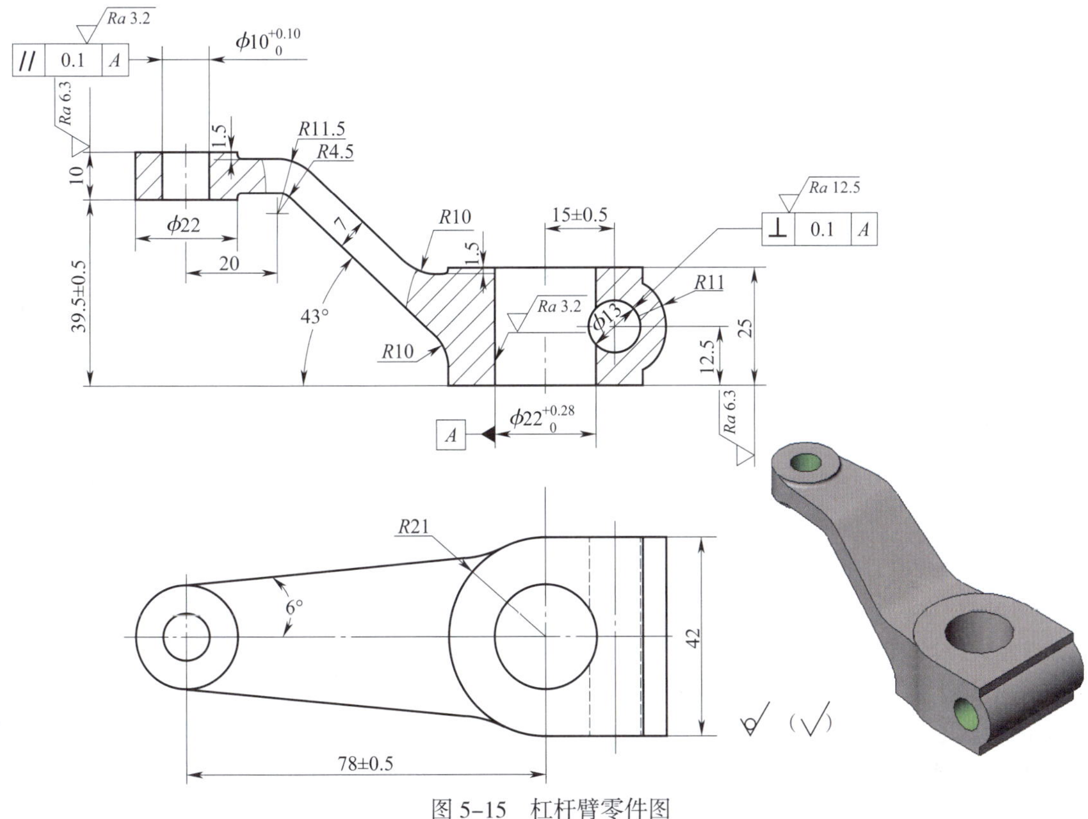

图 5–15 杠杆臂零件图

（2）杠杆臂加工工艺分析

1）加工要求

杠杆臂上除 $\phi 10^{+0.10}_{0}$ mm、$\phi 13$ mm 孔外，其余表面均已加工，所设计的钻模应保证两孔的精度要求如下：

①待加工孔 $\phi 10^{+0.10}_{0}$ mm 和已加工孔 $\phi 22^{+0.28}_{0}$ mm 的距离为（78 ± 0.5）mm。

②待加工孔 ϕ13 mm 和已加工孔 $\phi 22^{+0.28}_{0}$ mm 的距离为（15 ± 0.5）mm，距离 $\phi 22^{+0.28}_{0}$ mm 孔底面为 12.5 mm。

③待加工孔 $\phi 10^{+0.10}_{0}$ mm 和已加工孔 $\phi 22^{+0.28}_{0}$ mm 中心线的平行度公差为 0.1 mm。

④待加工孔 ϕ13 mm 和已加工孔 $\phi 22^{+0.28}_{0}$ mm 中心线的垂直度公差为 0.1 mm。

2）加工工艺

该工件的结构和形状不规则，臂部刚度不足，待加工孔 $\phi 10^{+0.10}_{0}$ mm 位于悬臂结构处，且该孔精度和表面质量要求高，故工艺规程中分钻孔、扩孔、铰孔多个工序。

由于该工序中两个待加工孔的位置关系为相互垂直，且不在同一个平面内，要钻完一个孔后翻转 90° 再钻另一个孔，因此要设计成翻转式钻模。

2. 确定定位方案

（1）定位方案

在本工序加工前，所有平面和 $\phi 22^{+0.28}_{0}$ mm 孔均已加工完并达到要求，为定位基准的选择提供了有利条件。由于待加工两孔的位置精度在三个坐标方向上都有要求，因此工件应采用完全定位方式。

如图 5–16 所示，以 $\phi 22^{+0.28}_{0}$ mm 孔底面为定位基准，臂部 ϕ22 mm 圆台底面为辅助基准，限制两个转动、一个移动自由度；以 $\phi 22^{+0.28}_{0}$ mm 孔为定位基准，限制两个移动自由度；以臂部 ϕ22 mm 圆台的外圆周一侧为定位基准，限制一个转动自由度。通过以上方案，可完全限制工件的六个自由度，从而加工 $\phi 10^{+0.10}_{0}$ mm 和 ϕ13 mm 孔。

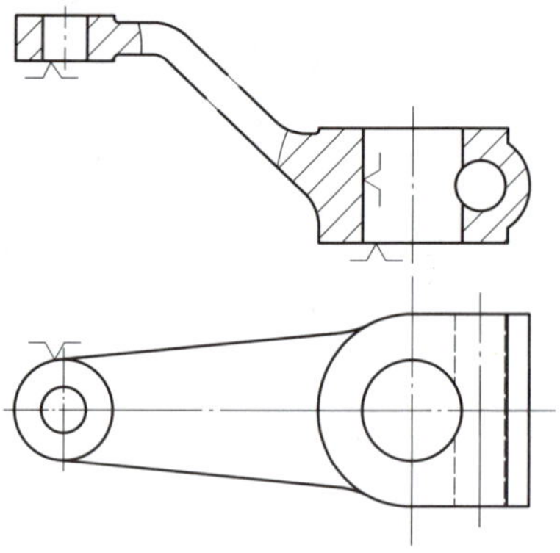

图 5–16 定位方案

（2）定位元件

为实现上述定位方案，定位元件（见图 5–17）的具体选择如下：

1）销轴

将该工件 $\phi 22^{+0.28}_{0}$ mm 孔底面置于销轴轴环端面上，限制工件的三个自由度；通过销轴短圆柱面与 $\phi 22^{+0.28}_{0}$ mm 孔配合，限制两个自由度。

2）可调支承钉

通过可调支承钉与臂部 ϕ22 mm 圆台的外圆周一侧接触，限制一个自由度。

3）螺旋辅助支承

为增强工件加工时的刚度和平稳性，可调节螺旋辅助支承高度，使其与臂部 ϕ22 mm 孔底面接触。

3. 确定夹紧方案

根据夹紧力应朝向主要定位基准，且作用点落在工件刚度较高部位的原则，在加工 $\phi 10^{+0.10}_{0}$ mm 孔时，可选用快速螺旋压板夹紧机构（见图 5–18），使夹紧力 $\boldsymbol{W}$ 作用在 $\phi 22^{+0.28}_{0}$ mm 孔的上端面上。臂部 ϕ22 mm 圆台底面靠螺旋辅助支承来承受钻孔的轴向力，因此不需要施加夹紧力。对于钻削时产生的转矩，一方面依靠快速螺旋压板夹紧机构夹紧力产生的摩擦阻力来平衡，另一方面则由可调支承钉的阻碍作用平衡。以上两组元件共同承受钻削时的转矩。

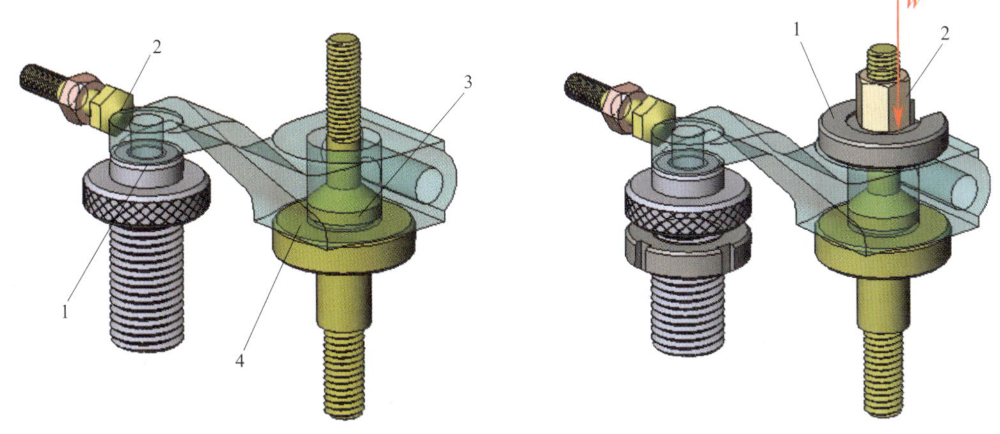

图 5-17　定位元件

1—螺旋辅助支承　2—可调支承钉

3—销轴短圆柱面　4—销轴轴环端面

图 5-18　快速螺旋压板夹紧机构

1—开口垫圈　2—螺母

在加工 ϕ13 mm 孔时，仍依靠螺旋压板夹紧，对于钻削产生的转矩，也是靠快速螺旋压板夹紧机构夹紧力产生的摩擦阻力及销轴短圆柱面与已加工 $\phi\,22^{+0.28}_{\ 0}$ mm 孔的配合来平衡。

4. 设计夹具结构

（1）定位装置

1）销轴

销轴采用如图 5-19 所示结构。ϕ42 mm 轴环的一端面与夹具体贴合，利用 $\phi22^{-0.040}_{-0.073}$ mm 外圆与加工工件的 $\phi22^{+0.28}_{\ 0}$ mm 孔相配合，同时限制三个移动和两个转动共五个自由度。销轴 M12 螺纹一端通过双螺母固定在夹具体上，另一端 M10 螺纹通过快速螺旋压板夹紧机构夹紧工件。

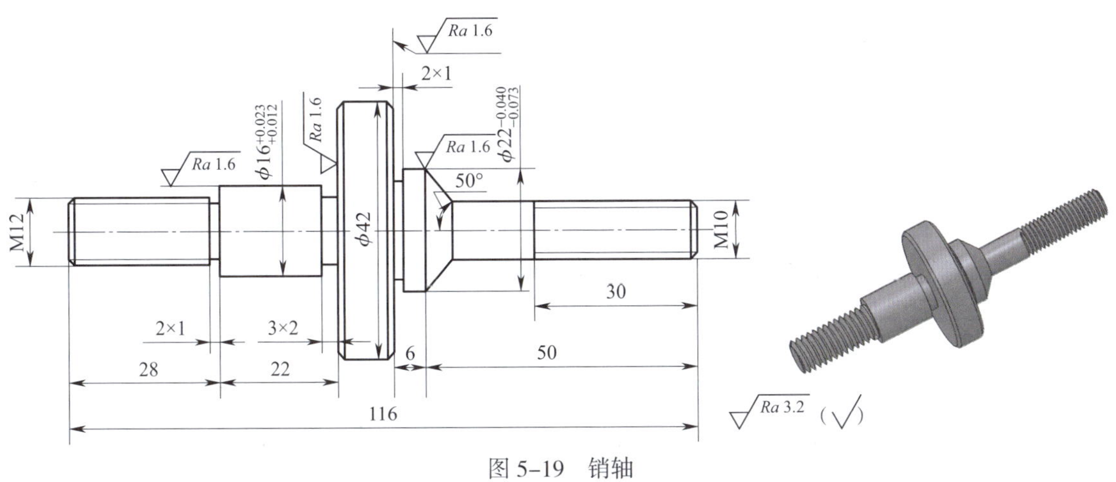

图 5-19　销轴

2）可调支承钉

可调支承钉在该夹具中的主要作用是限制工件的一个转动自由度，因此布置在臂部 ϕ22 mm 圆台外圆周一侧高度居中位置，且水平布置。

可调支承钉在附表 3 中选取，本例选择 M8 × 35。

3）螺旋辅助支承

该支承主要是为了增大工件加工时的刚度，起平衡工件的作用，如图 5-20 所示。

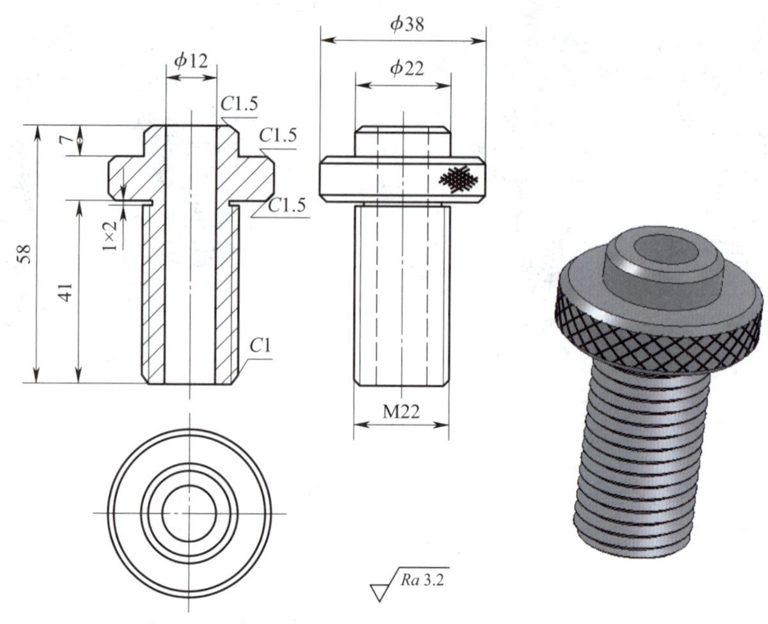

图 5-20　螺旋辅助支承

（2）夹紧装置

1）夹紧机构

夹紧机构选用螺旋夹紧机构，为使机构简单，直接在定位心轴上加工螺纹。选用 M10 螺纹以满足强度要求。

2）开口垫圈

开口垫圈将螺母旋合产生的力传递到工件表面合适的位置上，实现对工件的夹紧。开口垫圈的结构可根据螺纹公称直径从国家标准《开口垫圈》（GB/T 851—1988）中选取。

（3）辅助装置

1）钻套

因为该钻床夹具加工工件的批量不大，故两孔都选择固定钻套。其内、外径配合公差按相关标准查取。

2）钻模板

因该工件所要加工两孔位于相互垂直的方向，所以各自单独使用钻模板；又因所要加工位置与夹紧位置不干涉，所以两钻模板均采用固定式结构。钻模板与夹具体之间通过圆柱销和螺钉进行定位及固定，在装配时要注意保证钻套轴线与定位元件的位置关系：螺旋辅助支承的轴线和 $\phi 10_{0}^{+0.10}$ mm 孔钻套轴线共线，$\phi 13$ mm 孔钻套轴线与销轴轴线垂直。钻模板如图 5-21 所示。

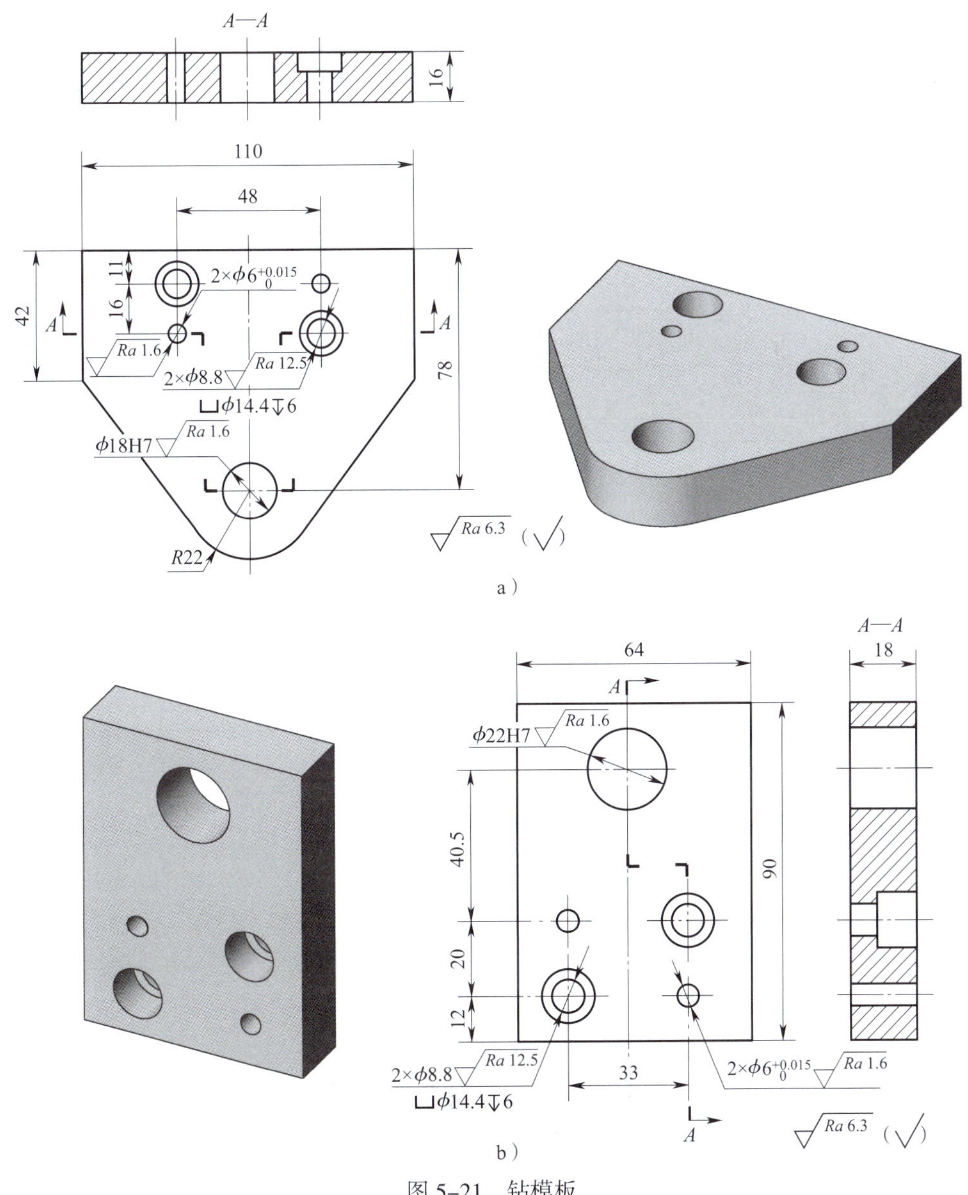

图 5-21　钻模板

a）钻模板 1　b）钻模板 2

（4）夹具体

夹具体应根据工件的尺寸、销轴、导向装置的安装等因素确定。

考虑到加工过程中夹具体要承受一定的切削力，为保证夹具体有足够的强度和刚度，防止产生变形或振动，所设计的结构如图 5-22 所示。

5. 绘制夹具总图

上述各种元件的结构和布置基本上决定了该钻床夹具的整体结构，所有部分设计完毕并组装后的翻转式加工杠杆臂两孔钻床夹具总图和三维模型分别如图 5-23、图 5-24 所示。

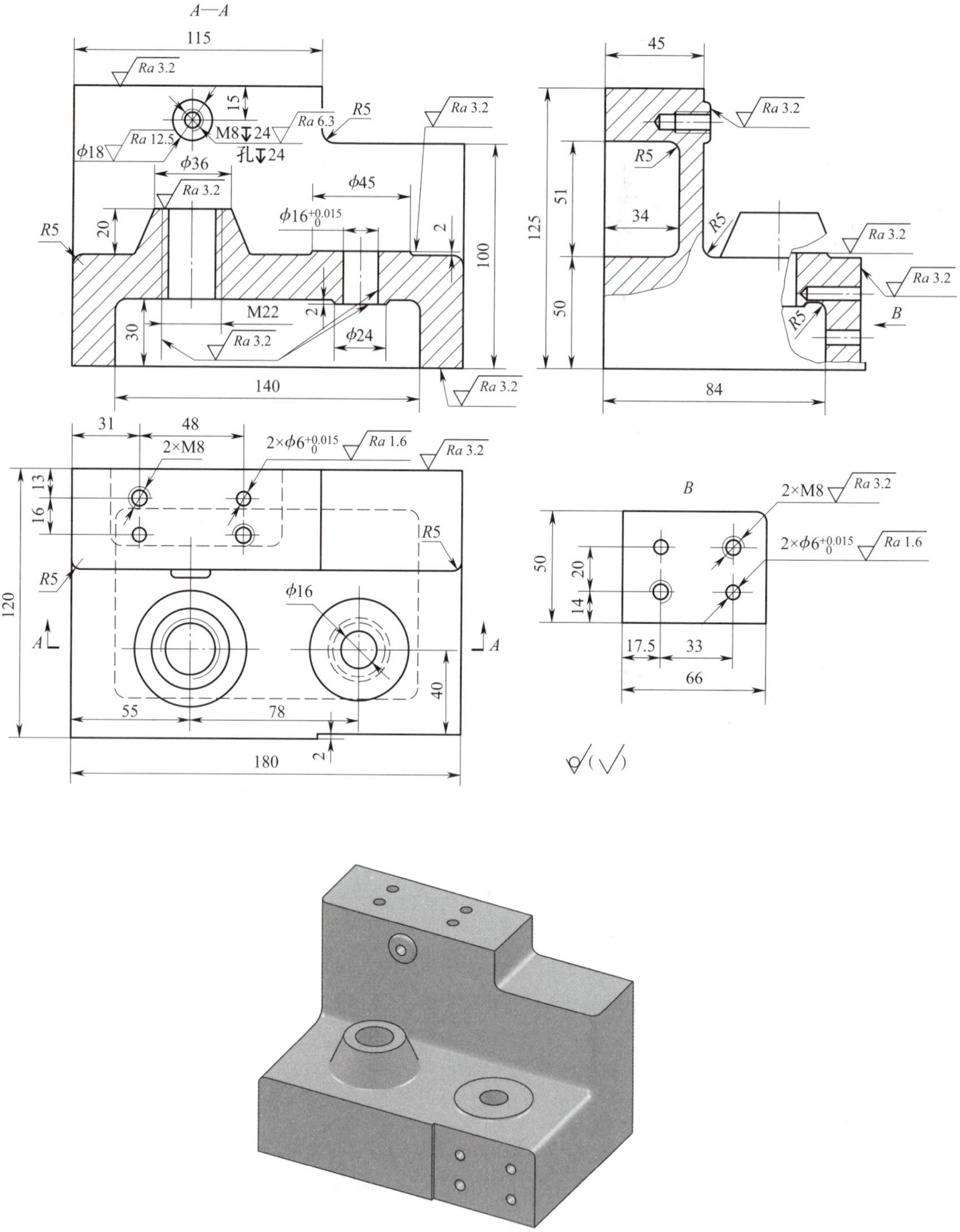

A—A

B

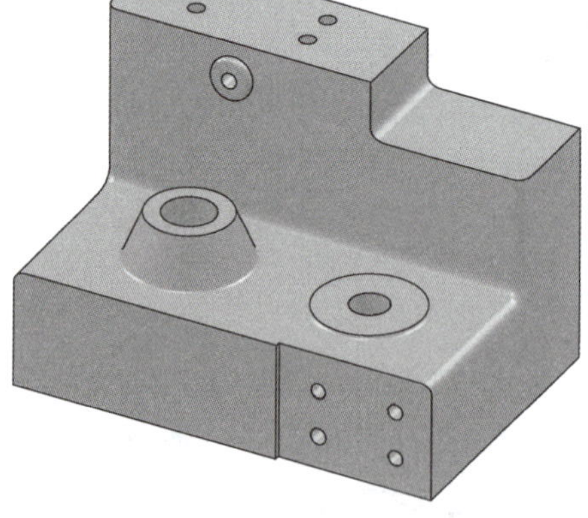

图 5-22　夹具体

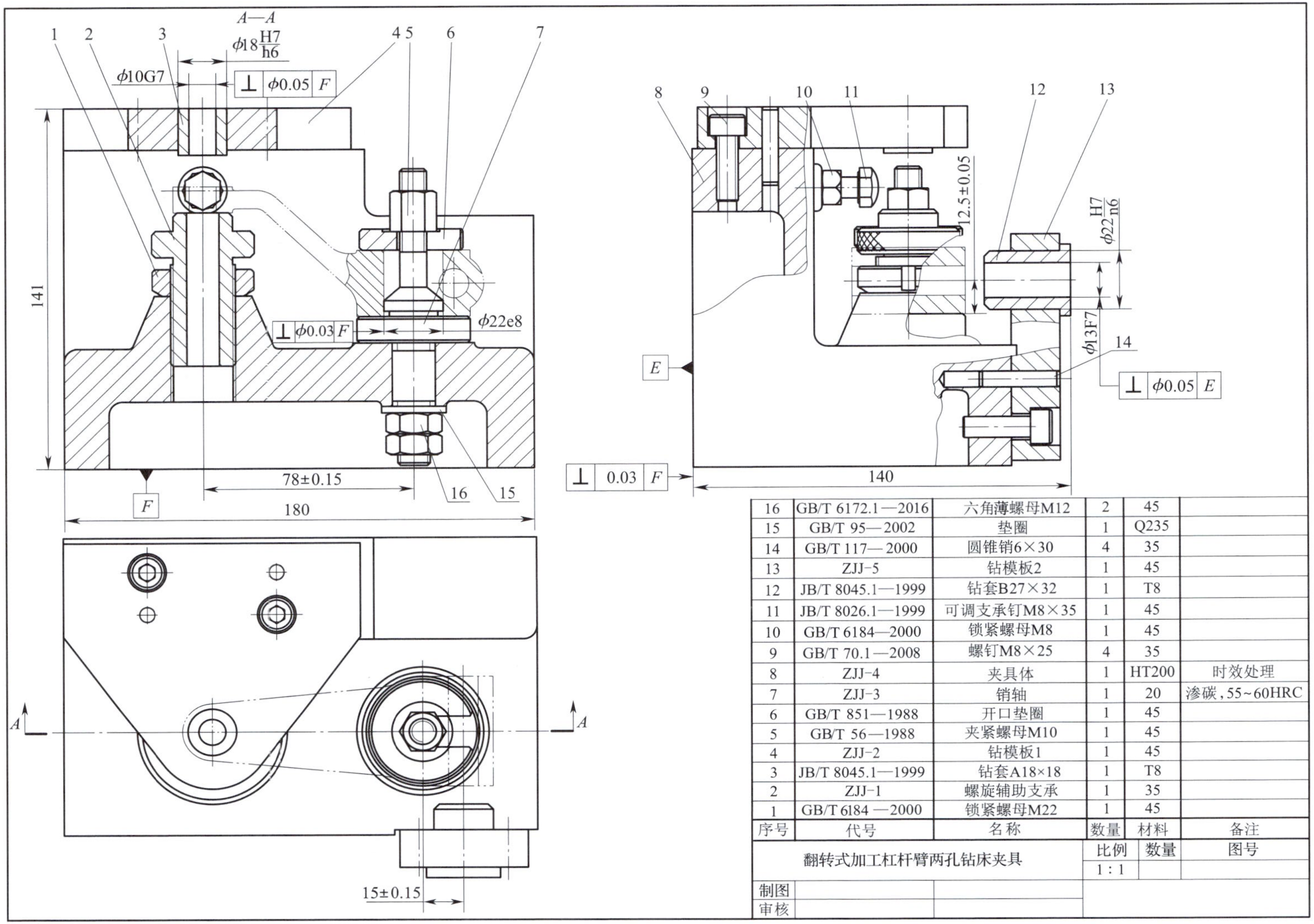

序号	代号	名称	数量	材料	备注
16	GB/T 6172.1—2016	六角薄螺母M12	2	45	
15	GB/T 95—2002	垫圈	1	Q235	
14	GB/T 117—2000	圆锥销6×30	4	35	
13	ZJJ-5	钻模板2	1	45	
12	JB/T 8045.1—1999	钻套B27×32	1	T8	
11	JB/T 8026.1—1999	可调支承钉M8×35	1	45	
10	GB/T 6184—2000	锁紧螺母M8	1	45	
9	GB/T 70.1—2008	螺钉M8×25	4	35	
8	ZJJ-4	夹具体	1	HT200	时效处理
7	ZJJ-3	销轴	1	20	渗碳，55~60HRC
6	GB/T 851—1988	开口垫圈	1	45	
5	GB/T 56—1988	夹紧螺母M10	1	45	
4	ZJJ-2	钻模板1	1	45	
3	JB/T 8045.1—1999	钻套A18×18	1	T8	
2	ZJJ-1	螺旋辅助支承	1	35	
1	GB/T 6184—2000	锁紧螺母M22	1	45	

翻转式加工杠杆臂两孔钻床夹具	比例	数量	图号
	1 : 1		
制图			
审核			

图 5-23　翻转式加工杠杆臂两孔钻床夹具总图

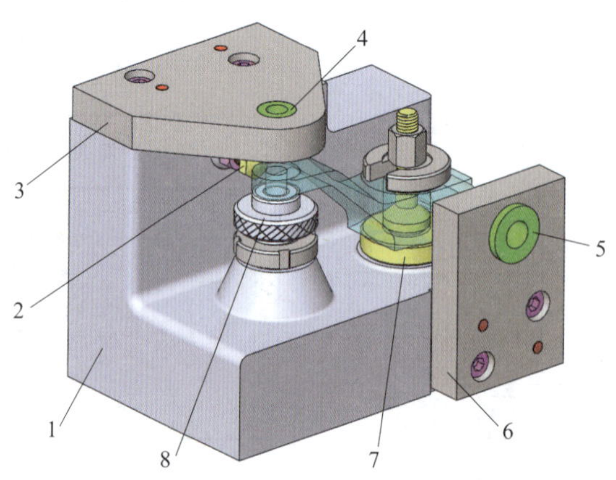

图 5-24　翻转式加工杠杆臂两孔钻床夹具三维模型

1—夹具体　2—可调支承钉　3—钻模板 1　4—钻套 1　5—钻套 2　6—钻模板 2　7—销轴　8—螺旋辅助支承

课后习题

图 5-25 所示为钢套零件图。本工序需在钢套上钻六个均布的 ϕ6 mm 孔，工件为中批生产。试完成其钻床夹具的设计。

钻模设计参考图 5-26、图 5-27。

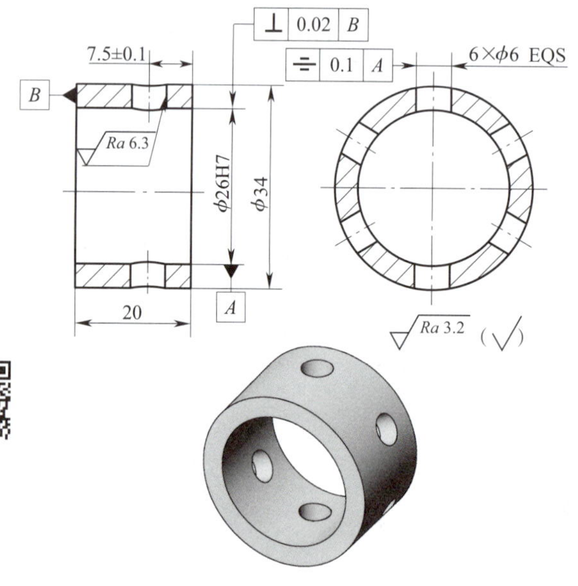

图 5-25　钢套零件图

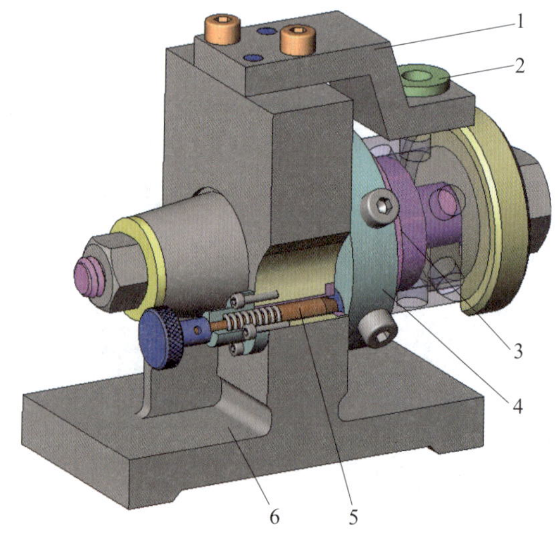

图 5-26　回转式钻套筒径向孔夹具三维模型

1—钻模板　2—钻套　3—销轴　4—分度盘　5—对定销　6—夹具体

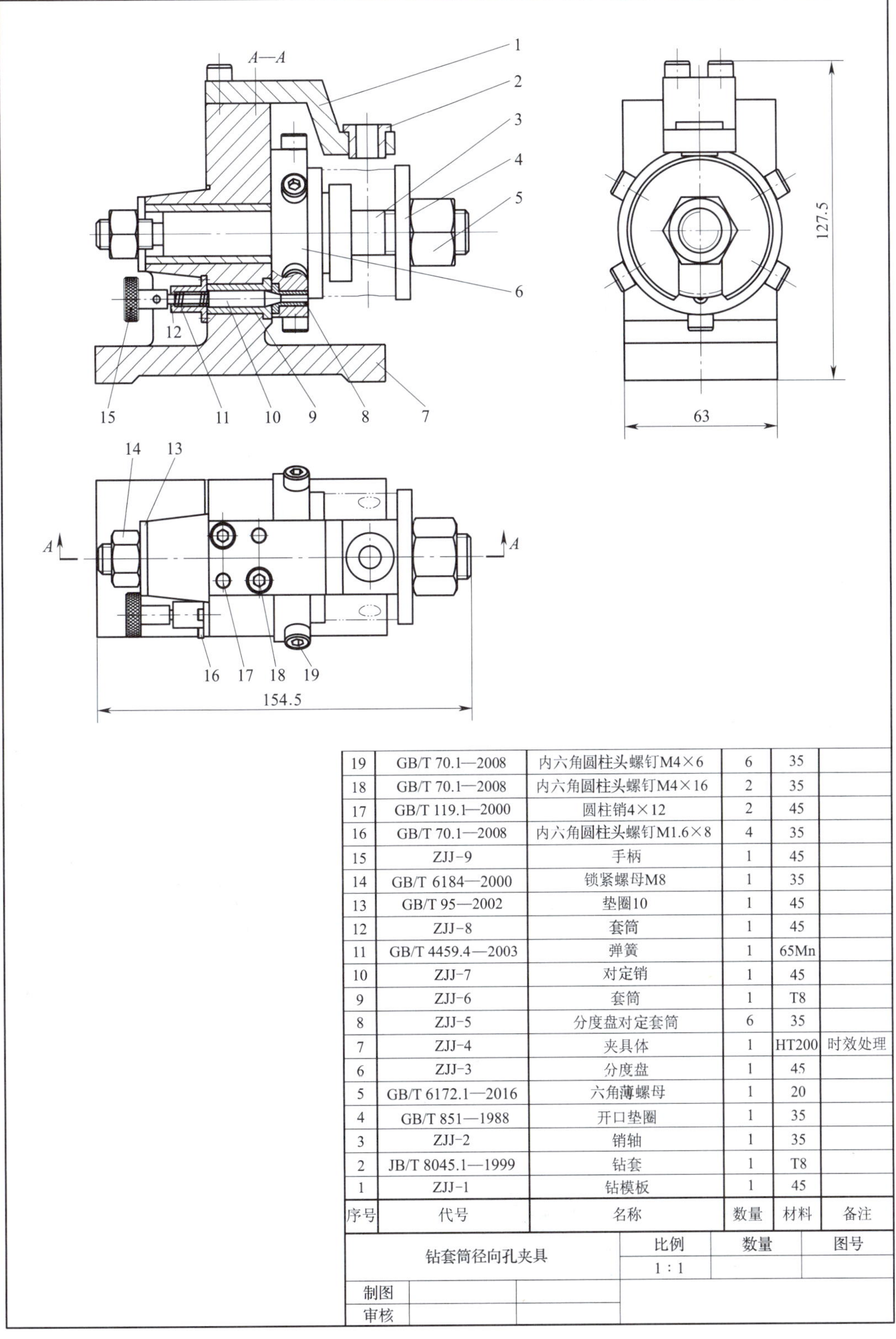

19	GB/T 70.1—2008	内六角圆柱头螺钉M4×6	6	35	
18	GB/T 70.1—2008	内六角圆柱头螺钉M4×16	2	35	
17	GB/T 119.1—2000	圆柱销4×12	2	45	
16	GB/T 70.1—2008	内六角圆柱头螺钉M1.6×8	4	35	
15	ZJJ-9	手柄	1	45	
14	GB/T 6184—2000	锁紧螺母M8	1	35	
13	GB/T 95—2002	垫圈10	1	45	
12	ZJJ-8	套筒	1	45	
11	GB/T 4459.4—2003	弹簧	1	65Mn	
10	ZJJ-7	对定销	1	45	
9	ZJJ-6	套筒	1	T8	
8	ZJJ-5	分度盘对定套筒	6	35	
7	ZJJ-4	夹具体	1	HT200	时效处理
6	ZJJ-3	分度盘	1	45	
5	GB/T 6172.1—2016	六角薄螺母	1	20	
4	GB/T 851—1988	开口垫圈	1	35	
3	ZJJ-2	销轴	1	35	
2	JB/T 8045.1—1999	钻套	1	T8	
1	ZJJ-1	钻模板	1	45	
序号	代号	名称	数量	材料	备注

钻套筒径向孔夹具		比例	数量	图号
		1∶1		
制图				
审核				

图 5-27　钻套筒径向孔夹具总图

第三节 铣床夹具设计

铣床夹具主要用于需加工平面、沟槽、缺口、花键以及型面等工件的定位装夹，如图 5–28 所示。根据铣削时的进给方式，铣床夹具通常分直线进给、圆周进给和曲线进给（靠模）三种类型，其中，直线进给方式的铣床夹具应用最广泛。

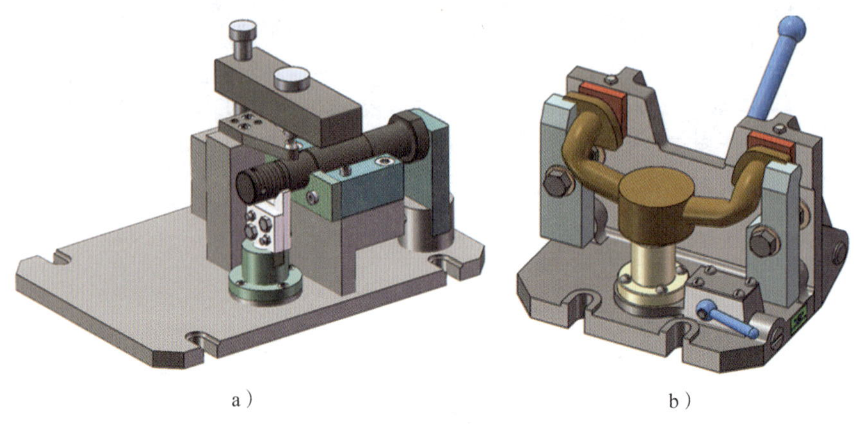

a） b）

图 5–28 铣床夹具

一、铣床夹具分类

根据使用范围的大小，铣床夹具分为通用铣床夹具和专用铣床夹具。通用铣床夹具主要包括平口虎钳（见图 5–29）、自定心卡盘和单动卡盘等，它们已经标准化，由专门的厂家生产。

专用铣床夹具根据其应用的铣床类型不同，可分为卧式铣床夹具和立式铣床夹具；根据装夹工件特点的不同，又可分为单件铣夹具、多件铣夹具和分度铣夹具，见表 5–9。

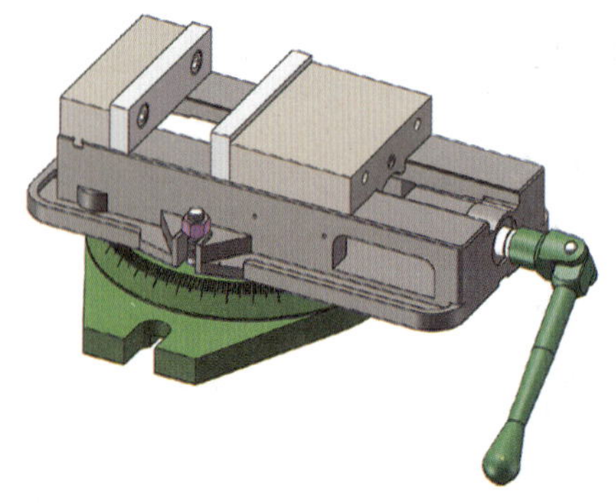

图 5–29 平口虎钳

表 5–9 专用铣床夹具的分类

类型	示例	说明
单件铣夹具		单件铣夹具一次只装夹一个工件，完成特定表面的加工。它按工件的主要定位基准面特征的不同，可分为外圆面定位夹具、内孔面定位夹具、平面定位夹具等

续表

类型	示例	说明
多件铣夹具		多件铣夹具一次装夹多个工件，同时完成多个工件相同特征面的加工。与单件铣夹具类似，它按工件的主要定位基准面特征的不同，可分为外圆面定位夹具、内孔面定位夹具、平面定位夹具等 
分度铣夹具		分度铣夹具是用于对工件一次性装夹而完成多工位相同特征面加工的专用夹具。夹具结构包括固定部分和转动（或移动）部分。工件固定在转动（或移动）机构上，完成一个特征面的加工后，随可动部分转过一定角度或移动一定距离，对下一个特征面进行加工，直至完成全部加工内容 

二、铣床夹具设计要点

铣床夹具通过定位键安装在铣床工作台上，它依靠专门的对刀装置来决定铣刀相对于加工表面的位置。铣床夹具的设计要点见表 5–10。

表 5–10　　铣床夹具的设计要点

序号	设计要点
1	铣床夹具必须具有足够的夹紧力，以防工件在夹具中松动。这是因为铣削过程不是连续切削，加工余量一般较大，故切削力较大，且切削力的大小和方向随时可能变化，使切削过程中产生振动
2	铣床夹具应具有足够的刚度；工件的加工表面应尽量不超出夹具体或工作台外；在确保夹具具有足够排屑空间的前提下，应尽量降低夹具高度（建议高宽比不超过 1.25）
3	充分考虑工件毛坯状况。对于以铸件、锻件毛坯面定位的夹具，应以毛坯图作为设计夹具的依据，以免因毛坯余量尺寸和形状误差影响定位的可靠性和合理性
4	适时考虑增设辅助支承。为减小毛坯误差和铣削中可能发生的变形，在薄弱部位要适当增设辅助支承，以提高夹具的总体刚度
5	铣床夹具应具有自锁功能，以防止工件在加工过程中因振动而松脱
6	应考虑必要的对刀装置。正确选用对刀装置，以调整及确定夹具与铣刀的相对位置；对刀装置应设置在方便使用塞尺和易于观察的位置，并应放置在铣刀开始切入工件的一端
7	应具有足够的排屑空间。铣削过程会产生大量切屑，因此要安排足够的排屑、容屑空间，以确保排屑通畅；另外，根据加工的需要，要考虑切削液的浇入和排出

三、铣床夹具设计步骤

进行铣床夹具设计的步骤如下：

（1）明确工件的加工工艺要求，分析工件图样所注明的加工精度、已加工和未加工表面，特别要明确未加工的铸造毛坯或锻造毛坯表面。

（2）确定工件的加工方式和定位方案，选择合适的定位元件或支承件，做出初步设计。

（3）确定夹紧方案，初步设计出夹紧机构和元件。

（4）考虑是否设置对刀装置，如果采用对刀装置，应根据工件加工表面的要求设计出对刀块等相关元件。

（5）确定夹具体结构，设计出夹具体与机床的连接方式。

设计完成后，应考虑调整整个夹具。例如，对某些定位元件、导向元件、夹紧元件、对刀元件等进行具体结构及尺寸的修改，使之满足设计功能要求。

四、铣床夹具设计示例

1. 明确设计任务

设计在铣床上加工套筒零件端部槽（小批量生产）的专用夹具。

（1）套筒零件图

套筒零件图如图 5–30 所示。

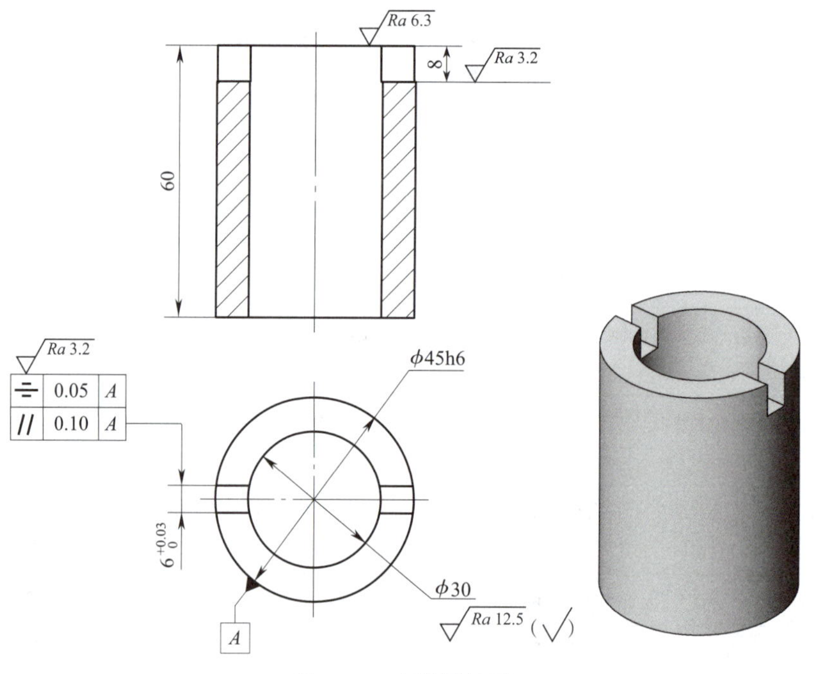

图 5–30　套筒零件图

（2）工件的加工工艺分析

根据工艺规程，铣槽前其他表面均已加工至符合要求，本工序的加工要求如下：

1）槽宽$6^{+0.03}_{0}$ mm（由键槽铣刀保证）。

2）槽两侧对称平面对 ϕ45h6 外圆轴线的对称度公差为 0.05 mm，平行度公差为 0.10 mm。

3）槽深尺寸 8 mm。

2. 确定定位方案

（1）定位方案

根据工件的结构特点及加工精度要求，采用长 V 形块和支承套组合定位。

如图 5–31 所示，工件以外圆柱面在夹具长 V 形块上定位，限制两个移动和两个转动共四个自由度，另以外圆端面为定位基准，通过支承套端面可限制沿垂直方向的移动自由度，即限制工件的一个移动自由度，从而在夹具中实现不完全定位。

（2）定位元件

为实现上述定位方案，定位元件（见图 5–32）的选择如下：

1）长 V 形块

以长 V 形块限制工件四个自由度。

2）支承套

将工件端面置于支承套支承面上，限制工件的一个自由度。

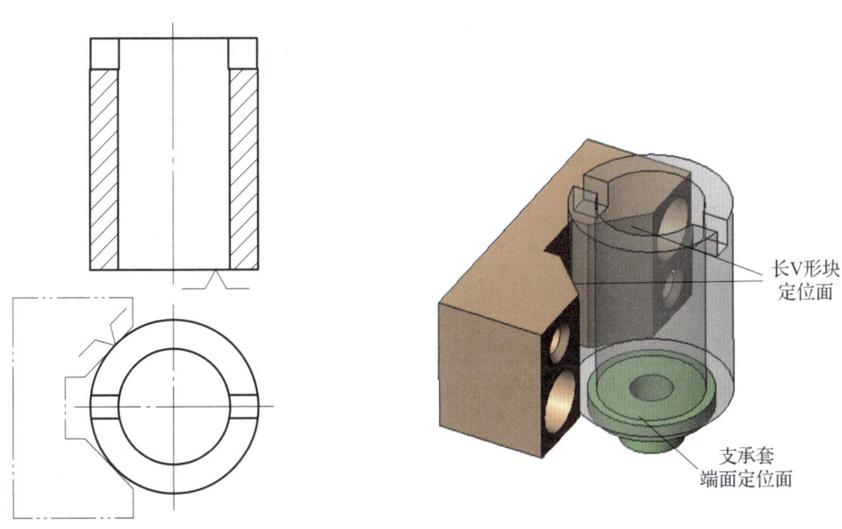

图 5–31　定位方案　　　　图 5–32　定位元件

3. 确定夹紧方案

考虑到小批量生产，应以操作方便、快捷为主设计手动夹紧装置，故采用偏心夹紧机构，如图 5–33 所示。

根据夹紧力应朝向主要定位基准，作用点落在工件刚度较高部位的原则，在偏心轮与工件之间增加一个活动长 V 形块，使工件受力平衡。工作时扳动手柄，带动偏心轮转动，可使活动 V 形块左右移动，从而夹紧和松开工件。

为使活动长 V 形块移动平稳，增加了导向杆；同时为使偏心轮反向转动后工件能快速自动松开，在两 V 形块之间增加了弹簧，使操作更方便，如图 5–34 所示。

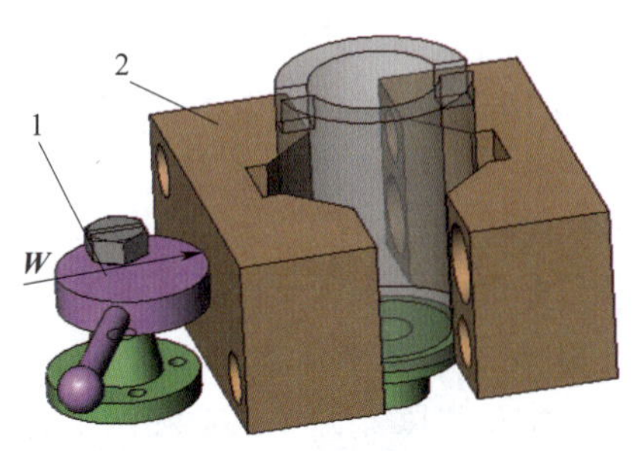

图 5-33　偏心夹紧机构

1—偏心轮机构　2—活动长 V 形块

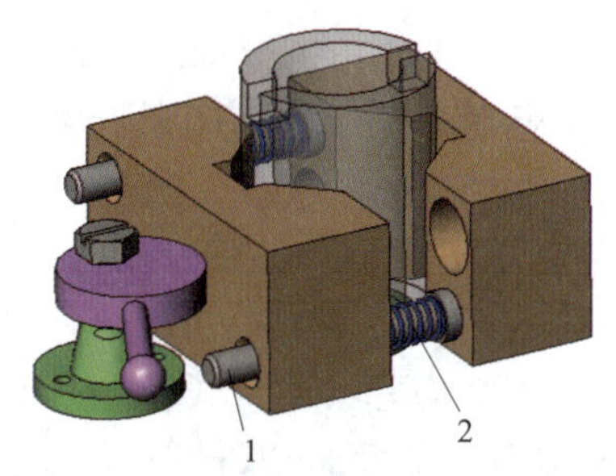

图 5-34　偏心夹紧机构中的导向和自动松开装置

1—导向杆　2—弹簧

4. 设计夹具结构

（1）定位装置

1）长 V 形块

长 V 形块在该夹具中是主要定位元件，限制工件的四个自由度。因其是标准件，故可在附表 9 中选取，本例选取“V 形块　24　JB/T 8018.1—1999”。

2）支承套

该元件的作用是限制工件的上下移动自由度，起支承作用。它以孔轴过渡配合的形式固定于夹具体中，其零件图如图 5-35 所示。

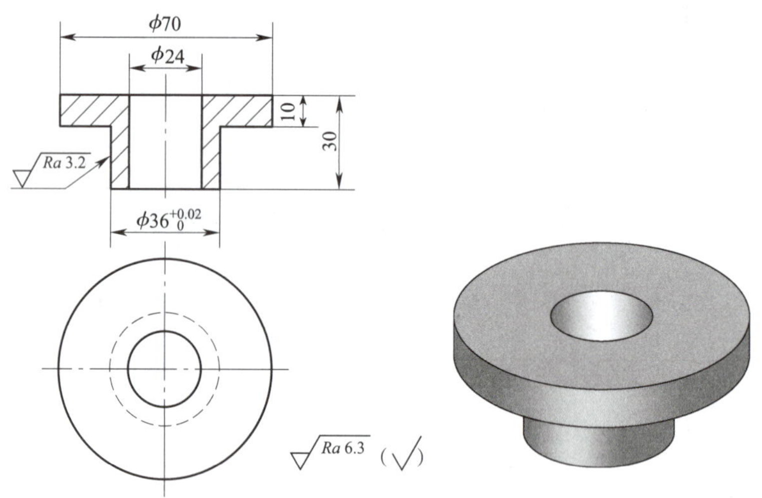

图 5-35　支承套零件图

（2）夹紧装置

1）偏心轮

该夹具采用偏心夹紧机构，根据活动 V 形块的行程设计偏心轮，其零件图如图 5-36 所示。

2）偏心轮支架

该支架主要用于支承偏心轮，为使夹紧力平衡，该支架高度应能保证偏心轮安装后位于活动 V 形块高度方向的中间位置，其零件图如图 5-37 所示。

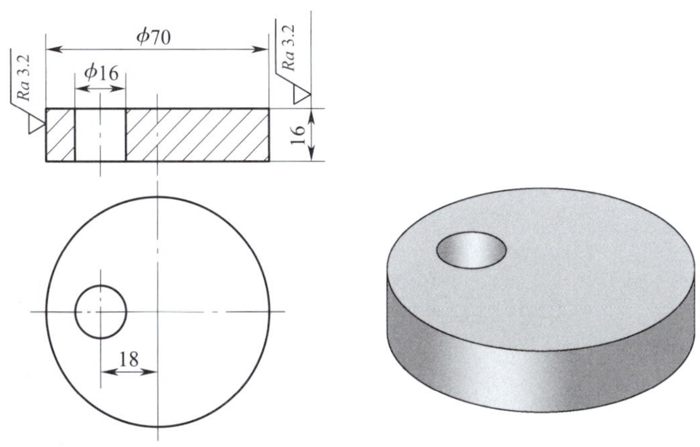

图 5-36　偏心轮零件图

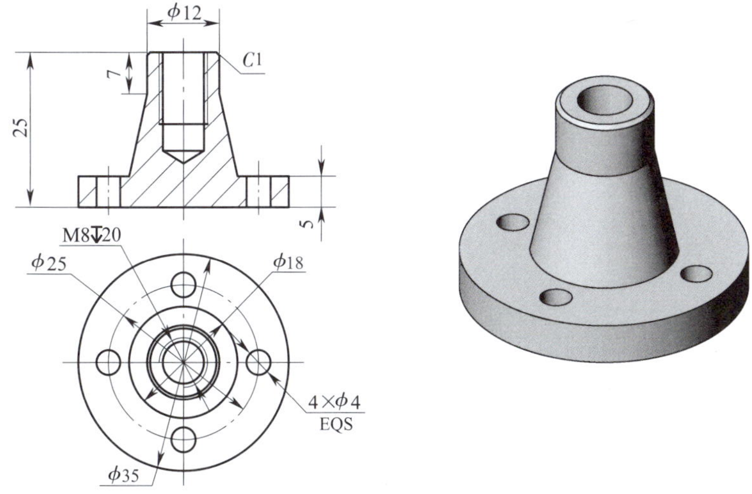

图 5-37　偏心轮支架零件图

（3）辅助装置

1）对刀块

铣槽时铣刀需要在两个方向上进行对刀，故采用直角对刀块配以塞尺进行对刀。直角对刀块零件图如图 5-38 所示。

2）定向键

为保证夹具体在机床上的位置正确，应在夹具体底部设置定向键。定向键可从附表 13 中直接选取。

（4）夹具体

从工件的尺寸、V 形块、导向装置及偏心夹紧装置的安装等方面考虑，以及为提高夹具在机床上安装的稳固性，应尽量降低夹具重心，并防止变形和振动。夹具体零件图如图 5-39 所示。

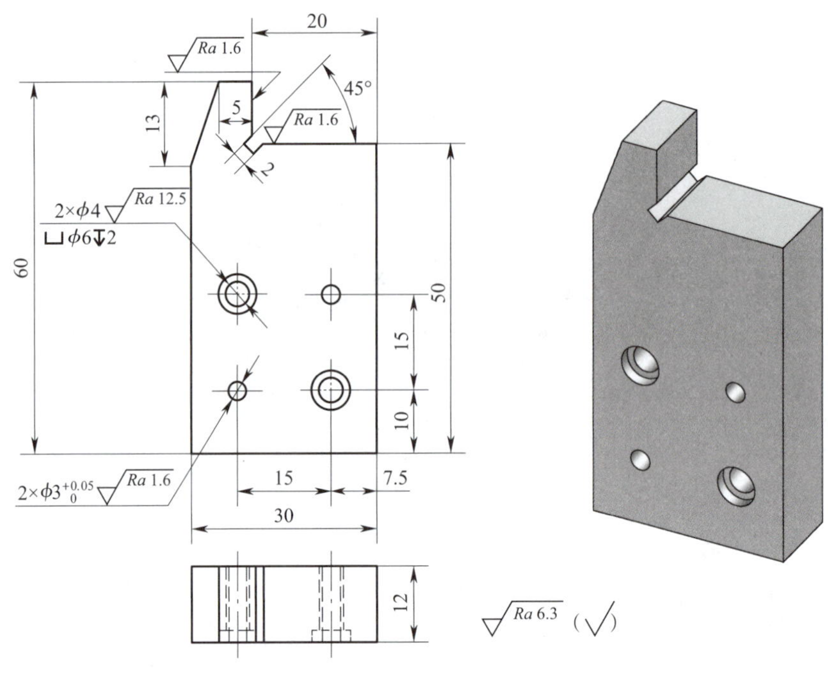

图 5-38　直角对刀块零件图

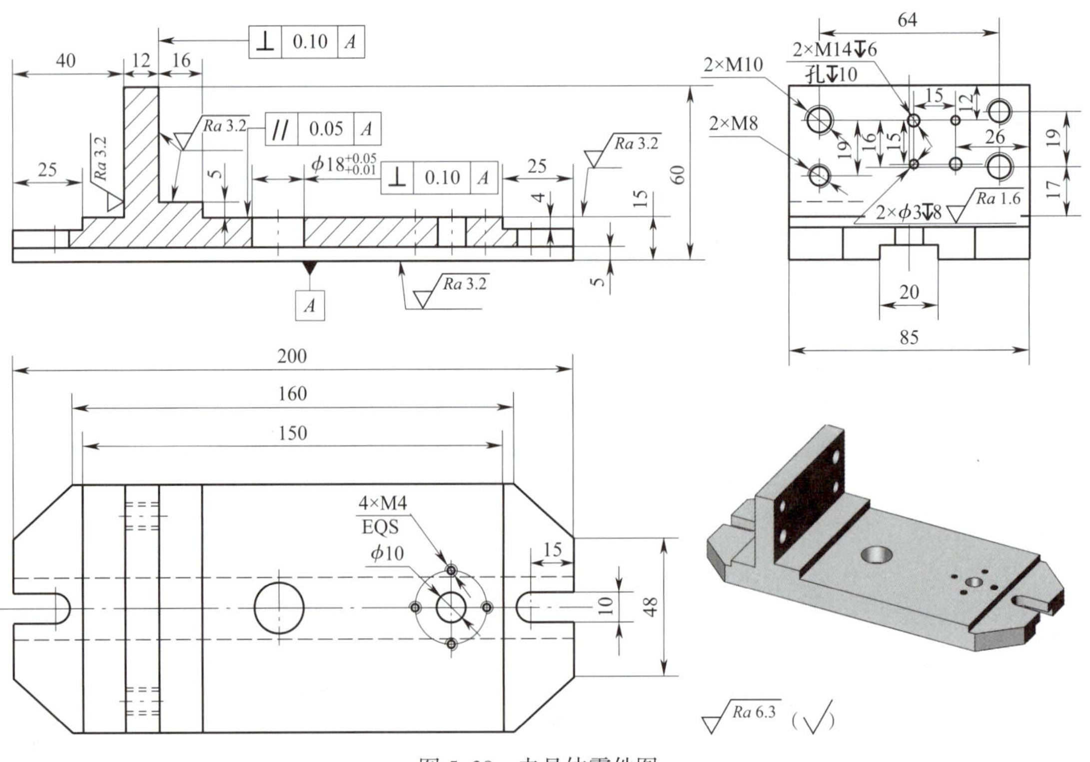

图 5-39　夹具体零件图

5. 绘制夹具总图

上述各种元件的结构和布置基本上决定了该铣床夹具的整体结构，所有部分设计完毕并组装后的铣套筒端部槽夹具总图和三维模型如图 5–40、图 5–41 所示。

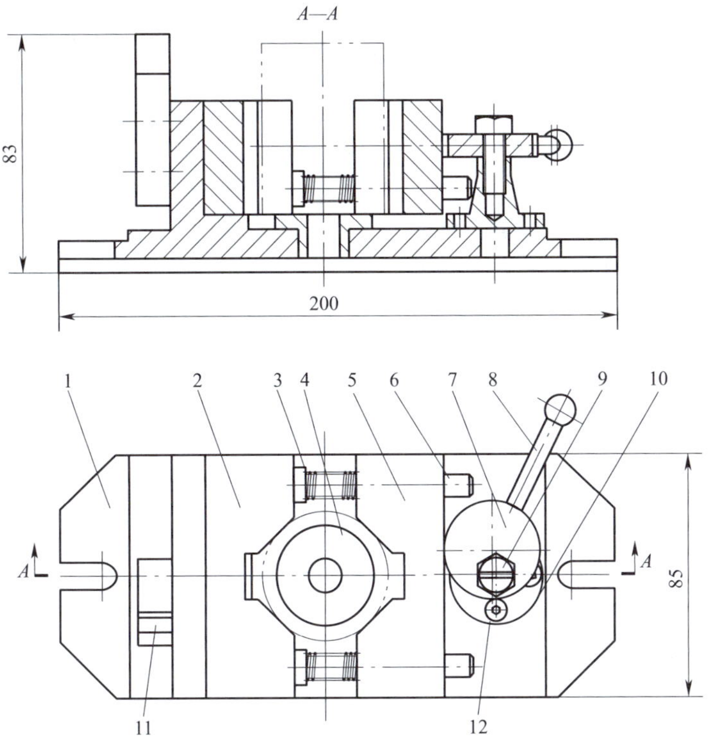

12	GB/T 70.1—2008	内六角圆柱头螺钉M4×12	4	35	
11	XJJ–7	对刀块	1	45	
10	XJJ–6	偏心轮支架	1	45	
9	GB/T 70.1—2008	内六角圆柱头螺钉M8×20	1	35	
8	XJJ–5	手柄	1	45	
7	XJJ–4	偏心轮	1	45	
6	XJJ–3	导向杆	2	45	
5	JB/T 8018.4—1999	活动V形块	1	35	
4	XJJ–2	支承套	1	35	
3	GB/T 4459.4—2003	弹簧	2	65Mn	
2	JB/T 8018.2—1999	固定V形块	1	35	
1	XJJ–1	夹具体	1	45	
序号	代号	名称	数量	材料	备注

铣套筒端部槽夹具		比例	数量	图号
		1 : 1		
制图				
审核				

图 5–40　铣套筒端部槽夹具总图

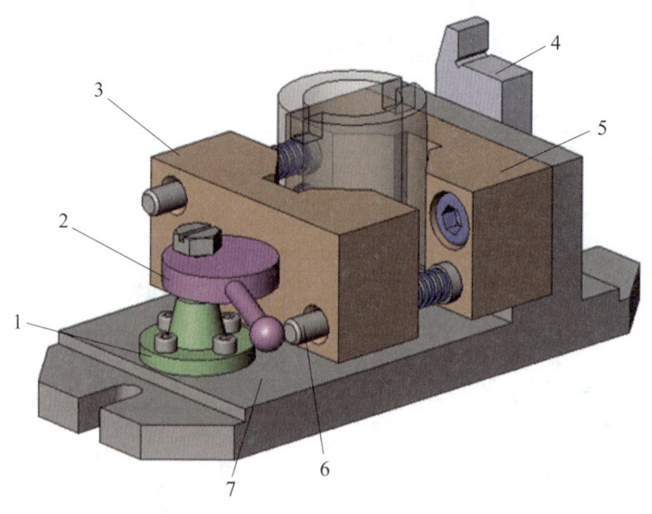

图 5-41　铣套筒端部槽夹具三维模型

1—偏心轮支架　2—偏心轮　3—活动 V 形块　4—对刀块　5—固定 V 形块　6—圆柱销轴　7—夹具体

课后习题

图 5-42 所示为连杆零件图。铣连杆槽工序加工要求如下：槽宽 $45^{+0.1}_{0}$ mm，槽深 10 mm，槽的中心线至小孔中心线的距离为（38.5±0.5）mm，外形、底平面和两个 ϕ13H8 孔都已加工完成，现需进行大批量生产，试设计铣床夹具。

铣连杆槽夹具设计参考图 5-43、图 5-44。

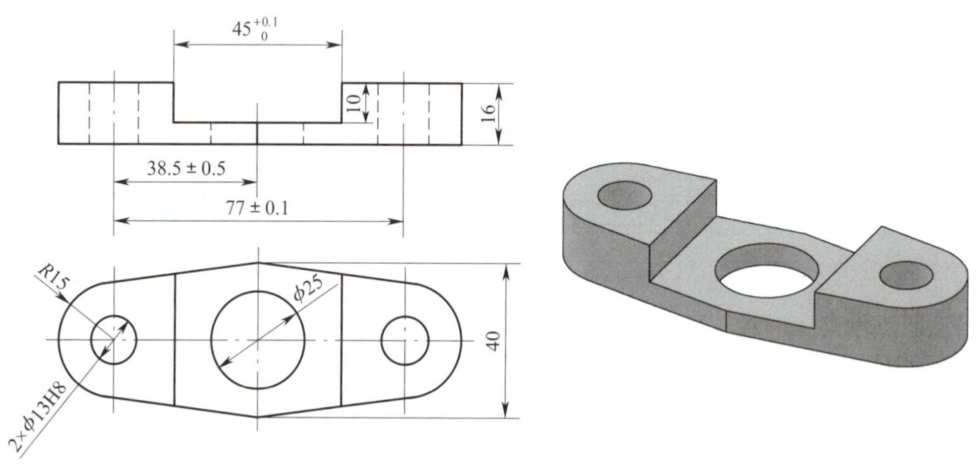

图 5-42　连杆零件图

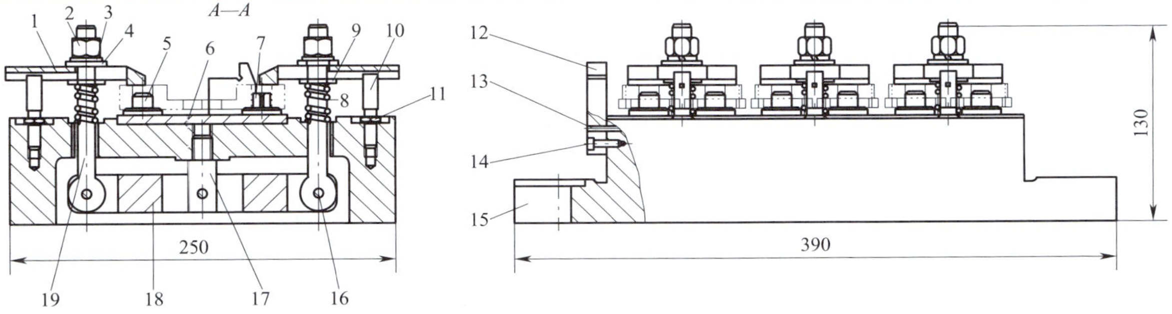

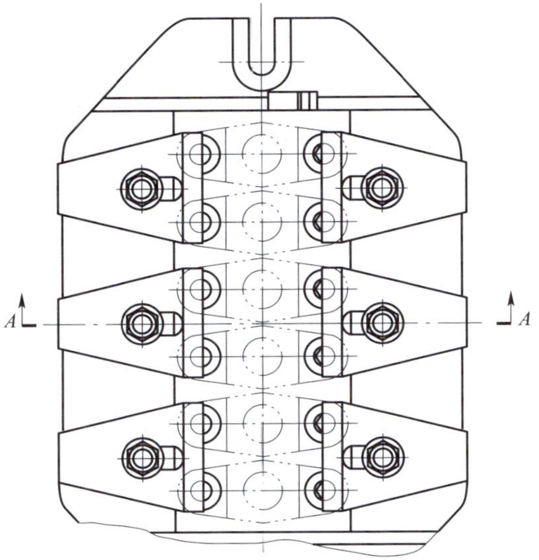

序号	代号	名称	数量	材料	备注
19	XJJ-10	活节螺栓	6	45	
18	XJJ-9	浮动杠杆	3	45	
17	XJJ-8	铰链螺钉	3	45	
16	GB/T 119.1—2000	圆柱销	9	35	
15	XJJ-7	夹具体	4	HT200	
14	GB/T 70.1—2008	内六角圆柱头螺钉	1	35	
13	GB/T 119.1—2000	圆柱销	1	35	
12	XJJ-6	对刀块	1	45	
11	GB/T 41—2016	六角螺母	6	35	
10	XJJ-5	螺旋辅助支承	6	45	
9	GB/T 95—2002	弹簧支承垫圈	6	35	
8	GB/T 4459.4—2003	弹簧	6	65Mn	
7	XJJ-4	削边销	6	T8	
6	XJJ-3	支承板	1	45	
5	XJJ-2	圆柱销	6	T8	
4	GB/T 95—2002	平垫圈	6	35	
3	GB/T 93—1987	弹簧垫圈	6	65Mn	
2	GB/T 41—2016	六角螺母	6	35	
1	XJJ-1	压板	6	45	

铣连杆槽夹具		比例	数量	图号
		1 : 1		
制图				
审核				

图 5-43　铣连杆槽夹具总图

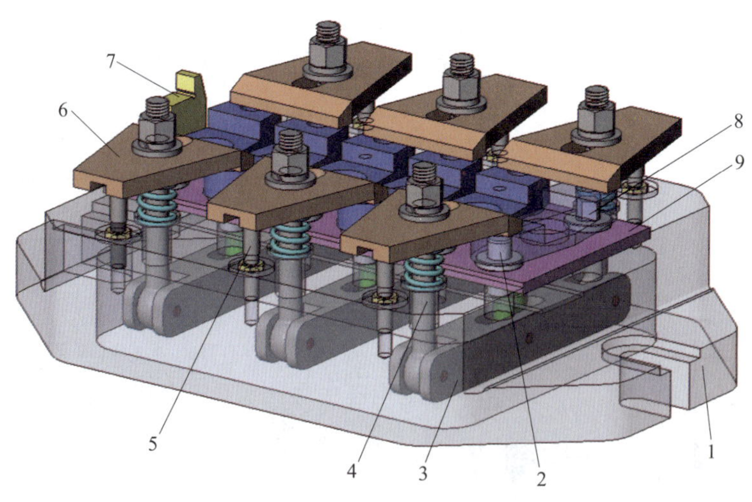

图 5-44　铣连杆槽夹具三维模型

1—夹具体　2—圆柱销　3—浮动杠杆　4—活节螺栓
5—螺旋辅助支承　6—压板　7—对刀块　8—削边销　9—支承板

附　　录

附表 1　　**支承钉（摘自 JB/T 8029.2—1999）**

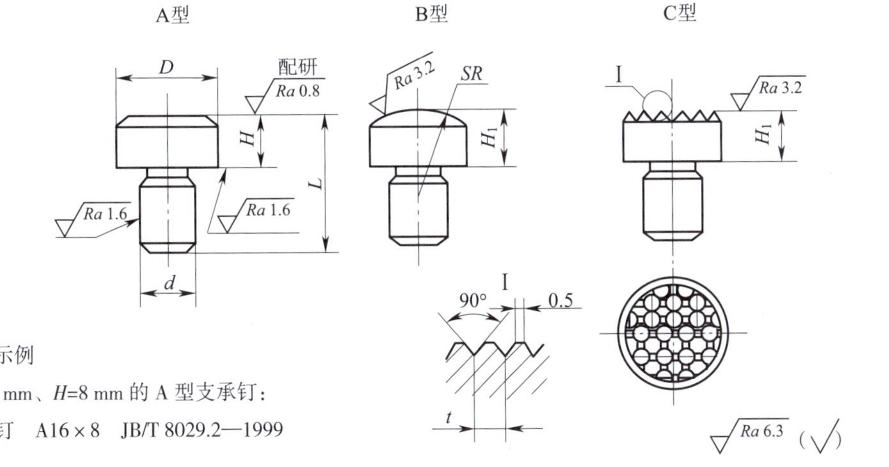

标记示例

D=16 mm、H=8 mm 的 A 型支承钉：

支承钉　A16×8　JB/T 8029.2—1999

mm

<table>
<tr><th rowspan="2">D</th><th rowspan="2">H</th><th colspan="2">H_1</th><th rowspan="2">L</th><th colspan="2">d</th><th rowspan="2">SR</th><th rowspan="2">t</th></tr>
<tr><th>基本尺寸</th><th>极限偏差 h11</th><th>基本尺寸</th><th>极限偏差 r6</th></tr>
<tr><td rowspan="2">5</td><td>2</td><td>2</td><td>0
−0.060</td><td>6</td><td rowspan="2">3</td><td rowspan="4">+0.016
+0.010</td><td rowspan="2">5</td><td rowspan="4">1</td></tr>
<tr><td>5</td><td>5</td><td rowspan="4">0
−0.075</td><td>9</td></tr>
<tr><td rowspan="2">6</td><td>3</td><td>3</td><td>8</td><td rowspan="2">4</td><td rowspan="2">6</td></tr>
<tr><td>6</td><td>6</td><td>11</td></tr>
<tr><td rowspan="2">8</td><td>4</td><td>4</td><td>12</td><td rowspan="2">6</td><td rowspan="2">+0.023
+0.015</td><td rowspan="2">8</td><td rowspan="4">12</td></tr>
<tr><td>8</td><td>8</td><td>0
−0.090</td><td rowspan="2">16</td></tr>
<tr><td rowspan="2">12</td><td>6</td><td>6</td><td>0
−0.075</td><td rowspan="2">8</td><td rowspan="4">+0.028
+0.019</td><td rowspan="2">12</td></tr>
<tr><td>12</td><td>12</td><td>0
−0.110</td><td>22</td></tr>
<tr><td rowspan="2">16</td><td>8</td><td>8</td><td>0
−0.090</td><td>20</td><td rowspan="2">10</td><td rowspan="2">16</td><td rowspan="4">15</td></tr>
<tr><td>16</td><td>16</td><td>0
−0.110</td><td>28</td></tr>
<tr><td rowspan="2">20</td><td>10</td><td>10</td><td>0
−0.090</td><td>25</td><td rowspan="2">12</td><td rowspan="4">+0.034
+0.023</td><td rowspan="2">20</td></tr>
<tr><td>20</td><td>20</td><td>0
−0.130</td><td>35</td></tr>
<tr><td rowspan="2">25</td><td>12</td><td>12</td><td>0
−0.110</td><td>32</td><td rowspan="2">16</td><td rowspan="2">25</td><td rowspan="6">2</td></tr>
<tr><td>25</td><td>25</td><td>0
−0.130</td><td>45</td></tr>
<tr><td rowspan="3">30</td><td>16</td><td>16</td><td>0
−0.110</td><td>42</td><td rowspan="2">20</td><td rowspan="4">+0.041
+0.028</td><td rowspan="2">32</td></tr>
<tr><td>30</td><td>30</td><td rowspan="2">0
−0.130</td><td>55</td></tr>
<tr><td>20</td><td>20</td><td>50</td><td rowspan="2">24</td><td rowspan="2">40</td></tr>
<tr><td>40</td><td>40</td><td>40</td><td>0
−0.160</td><td>70</td></tr>
</table>

附表 2　　　　支承板（摘自 JB/T 8029.1—1999）

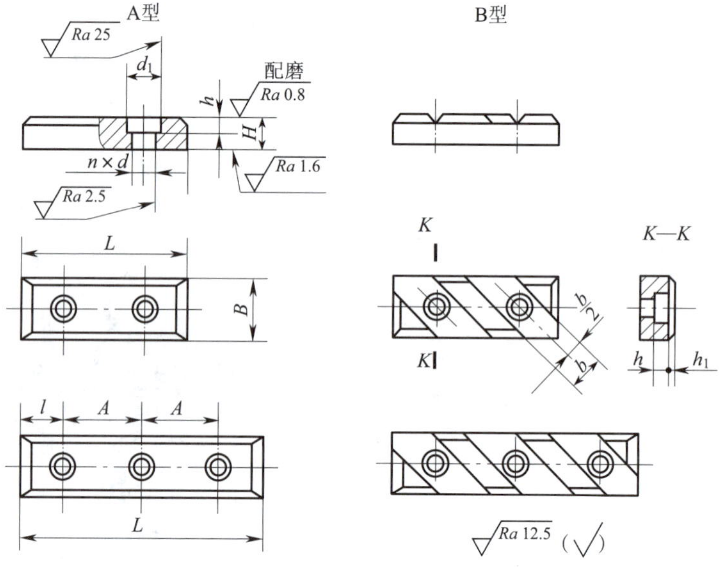

标记示例

H=16 mm、L=100 mm 的 A 型支承板：支承板　A16 × 100　JB/T 8029.1—1999

mm

<table>
<tr><th>H</th><th>L</th><th>B</th><th>b</th><th>l</th><th>A</th><th>d</th><th>d_1</th><th>h</th><th>h_1</th><th>孔数 n</th></tr>
<tr><td rowspan="2">6</td><td>30</td><td rowspan="2">12</td><td rowspan="4">—</td><td rowspan="2">7.5</td><td rowspan="2">15</td><td rowspan="2">4.5</td><td rowspan="2">8</td><td rowspan="2">3</td><td rowspan="4">—</td><td>2</td></tr>
<tr><td>45</td><td>3</td></tr>
<tr><td rowspan="2">8</td><td>40</td><td rowspan="2">14</td><td rowspan="2">10</td><td rowspan="2">20</td><td rowspan="2">5.5</td><td rowspan="2">10</td><td rowspan="2">3.5</td><td>2</td></tr>
<tr><td>60</td><td>3</td></tr>
<tr><td rowspan="2">10</td><td>60</td><td rowspan="2">16</td><td rowspan="2">14</td><td rowspan="2">15</td><td rowspan="2">30</td><td rowspan="2">6.6</td><td rowspan="2">11</td><td rowspan="2">4.5</td><td rowspan="6">1.5</td><td>2</td></tr>
<tr><td>90</td><td>3</td></tr>
<tr><td rowspan="2">12</td><td>80</td><td rowspan="2">20</td><td rowspan="4">17</td><td rowspan="4">20</td><td rowspan="2">40</td><td rowspan="4">9</td><td rowspan="4">15</td><td rowspan="4">6</td><td>2</td></tr>
<tr><td>120</td><td>3</td></tr>
<tr><td rowspan="2">16</td><td>100</td><td rowspan="2">25</td><td rowspan="4">60</td><td>2</td></tr>
<tr><td>160</td><td>3</td></tr>
<tr><td rowspan="2">20</td><td>120</td><td rowspan="2">32</td><td rowspan="4">20</td><td rowspan="4">30</td><td rowspan="4">11</td><td rowspan="4">18</td><td rowspan="4">7</td><td rowspan="4">2.5</td><td>2</td></tr>
<tr><td>180</td><td>3</td></tr>
<tr><td rowspan="2">25</td><td>140</td><td rowspan="2">40</td><td rowspan="2">80</td><td>2</td></tr>
<tr><td>220</td><td>3</td></tr>
</table>

附表 3　　六角头支承（摘自 JB/T 8026.1—1999）

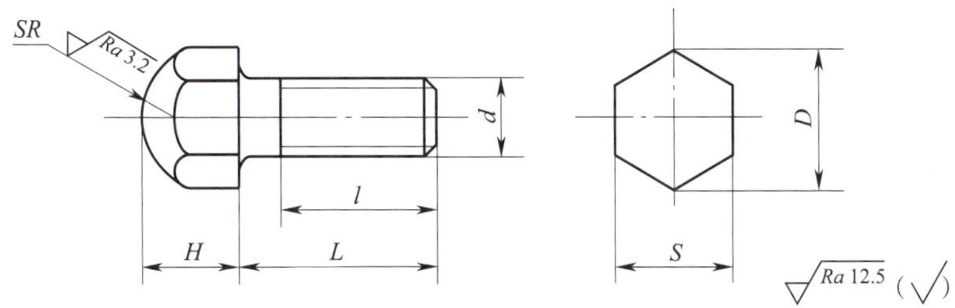

标记示例

d=M10、*L*=25 mm 的六角头支承：支承　M10×25　JB/T 8026.1—1999

mm

<table>
<tr><td colspan="2">d</td><td>M5</td><td>M6</td><td>M8</td><td>M10</td><td>M12</td><td>M16</td><td>M20</td><td>M24</td><td>M30</td><td>M36</td></tr>
<tr><td colspan="2">D≈</td><td>8.63</td><td>10.89</td><td>12.7</td><td>14.2</td><td>17.59</td><td>23.35</td><td>31.2</td><td>37.29</td><td>47.3</td><td>57.7</td></tr>
<tr><td colspan="2">H</td><td>6</td><td>8</td><td>10</td><td>12</td><td>14</td><td>16</td><td>20</td><td>24</td><td>30</td><td>36</td></tr>
<tr><td colspan="2">SR</td><td colspan="6">5</td><td colspan="4">12</td></tr>
<tr><td rowspan="2">S</td><td>基本尺寸</td><td>8</td><td>10</td><td>11</td><td>13</td><td>17</td><td>21</td><td>27</td><td>34</td><td>41</td><td>50</td></tr>
<tr><td>极限偏差</td><td colspan="2">0
−0.220</td><td colspan="3">0
−0.270</td><td colspan="2">0
−0.330</td><td colspan="3">0
−0.620</td></tr>
<tr><td colspan="2">L</td><td colspan="10">l</td></tr>
<tr><td colspan="2">15</td><td>12</td><td>12</td><td></td><td></td><td></td><td></td><td></td><td></td><td></td><td></td></tr>
<tr><td colspan="2">20</td><td>15</td><td>15</td><td>15</td><td></td><td></td><td></td><td></td><td></td><td></td><td></td></tr>
<tr><td colspan="2">25</td><td>20</td><td>20</td><td>20</td><td>20</td><td></td><td></td><td></td><td></td><td></td><td></td></tr>
<tr><td colspan="2">30</td><td></td><td>25</td><td>25</td><td>25</td><td>25</td><td></td><td></td><td></td><td></td><td></td></tr>
<tr><td colspan="2">35</td><td></td><td></td><td>30</td><td>30</td><td>30</td><td>30</td><td></td><td></td><td></td><td></td></tr>
<tr><td colspan="2">40</td><td></td><td></td><td>35</td><td rowspan="2">35</td><td rowspan="2">35</td><td rowspan="2">35</td><td>30</td><td></td><td></td><td></td></tr>
<tr><td colspan="2">45</td><td></td><td></td><td></td><td rowspan="2">35</td><td>30</td><td></td><td></td></tr>
<tr><td colspan="2">50</td><td></td><td></td><td></td><td>40</td><td>40</td><td>40</td><td>35</td><td></td><td></td></tr>
<tr><td colspan="2">60</td><td></td><td></td><td></td><td></td><td>45</td><td>45</td><td>40</td><td>40</td><td>35</td><td></td></tr>
<tr><td colspan="2">70</td><td></td><td></td><td></td><td></td><td></td><td>50</td><td>50</td><td>50</td><td>45</td><td>45</td></tr>
<tr><td colspan="2">80</td><td></td><td></td><td></td><td></td><td></td><td>60</td><td rowspan="2">60</td><td>55</td><td>50</td><td rowspan="2">50</td></tr>
<tr><td colspan="2">90</td><td></td><td></td><td></td><td></td><td></td><td></td><td>60</td><td rowspan="2">60</td></tr>
<tr><td colspan="2">100</td><td></td><td></td><td></td><td></td><td></td><td></td><td>70</td><td>70</td><td rowspan="2">60</td></tr>
<tr><td colspan="2">120</td><td></td><td></td><td></td><td></td><td></td><td></td><td></td><td>80</td><td>70</td></tr>
<tr><td colspan="2">140</td><td></td><td></td><td></td><td></td><td></td><td></td><td></td><td></td><td>100</td><td>90</td></tr>
<tr><td colspan="2">160</td><td></td><td></td><td></td><td></td><td></td><td></td><td></td><td></td><td></td><td>100</td></tr>
</table>

附表 4　　　　调节支承（摘自 JB/T 8026.4—1999）

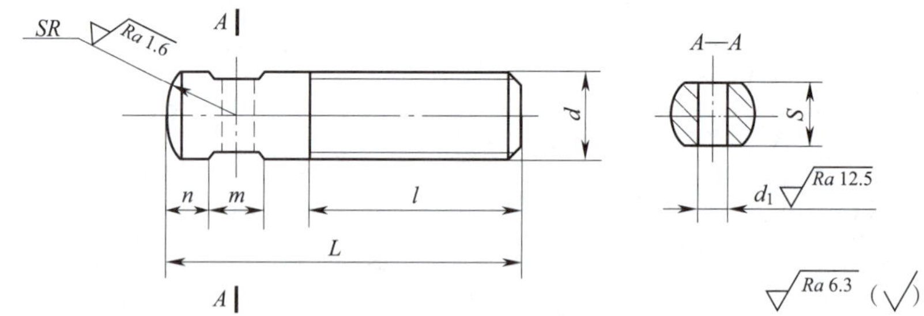

标记示例

d=M12、L=50 mm 的调节支承：支承　M12×50　JB/T 8026.4—1999

mm

<table>
<tr><td colspan="2">d</td><td>M5</td><td>M6</td><td>M8</td><td>M10</td><td>M12</td><td>M16</td><td>M20</td><td>M24</td><td>M30</td><td>M36</td></tr>
<tr><td colspan="2">n</td><td>2</td><td colspan="2">3</td><td>4</td><td>5</td><td>6</td><td>8</td><td>10</td><td>12</td><td>18</td></tr>
<tr><td colspan="2">m</td><td colspan="2">4</td><td>5</td><td colspan="2">8</td><td>10</td><td>12</td><td>14</td><td>16</td><td>18</td></tr>
<tr><td rowspan="2">S</td><td>基本尺寸</td><td>3.2</td><td>4</td><td>5.5</td><td>8</td><td>10</td><td>13</td><td>16</td><td>18</td><td>27</td><td>30</td></tr>
<tr><td>极限偏差</td><td colspan="3">0
-0.180</td><td colspan="2">0
-0.220</td><td colspan="2">0
-0.270</td><td colspan="3">0
-0.330</td></tr>
<tr><td colspan="2">d_1</td><td>2</td><td>2.5</td><td>3</td><td>3.5</td><td>4</td><td>5</td><td colspan="4">—</td></tr>
<tr><td colspan="2">SR</td><td>5</td><td>6</td><td>8</td><td>10</td><td>12</td><td>16</td><td>20</td><td>24</td><td>30</td><td>36</td></tr>
<tr><td colspan="2">L</td><td colspan="10">l</td></tr>
<tr><td colspan="2">20</td><td>10</td><td>10</td><td></td><td></td><td></td><td></td><td></td><td></td><td></td><td></td></tr>
<tr><td colspan="2">25</td><td>12</td><td>12</td><td>12</td><td></td><td></td><td></td><td></td><td></td><td></td><td></td></tr>
<tr><td colspan="2">30</td><td>16</td><td>16</td><td>16</td><td>14</td><td></td><td></td><td></td><td></td><td></td><td></td></tr>
<tr><td colspan="2">35</td><td></td><td rowspan="2">18</td><td>18</td><td>16</td><td></td><td></td><td></td><td></td><td></td><td></td></tr>
<tr><td colspan="2">40</td><td></td><td>20</td><td>20</td><td>18</td><td></td><td></td><td></td><td></td><td></td></tr>
<tr><td colspan="2">45</td><td></td><td></td><td>25</td><td>25</td><td>20</td><td></td><td></td><td></td><td></td><td></td></tr>
<tr><td colspan="2">50</td><td></td><td></td><td>30</td><td rowspan="2">30</td><td>25</td><td>25</td><td></td><td></td><td></td><td></td></tr>
<tr><td colspan="2">60</td><td></td><td></td><td></td><td>30</td><td>30</td><td></td><td></td><td></td><td></td></tr>
<tr><td colspan="2">70</td><td></td><td></td><td></td><td></td><td rowspan="2">35</td><td>40</td><td>35</td><td></td><td></td><td></td></tr>
<tr><td colspan="2">80</td><td></td><td></td><td></td><td></td><td rowspan="2">50</td><td>45</td><td>40</td><td></td><td></td></tr>
<tr><td colspan="2">100</td><td></td><td></td><td></td><td></td><td></td><td rowspan="2">50</td><td rowspan="2">60</td><td>50</td><td></td></tr>
<tr><td colspan="2">120</td><td></td><td></td><td></td><td></td><td></td><td></td><td>70</td><td>60</td></tr>
<tr><td colspan="2">140</td><td></td><td></td><td></td><td></td><td></td><td></td><td rowspan="2">80</td><td rowspan="4">90</td><td rowspan="2">90</td><td>80</td></tr>
<tr><td colspan="2">160</td><td></td><td></td><td></td><td></td><td></td><td></td><td rowspan="3">100</td></tr>
<tr><td colspan="2">180</td><td></td><td></td><td></td><td></td><td></td><td></td><td></td><td rowspan="4">100</td></tr>
<tr><td colspan="2">200</td><td></td><td></td><td></td><td></td><td></td><td></td><td></td></tr>
<tr><td colspan="2">220</td><td></td><td></td><td></td><td></td><td></td><td></td><td></td><td></td><td rowspan="5">150</td></tr>
<tr><td colspan="2">250</td><td></td><td></td><td></td><td></td><td></td><td></td><td></td><td></td></tr>
<tr><td colspan="2">280</td><td></td><td></td><td></td><td></td><td></td><td></td><td></td><td></td><td></td></tr>
<tr><td colspan="2">320</td><td></td><td></td><td></td><td></td><td></td><td></td><td></td><td></td><td></td></tr>
</table>

附表 5 **顶压支承（摘自 JB/T 8026.2—1999）**

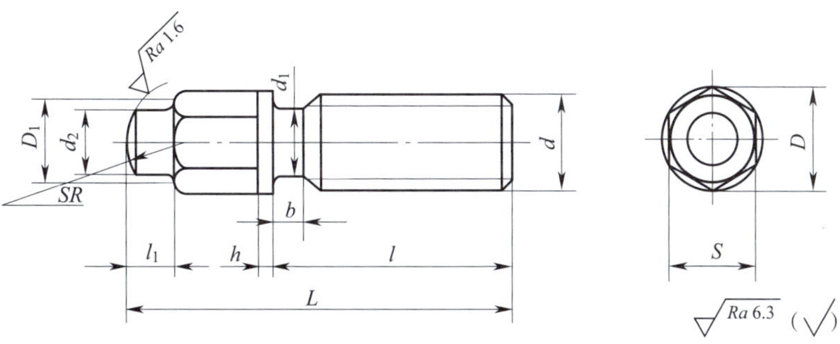

标记示例

d=Tr16×4 左、L=65 mm 的顶压支承：支承 Tr16×4 左 ×65 JB/T 8026.2—1999

mm

d	$D\approx$	L	S 基本尺寸	S 极限偏差	l	l_1	$D_1\approx$	d_1	d_2	b	h	SR
Tr16×4 左	16.2	55	13	0 −0.270	30	8	13.5	10.9	10	5	3	10
		65			40							
		80			55							
Tr20×4 左	19.6	70	17		40	10	16.5	14.9	12			12
		85			55							
		100			70							
Tr24×5 左	25.4	85	21	0 −0.330	50	12	21	17.4	16	6.5	4	16
		100			65							
		120			85							
Tr30×6 左	31.2	100	27		65	15	26	22.2	20	7.5	5	20
		120			75							
		140			95							
Tr36×6 左	36.9	120	34	0 −0.620	65	18	31	28.2	24			24
		140			85							
		160			105							

附表 6　　可换定位销（摘自 JB/T 8014.3—1999）

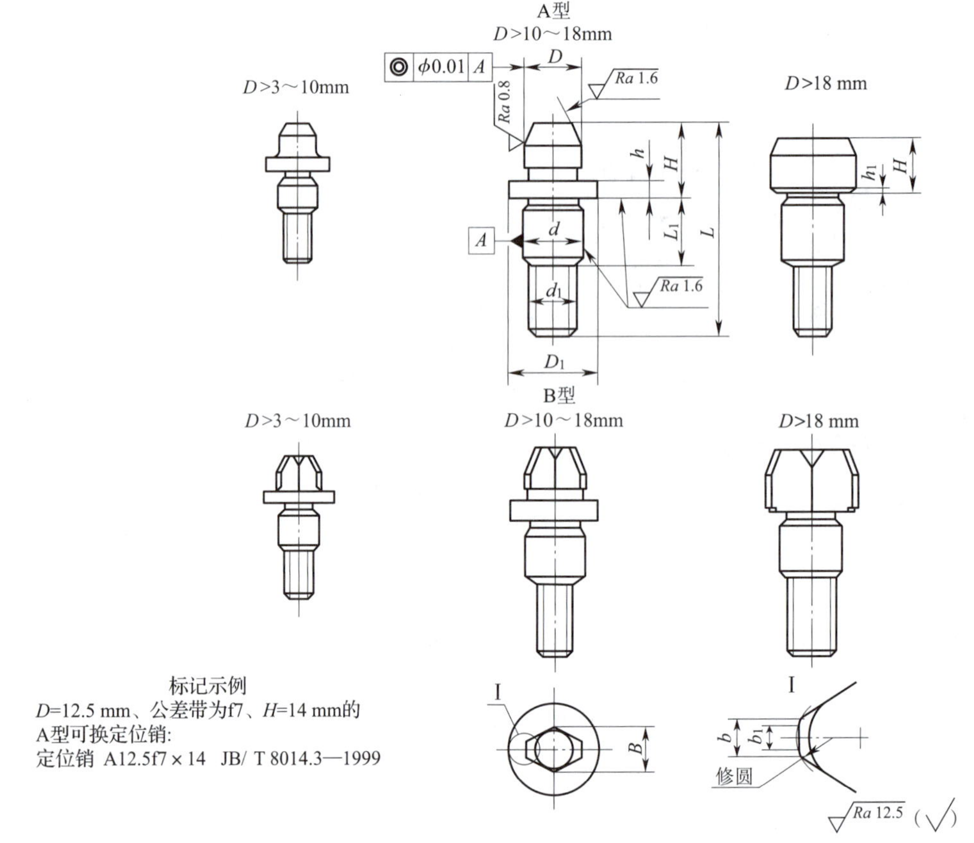

标记示例

D=12.5 mm、公差带为f7、H=14 mm的A型可换定位销:

定位销 A12.5f7×14　JB/ T 8014.3—1999

mm

D	H	d		d_1	D_1	L	L_1	h	h_1	B	b	b_1
		基本尺寸	极限偏差 h6									
>3～6	8 14	6	0 −0.008	M5	12	26 32	8	3 7	—	D−0.5	2	1
>6～8	10 18	8	0 −0.009	M6	14	28 36		3 7		D−1	3	2
>8～10	12 22	10		M8	16	35 45	10	4 8		D−2	4	3
>10～14	14 24	12	0 −0.011	M10	18	40 50	12	4 9				
>14～18	16 26	15		M12	22	46 56	14	5 10				
>18～20	12 18 28	12		M10	—	40 46 55	12	—	1			
>20～24	14 22 32	15		M12		45 53 63	14		2	D−3	5	
>24～30	16 25 34					50 60 68	16			D−4		
>30～40	18 30 38	18	0 −0.013	M16		60 72 80	20		3	D−5	6	4
>40～50	20 35 45	22		M20		70 85 95	25				8	5

注：D 的公差带按设计要求决定。

附表 7　　内拨顶尖（摘自 JB/T 10117.1—1999）

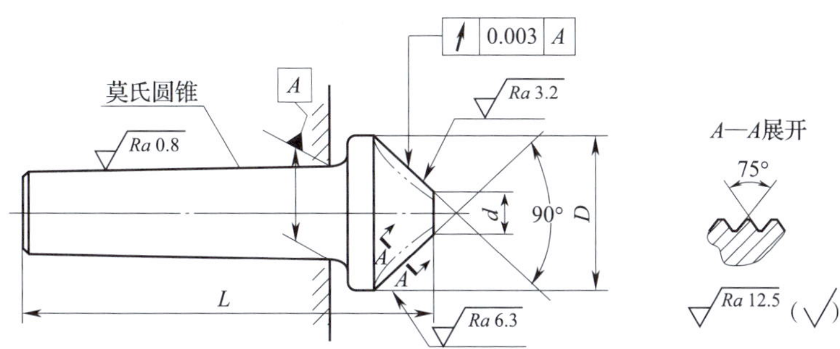

标记示例

莫氏圆锥 4 号的内拨顶尖：顶尖　4　JB/T 10117.1—1999

mm

规格	莫氏圆锥				
	2	3	4	5	6
D	30	50	75	95	120
L	85	110	150	190	250
d	6	15	20	30	50

附表 8　　夹持式内拨顶尖（摘自 JB/T 10117.2—1999）

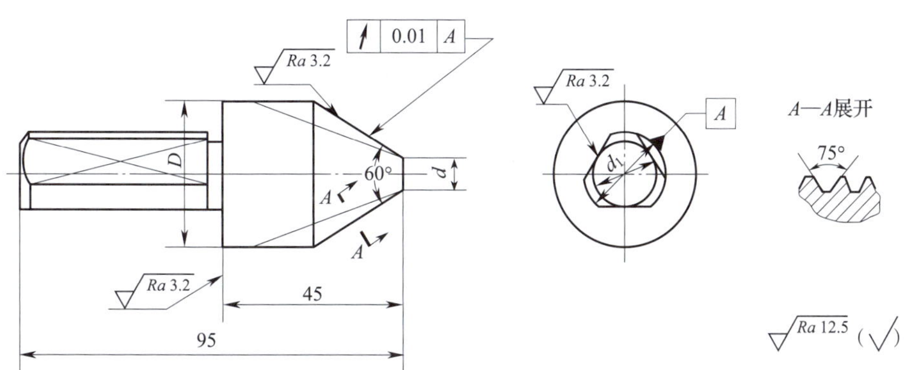

标记示例

d=12 mm 的夹持式内拨顶尖：顶尖　12　JB/T 10117.2—1999

mm

d	基本尺寸	12	16	20	25	32	40	50	63	80	100
	极限偏差	$^{0}_{-0.5}$									
D		35	40	45	50	55	63	75	90	110	125
d_1		20		25	30		45		50		60

附表 9　　V 形块（摘自 JB/T 8018.1—1999）

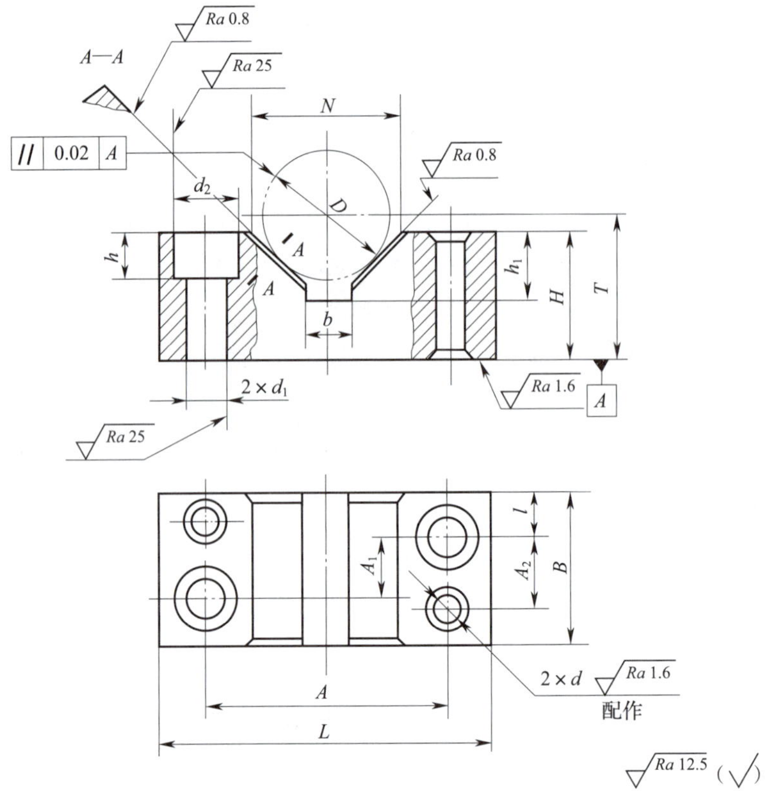

标记示例

N=24 mm 的 V 形块：V 形块　24　JB/T 8018.1—1999

mm

<table>
<tr><th rowspan="2">N</th><th rowspan="2">D</th><th rowspan="2">L</th><th rowspan="2">B</th><th rowspan="2">H</th><th rowspan="2">A</th><th rowspan="2">A1</th><th rowspan="2">A2</th><th rowspan="2">b</th><th rowspan="2">l</th><th colspan="2">d</th><th rowspan="2">d1</th><th rowspan="2">d2</th><th rowspan="2">h</th><th rowspan="2">h1</th></tr>
<tr><th>基本尺寸</th><th>极限偏差 H7</th></tr>
<tr><td>9</td><td>5～10</td><td>32</td><td>16</td><td>10</td><td>20</td><td>5</td><td>7</td><td>2</td><td>5.5</td><td rowspan="2">4</td><td rowspan="5">+0.012
0</td><td>4.5</td><td>8</td><td>4</td><td>5</td></tr>
<tr><td>14</td><td>>10～15</td><td>38</td><td>20</td><td>12</td><td>26</td><td>6</td><td>9</td><td>4</td><td>7</td><td>5.5</td><td>10</td><td>5</td><td>7</td></tr>
<tr><td>18</td><td>>15～20</td><td>46</td><td rowspan="2">25</td><td>16</td><td>32</td><td rowspan="2">9</td><td rowspan="2">12</td><td>6</td><td rowspan="2">8</td><td rowspan="2">5</td><td rowspan="2">6.6</td><td rowspan="2">11</td><td rowspan="2">6</td><td>9</td></tr>
<tr><td>24</td><td>>20～25</td><td>55</td><td>20</td><td>40</td><td>8</td><td>11</td></tr>
<tr><td>32</td><td>>25～35</td><td>70</td><td>32</td><td>25</td><td>50</td><td>12</td><td>15</td><td>12</td><td>10</td><td>6</td><td>9</td><td>15</td><td>8</td><td>14</td></tr>
<tr><td>42</td><td>>35～45</td><td>85</td><td rowspan="2">40</td><td>32</td><td>64</td><td rowspan="2">16</td><td rowspan="2">19</td><td>16</td><td rowspan="2">12</td><td rowspan="2">8</td><td rowspan="4">+0.015
0</td><td rowspan="2">11</td><td rowspan="2">18</td><td rowspan="2">10</td><td>18</td></tr>
<tr><td>55</td><td>>45～60</td><td>100</td><td>35</td><td>76</td><td>20</td><td>22</td></tr>
<tr><td>70</td><td>>60～80</td><td>125</td><td rowspan="2">50</td><td>42</td><td>96</td><td rowspan="2">20</td><td rowspan="2">25</td><td>30</td><td rowspan="2">15</td><td rowspan="2">10</td><td rowspan="2">13.5</td><td rowspan="2">20</td><td rowspan="2">12</td><td>25</td></tr>
<tr><td>85</td><td>>80～100</td><td>140</td><td>50</td><td>110</td><td>40</td><td>30</td></tr>
</table>

注：尺寸 T 按公式 $T=H+0.707D-0.5N$ 计算。

附表 10　　固定 V 形块（摘自 JB/T 8018.2—1999）

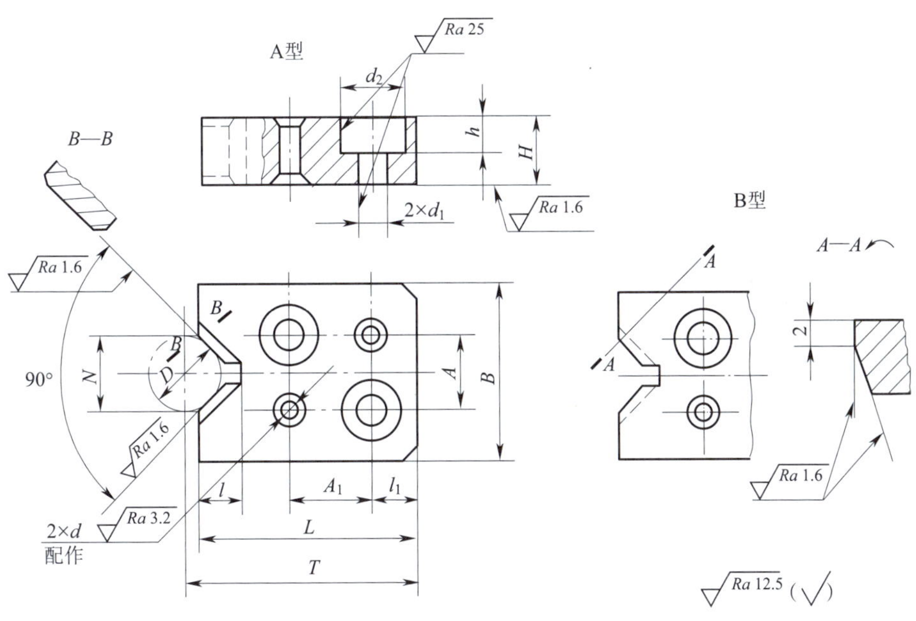

标记示例

N=18 mm 的 A 型固定 V 形块：V 形块　A18　JB/T 8018.2—1999

mm

<table>
<tr><th rowspan="2">N</th><th rowspan="2">D</th><th rowspan="2">B</th><th rowspan="2">H</th><th rowspan="2">L</th><th rowspan="2">l</th><th rowspan="2">l_1</th><th rowspan="2">A</th><th rowspan="2">A_1</th><th colspan="2">d</th><th rowspan="2">d_1</th><th rowspan="2">d_2</th><th rowspan="2">h</th></tr>
<tr><th>基本尺寸</th><th>极限偏差 H7</th></tr>
<tr><td>9</td><td>5～10</td><td>22</td><td>10</td><td>32</td><td>5</td><td>6</td><td rowspan="2">10</td><td>13</td><td>4</td><td rowspan="4">+0.012
0</td><td>4.5</td><td>8</td><td>4</td></tr>
<tr><td>14</td><td>>10～15</td><td>24</td><td>12</td><td>35</td><td>7</td><td>7</td><td rowspan="2">14</td><td rowspan="2">5</td><td>5.5</td><td>10</td><td>5</td></tr>
<tr><td>18</td><td>>15～20</td><td>28</td><td>14</td><td>40</td><td>10</td><td>8</td><td>12</td><td rowspan="2">6.6</td><td rowspan="2">11</td><td rowspan="2">6</td></tr>
<tr><td>24</td><td>>20～25</td><td>34</td><td rowspan="2">16</td><td>45</td><td>12</td><td>10</td><td>15</td><td>15</td><td>6</td></tr>
<tr><td>32</td><td>>25～35</td><td>42</td><td>55</td><td>16</td><td>12</td><td>20</td><td>18</td><td>8</td><td rowspan="3">+0.015
0</td><td>9</td><td>15</td><td>8</td></tr>
<tr><td>42</td><td>>35～45</td><td>52</td><td rowspan="2">20</td><td>68</td><td>20</td><td>14</td><td>26</td><td>22</td><td rowspan="2">10</td><td rowspan="2">11</td><td rowspan="2">18</td><td rowspan="2">10</td></tr>
<tr><td>55</td><td>>45～60</td><td>65</td><td>80</td><td>25</td><td>15</td><td>35</td><td>28</td></tr>
<tr><td>70</td><td>>60～80</td><td>80</td><td>25</td><td>90</td><td>32</td><td>18</td><td>45</td><td>35</td><td>12</td><td>+0.018
0</td><td>13.5</td><td>20</td><td>12</td></tr>
</table>

注：尺寸 T 按公式 $T=L+0.707D-0.5N$ 计算。

附表 11　　活动 V 形块（摘自 JB/T 8018.4—1999）

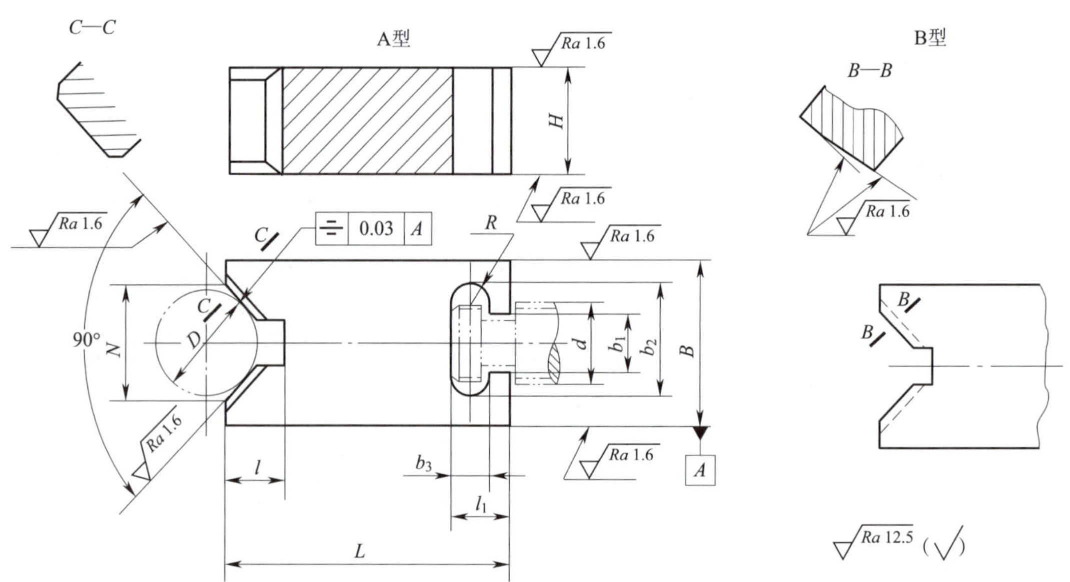

标记示例

N=18 mm 的 A 型活动 V 形块：V 形块　A18　JB/T 8018.4—1999

mm

<table>
<tr><th rowspan="2">N</th><th rowspan="2">D</th><th colspan="2">B</th><th colspan="2">H</th><th rowspan="2">L</th><th rowspan="2">l</th><th rowspan="2">l_1</th><th rowspan="2">b_1</th><th rowspan="2">b_2</th><th rowspan="2">b_3</th><th rowspan="2">相配件 d</th></tr>
<tr><th>基本尺寸</th><th>极限偏差 f7</th><th>基本尺寸</th><th>极限偏差 f9</th></tr>
<tr><td>9</td><td>5～10</td><td>18</td><td>−0.016
−0.034</td><td>10</td><td>−0.013
−0.049</td><td>32</td><td>5</td><td>6</td><td>5</td><td>10</td><td>4</td><td>M6</td></tr>
<tr><td>14</td><td>>10～15</td><td>20</td><td rowspan="2">−0.020
−0.041</td><td>12</td><td rowspan="4">−0.016
−0.059</td><td>35</td><td>7</td><td>8</td><td>6.5</td><td>12</td><td>5</td><td>M8</td></tr>
<tr><td>18</td><td>>15～20</td><td>25</td><td>14</td><td>40</td><td>10</td><td>10</td><td>8</td><td>15</td><td>6</td><td>M10</td></tr>
<tr><td>24</td><td>>20～25</td><td>34</td><td rowspan="2">−0.025
−0.050</td><td rowspan="2">16</td><td>45</td><td>12</td><td>12</td><td>10</td><td>18</td><td>8</td><td>M12</td></tr>
<tr><td>32</td><td>>25～35</td><td>42</td><td>55</td><td>16</td><td rowspan="2">13</td><td rowspan="2">13</td><td rowspan="2">24</td><td rowspan="2">10</td><td rowspan="2">M16</td></tr>
<tr><td>42</td><td>>35～45</td><td>52</td><td rowspan="3">−0.013
−0.060</td><td rowspan="2">20</td><td rowspan="3">−0.020
−0.072</td><td>70</td><td>20</td></tr>
<tr><td>55</td><td>>45～60</td><td>65</td><td>85</td><td>25</td><td rowspan="2">15</td><td rowspan="2">17</td><td rowspan="2">28</td><td rowspan="2">11</td><td rowspan="2">M20</td></tr>
<tr><td>70</td><td>>60～80</td><td>80</td><td>25</td><td>105</td><td>32</td></tr>
</table>

附表 12　　定位键（摘自 JB/T 8016—1999）

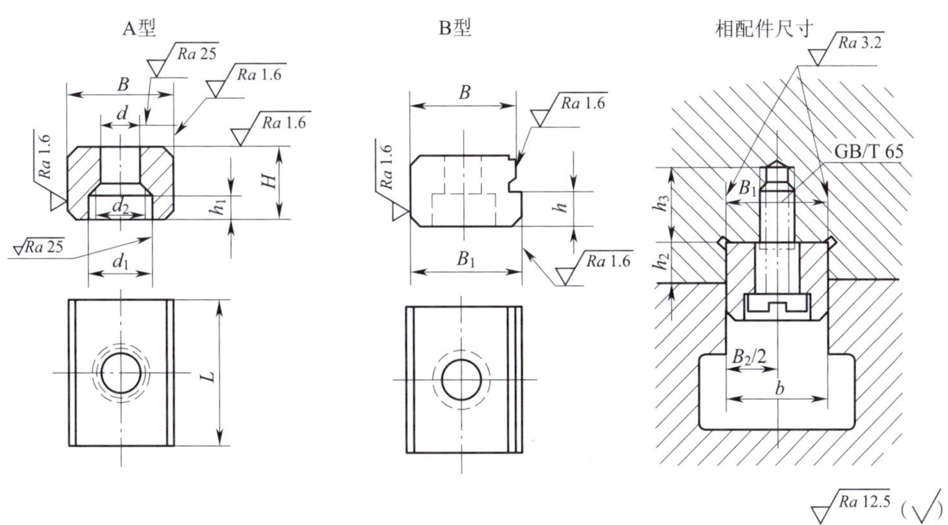

标记示例

B=18 mm、公差带为 h6 的 A 型定位键：定位键　A18h6　JB/T 8016—1999

mm

B			B_1	L	H	h	h_1	d	d_1	d_2	相配件						
基本尺寸	极限偏差 h6	极限偏差 h8									T 形槽宽度 b	B_2 基本尺寸	B_2 极限偏差 H7	B_2 极限偏差 JS6	h_2	h_3	螺钉 GB/T 65
8	0 −0.009	0 −0.022	8	14	8	3	3.4	3.4	6	—	8	8	+0.015 0	±0.004 5	4	8	M3×10
10			10	16			4.6	4.5	8		10	10					M4×10
12	0 −0.011	0 −0.027	12	20			5.7	5.5	10		12	12	+0.018 0	±0.005 5		10	M5×12
14			14								14	14					
16			16	25	10	4	6.8	6.6	11		（16）	16			5	13	M6×16
18			18		12	5					18	18			6		
20	0 −0.013	0 −0.033	20	32							（20）	20	+0.021 0	±0.006 5			
22			22								22	22					
24			24	40	14	6	9	9	15		（24）	24			7	15	M8×20
28			28		16	7					28	28			8		
36	0 −0.016	0 −0.039	36	50	20	9	13	13.5	20	16	36	36	+0.025 0	±0.008	10	18	M12×25
42			42	60	24	10					42	42			12		M12×30
48			48	70	28	12	17.5	17.5	26	18	48	48			14	22	M16×35
54	0 −0.019	0 −0.046	54	80	32	14					54	54	+0.030 0	±0.009 5	16		M16×40

注：1. 尺寸 B_1 留磨量 0.5 mm 按机床 T 形槽宽度配作，公差带为 h6 或 h8。

2. 括号内尺寸尽量不采用。

附表 13　　　　定向键（摘自 JB/T 8017—1999）

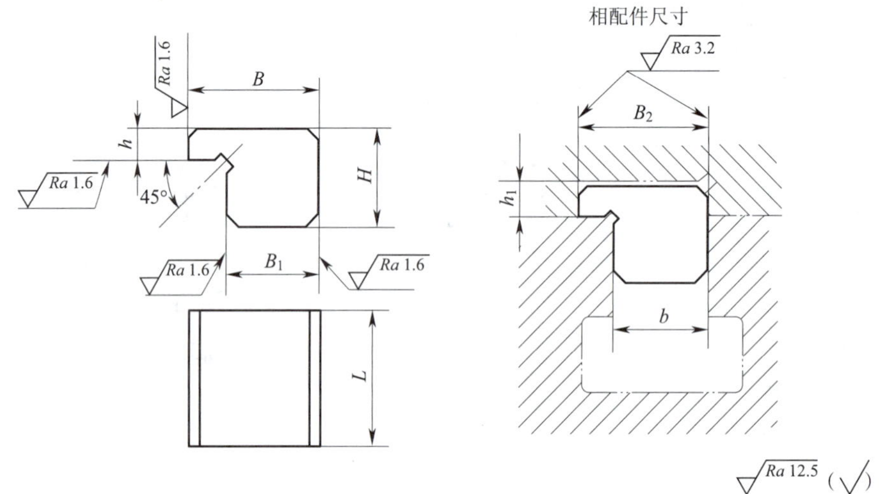

标记示例

B=24 mm、B_1=18 mm、公差带为 h6 的定向键：定向键　24 × 18h6　JB/T 8017—1999

mm

B		B_1	L	H	h	相配件			
基本尺寸	极限偏差 h6					T 形槽宽度 b	B_2 基本尺寸	B_2 极限偏差 H7	h_1
18	0 −0.011	8	20	12	4	8	18	+0.018 0	6
		10				10			
		12				12			
		14				14			
24	0 −0.013	16	25	18	5.5	（16）	24	+0.021 0	7
		18				18			
		20				（20）			
28		22	40	22	7	22	28		9
		24				（24）			
36	0 −0.016	28				28	36	+0.025 0	
48		36	50	35	10	36	48		12
		42				42			
60	0 −0.019	48	65	50	12	48	60	+0.030 0	14
		54				54			

注：1. 尺寸 B_1 留磨量 0.5 mm 按机床 T 形槽宽度配作，公差带为 h6 或 h8。

2. 括号内尺寸尽量不采用。

附表 14　　**快换钻套（摘自 JB/T 8045.3—1999）**

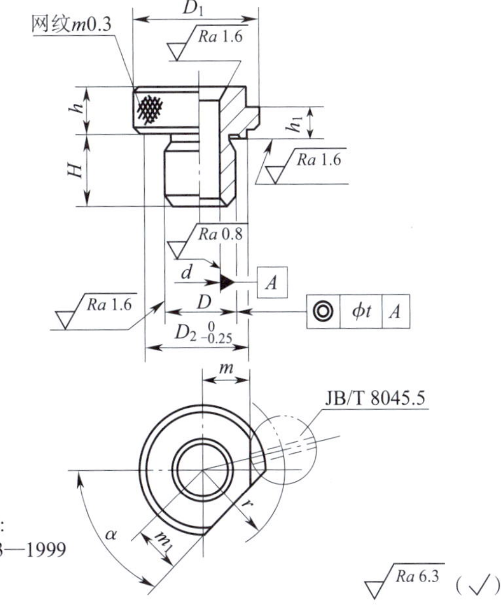

标记示例

d=12 mm、公差带为E7，D=18 mm、公差带为m6，H=16 mm的快换铰（扩）套：

铰（扩）套 12E7×18m6×16　JB/ T 8045.3—1999

mm

<table>
<tr><th colspan="2">d</th><th colspan="3">D</th><th rowspan="2">D1
滚花前</th><th rowspan="2">D2</th><th colspan="3" rowspan="2">H</th><th rowspan="2">h</th><th rowspan="2">h1</th><th rowspan="2">r</th><th rowspan="2">m</th><th rowspan="2">m1</th><th rowspan="2">a</th><th rowspan="2">t</th><th rowspan="2">配用螺钉
JB/T 8045.5</th></tr>
<tr><th>基本尺寸</th><th>极限偏差 F7</th><th>基本尺寸</th><th>极限偏差 m6</th><th>极限偏差 h6</th></tr>
<tr><td>>0～3</td><td>+0.016
+0.006</td><td rowspan="2">8</td><td rowspan="3">+0.015
+0.006</td><td rowspan="3">+0.010
+0.001</td><td rowspan="2">15</td><td rowspan="2">12</td><td rowspan="2">10</td><td rowspan="2">16</td><td rowspan="2">—</td><td rowspan="3">8</td><td rowspan="3">3</td><td rowspan="2">11.5</td><td rowspan="2">4.2</td><td rowspan="2">4.2</td><td rowspan="4">50°</td><td rowspan="7">0.008</td><td rowspan="3">M5</td></tr>
<tr><td>>3～4</td><td rowspan="2">+0.022
+0.010</td></tr>
<tr><td>>4～6</td><td>10</td><td>18</td><td>15</td><td rowspan="2">12</td><td rowspan="2">20</td><td rowspan="2">25</td><td>13</td><td>6.5</td><td>5.5</td></tr>
<tr><td>>6～8</td><td rowspan="2">+0.028
+0.013</td><td>12</td><td rowspan="3">+0.018
+0.007</td><td rowspan="3">+0.012
+0.001</td><td>22</td><td>18</td><td rowspan="3">10</td><td rowspan="3">4</td><td>16</td><td>7</td><td>7</td><td rowspan="3">M6</td></tr>
<tr><td>>8～10</td><td>15</td><td>26</td><td>22</td><td rowspan="2">16</td><td rowspan="2">28</td><td rowspan="2">36</td><td>18</td><td>9</td><td>9</td><td rowspan="6">55°</td></tr>
<tr><td>>10～12</td><td rowspan="3">+0.034
+0.016</td><td>18</td><td>30</td><td>26</td><td>20</td><td>11</td><td>11</td></tr>
<tr><td>>12～15</td><td>22</td><td rowspan="3">+0.021
+0.008</td><td rowspan="3">+0.016
+0.002</td><td>34</td><td>30</td><td rowspan="2">20</td><td rowspan="2">36</td><td rowspan="2">45</td><td rowspan="5">12</td><td rowspan="5">5.5</td><td>23.5</td><td>12</td><td>12</td><td rowspan="5">M8</td></tr>
<tr><td>>15～18</td><td>26</td><td>39</td><td>35</td><td>26</td><td>14.5</td><td>14.5</td><td rowspan="7">0.012</td></tr>
<tr><td>>18～22</td><td rowspan="3">+0.041
+0.020</td><td>30</td><td>46</td><td>42</td><td rowspan="2">25</td><td rowspan="2">45</td><td rowspan="2">56</td><td>29.5</td><td>18</td><td>18</td></tr>
<tr><td>>22～26</td><td>35</td><td rowspan="3">+0.025
+0.009</td><td rowspan="3">+0.018
+0.002</td><td>52</td><td>46</td><td>32.5</td><td>21</td><td>21</td></tr>
<tr><td>>26～30</td><td>42</td><td>59</td><td>53</td><td rowspan="3">30</td><td rowspan="3">56</td><td rowspan="3">67</td><td>36</td><td>24.5</td><td>25</td><td rowspan="3">65°</td></tr>
<tr><td>>30～35</td><td rowspan="4">+0.050
+0.025</td><td>48</td><td>66</td><td>60</td><td rowspan="10">16</td><td rowspan="10">7</td><td>41</td><td>27</td><td>28</td><td rowspan="10">M10</td></tr>
<tr><td>>35～42</td><td>55</td><td rowspan="5">+0.030
+0.011</td><td rowspan="5">+0.021
+0.002</td><td>74</td><td>68</td><td>45</td><td>31</td><td>32</td></tr>
<tr><td>>42～48</td><td>62</td><td>82</td><td>76</td><td rowspan="3">35</td><td rowspan="3">67</td><td rowspan="3">78</td><td>49</td><td>35</td><td>36</td><td rowspan="6">70°</td></tr>
<tr><td>>48～50</td><td rowspan="2">70</td><td rowspan="2">90</td><td rowspan="2">84</td><td rowspan="2">53</td><td rowspan="2">39</td><td rowspan="2">40</td><td rowspan="7">0.040</td></tr>
<tr><td>>50～55</td><td rowspan="5">+0.060
+0.030</td></tr>
<tr><td>>55～62</td><td>78</td><td>100</td><td>94</td><td rowspan="2">40</td><td rowspan="2">78</td><td rowspan="2">105</td><td>58</td><td>44</td><td>45</td></tr>
<tr><td>>62～70</td><td>85</td><td rowspan="4">+0.035
+0.013</td><td rowspan="4">+0.025
+0.003</td><td>110</td><td>104</td><td>63</td><td>49</td><td>50</td></tr>
<tr><td>>70～78</td><td>95</td><td>120</td><td>114</td><td rowspan="3">45</td><td rowspan="3">89</td><td rowspan="3">112</td><td>68</td><td>54</td><td>55</td></tr>
<tr><td>>78～80</td><td rowspan="2">105</td><td rowspan="2">130</td><td rowspan="2">124</td><td rowspan="2">73</td><td rowspan="2">59</td><td rowspan="2">60</td><td rowspan="2">75°</td></tr>
<tr><td>>80～85</td><td>+0.071
+0.036</td></tr>
</table>

注：当作铰（扩）套使用时，d 的公差带推荐如下：

采用 GB/T 1132—1984 及 GB/T 1133—1984 规定的铰刀，铰 H7 孔时，取 F7；铰 H9 孔时，取 E7。铰（扩）其他精度孔时，公差带由设计选定。

附表 15　　典型夹具元件的配合公差

配合类型	元件	应用示例	元件	应用示例
定位元件的配合	固定支承	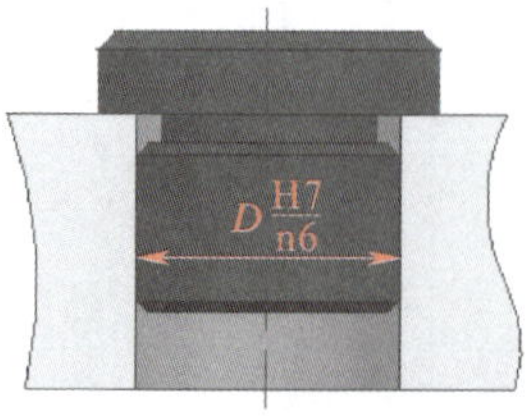 $D\frac{H7}{n6}$	定位销	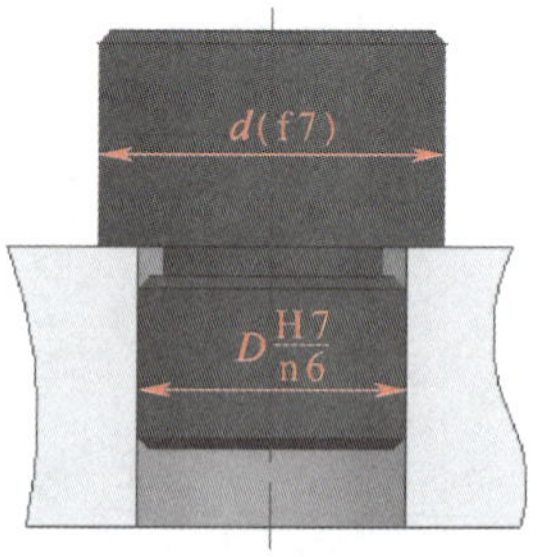 $d(f7)$ $D\frac{H7}{n6}$
	削边销	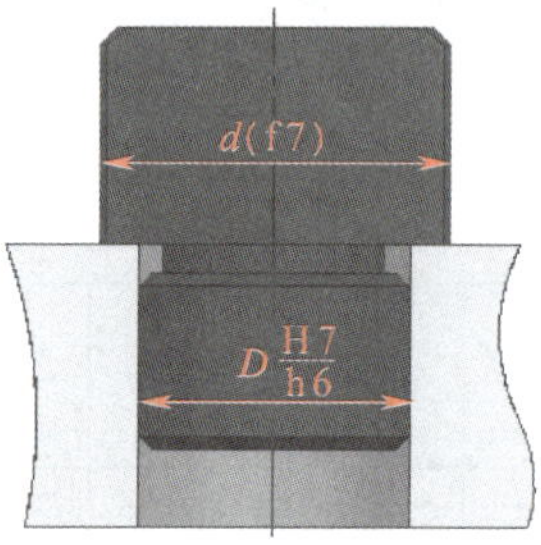 $d(f7)$ $D\frac{H7}{h6}$	大尺寸定位销	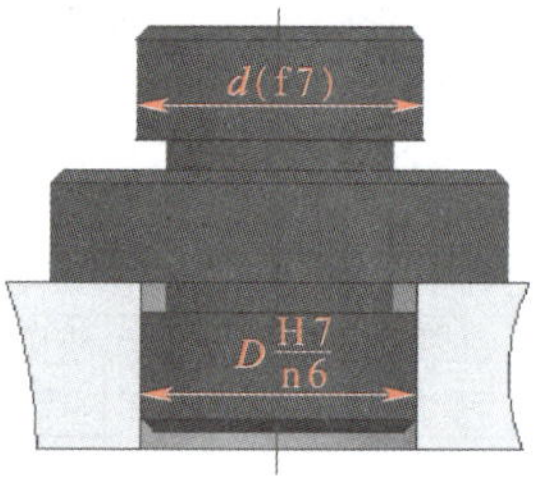 $d(f7)$ $D\frac{H7}{n6}$
	分度盘轴	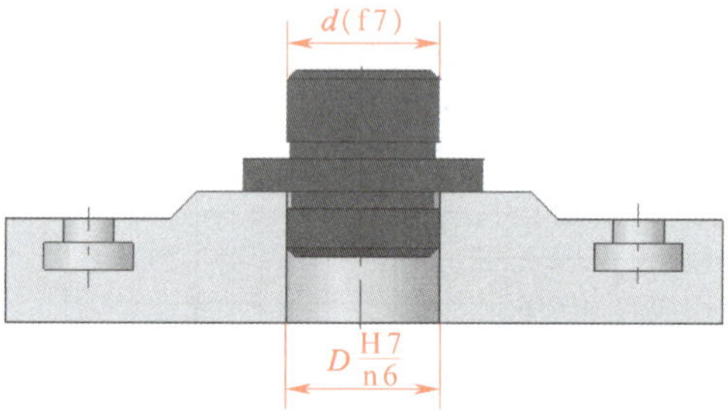 $d(f7)$ $D\frac{H7}{n6}$		
	覆盖式钻模定位销	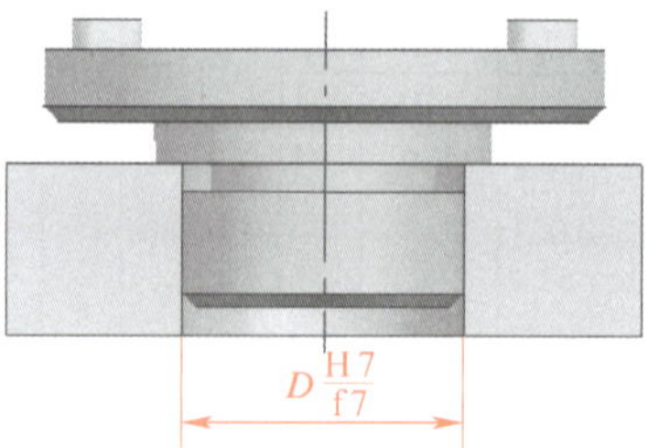 $D\frac{H7}{f7}$		

续表

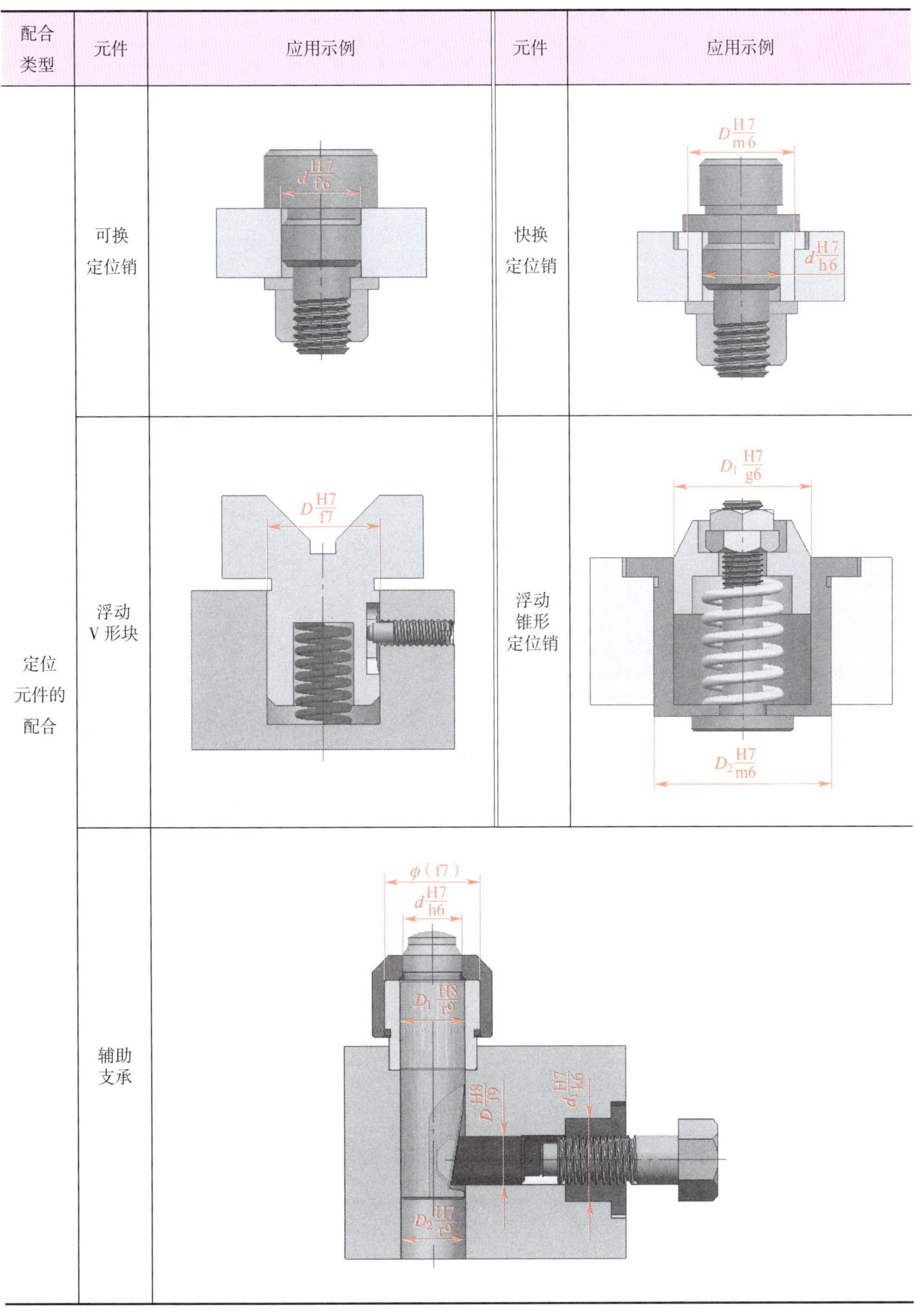

配合类型	元件	应用示例	元件	应用示例
定位元件的配合	可换定位销		快换定位销	
	浮动V形块		浮动锥形定位销	
	辅助支承			

续表

配合类型	元件	应用示例	元件	应用示例
夹紧元件的配合	钩形压板	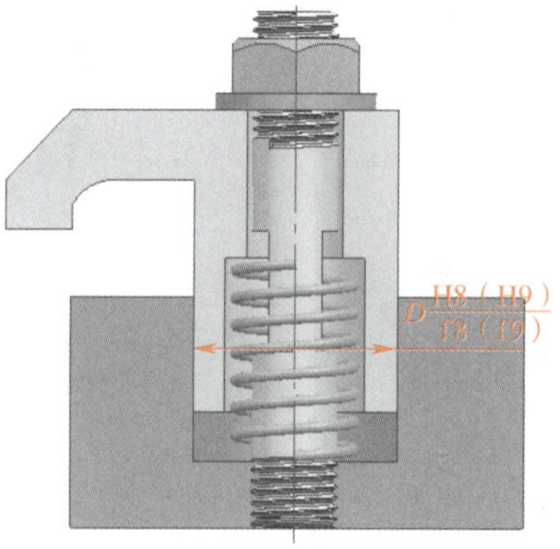 $D\frac{H8(H9)}{f8(f9)}$	柱塞夹紧元件	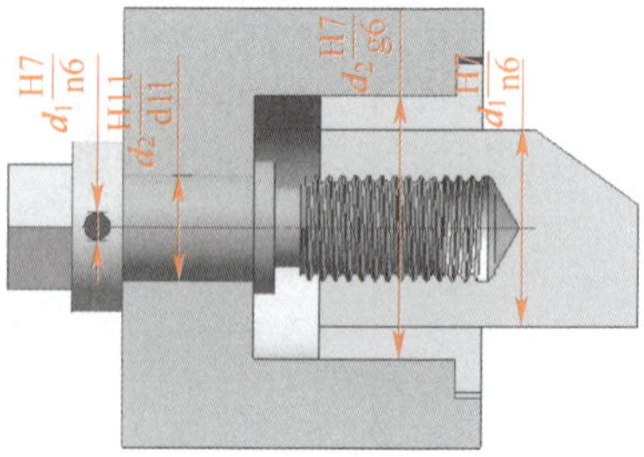 $d_1\frac{H7}{n6}$　$d_2\frac{H11}{d11}$　$d_2\frac{H7}{g6}$　$d_1\frac{H7}{n6}$
	切向夹紧元件	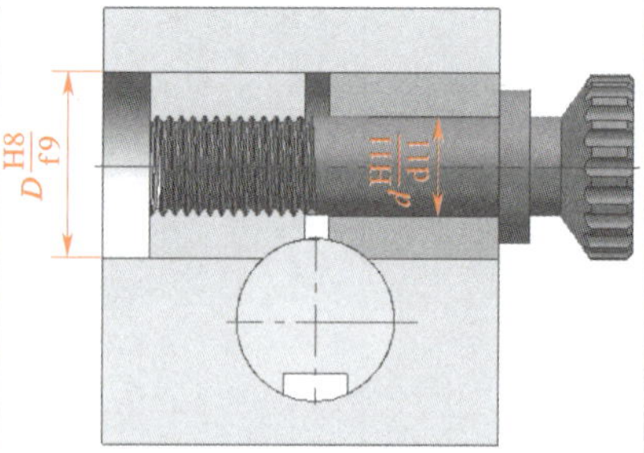 $D\frac{H8}{f9}$　$d\frac{H11}{d11}$	联动夹紧压板	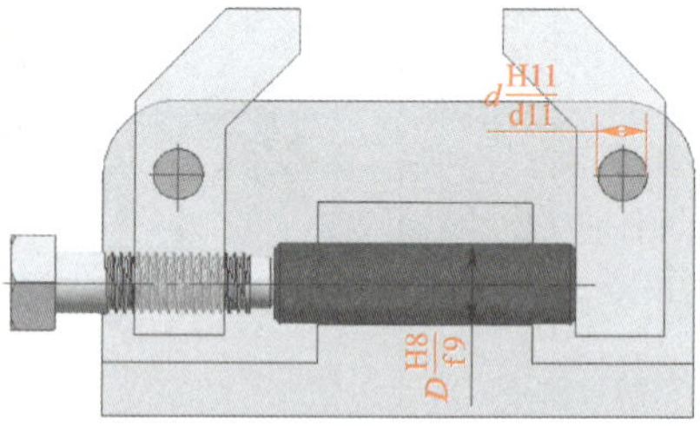 $d\frac{H11}{d11}$　$D\frac{H8}{f9}$
	双向夹紧压板	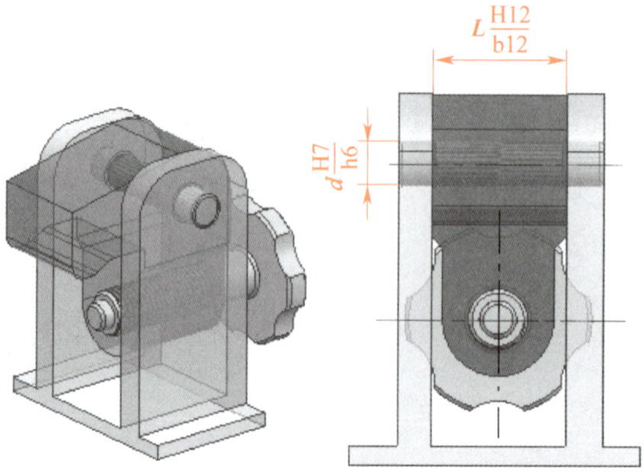 $L\frac{H12}{b12}$　$d\frac{H7}{h6}$		

续表

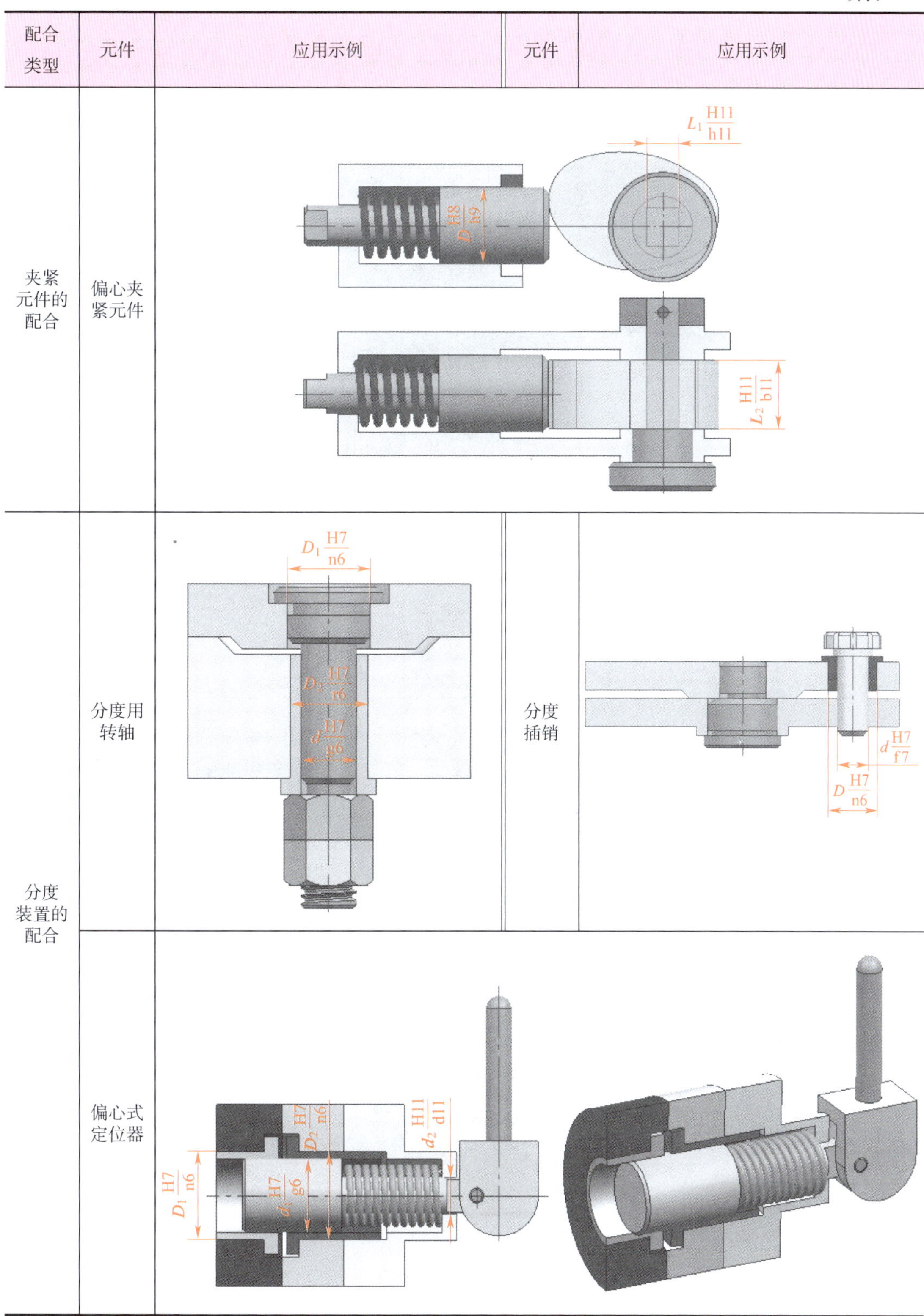

配合类型	元件	应用示例	元件	应用示例
夹紧元件的配合	偏心夹紧元件			
分度装置的配合	分度用转轴		分度插销	
	偏心式定位器			

续表

配合类型	元件	应用示例	元件	应用示例
分度装置的配合	杠杆式定位器	$d_1\frac{H8}{h8}$，$L\frac{H7}{g6}$，$d_2\frac{H7}{n6}$		
滑动柱体元件的配合	滑动钳口	$H\frac{H7}{h6}$，$L\frac{H7}{f7}$	滑动 V 形块	$H\frac{H7}{f7}$，$L\frac{H7}{h6}$
	滑动夹具底板	$L\frac{H7}{d9}$，$H\frac{H7}{f7}$		
固定柱体元件的配合	对刀块	$d\frac{H7}{n6}$，$L\frac{H7}{m6}$		

续表

<table>
<tr><th>配合类型</th><th>元件</th><th>应用示例</th><th>元件</th><th>应用示例</th></tr>
<tr><td rowspan="2">固定柱体元件的配合</td><td>钻模板</td><td colspan="3">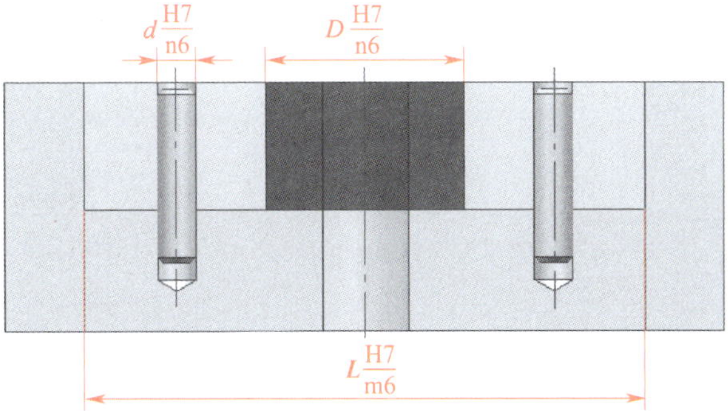</td></tr>
<tr><td>固定V形块</td><td colspan="3">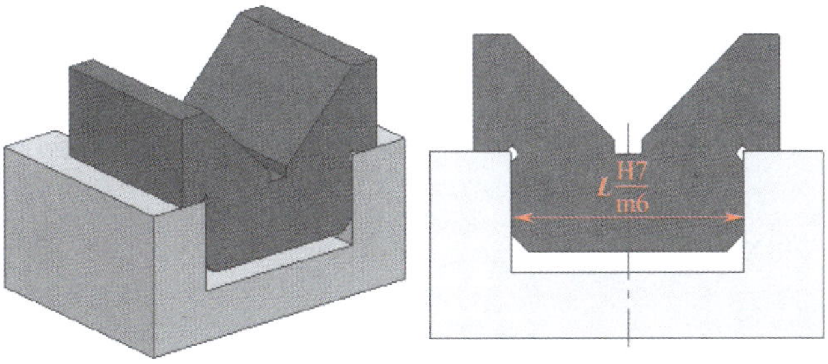</td></tr>
</table>